제3판

소화약제화학

인세진 · 오인석 · 최돈묵 · 이창우 · 김형기

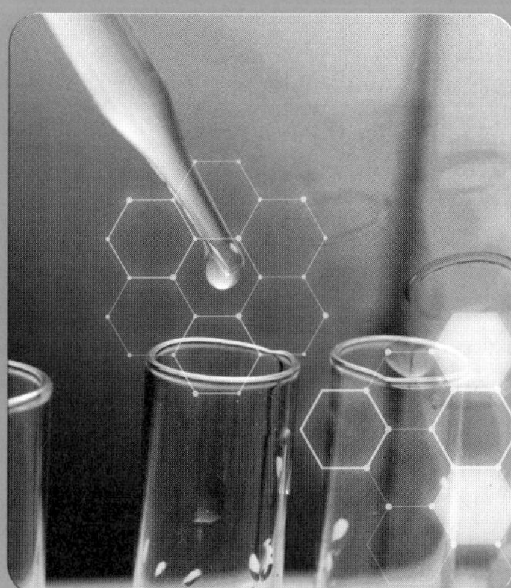

화수목

주기	대표원소 I	대표원소 II	d-전이원소										대표원소 III	IV	V	VI	VII	영족기체
	ns^1	ns^2	$(n-1)d^1ns^2$	$(n-1)d^2ns^2$	$(n-1)d^3ns^2$	$(n-1)d^4ns^2$	$(n-1)d^5ns^2$	$(n-1)d^6ns^2$	$(n-1)d^7ns^2$	$(n-1)d^8ns^2$	$(n-1)d^{10}ns^1$	$(n-1)d^{10}ns^2$	ns^2np^1	ns^2np^2	ns^2np^3	ns^2np^4	ns^2np^5	ns^2np^6
1	**H** 1 $1s^1$ 1.0079																	**He** 2 $1s^2$ 4.0026
2	**Li** 3 $2s^1$ 6.941	**Be** 4 $2s^2$ 9.0128											**B** 5 $2s^22p^1$ 10.81	**C** 6 $2s^22p^2$ 12.011	**N** 7 $2s^22p^3$ 14.0067	**O** 8 $2s^22p^4$ 15.9994	**F** 9 $2s^22p^5$ 18.9984	**Ne** 10 $2s^22p^6$ 20.179
3	**Na** 11 $3s^1$ 22.9898	**Mg** 12 $3s^2$ 24.305											**Al** 13 $3s^23p^1$ 26.9815	**Si** 14 $3s^23p^2$ 28.086	**P** 15 $3s^23p^3$ 30.9738	**S** 16 $3s^23p^4$ 32.06	**Cl** 17 $3s^23p^5$ 35.453	**Ar** 18 $3s^23p^6$ 39.948
4	**K** 19 $4s^1$ 39.098	**Ca** 20 $4s^2$ 40.08	**Sc** 21 $3d^14s^2$ 47.959	**Ti** 22 $3d^24s^2$ 47.90	**V** 23 $3d^34s^2$ 50.9414	**Cr** 24 $3d^54s^1$ 51.996	**Mn** 25 $3d^54s^2$ 54.9380	**Fe** 26 $3d^64s^2$ 55.847	**Co** 27 $3d^74s^2$ 58.9332	**Ni** 28 $3d^84s^2$ 58.70	**Cu** 29 $3d^{10}4s^1$ 63.546	**Zn** 30 $3d^{10}4s^2$ 65.38	**Ga** 31 $4s^24p^1$ 69.72	**Ge** 32 $4s^24p^2$ 72.59	**As** 33 $4s^24p^3$ 74.9216	**Se** 34 $4s^24p^4$ 78.96	**Br** 35 $4s^24p^5$ 79.904	**Kr** 36 $4s^24p^6$ 83.80
5	**Rb** 37 $5s^1$ 85.4678	**Sr** 38 $5s^2$ 87.62	**Y** 39 $4d^15s^2$ 88.9059	**Zr** 40 $4d^25s^2$ 91.22	**Nb** 41 $4d^45s^1$ 92.9064	**Mo** 42 $4d^55s^1$ 95.94	**Tc** 43 $4d^65s^1$ (97)	**Ru** 44 $4d^75s^1$ 101.07	**Rh** 45 $4d^85s^1$ 102.905	**Pd** 46 $4d^{10}$ 106.4	**Ag** 47 $4d^{10}5s^1$ 107.868	**Cd** 48 $4d^{10}5s^2$ 112.4	**In** 49 $5s^25p^1$ 114.82	**Sn** 50 $5s^25p^2$ 118.69	**Sb** 51 $5s^25p^3$ 121.75	**Te** 52 $5s^25p^4$ 127.60	**I** 53 $5s^25p^5$ 126.904	**Xe** 54 $5s^25p^6$ 131.30
6	**Cs** 55 $6s^1$ 132.905	**Ba** 56 $6s^2$ 137.33	**La*** 57 $5d^16s^2$ 138.905	**Hf** 72 $4f^{14}5d^26s^2$ 178.49	**Ta** 73 $5d^36s^2$ 180.948	**W** 74 $5d^46s^2$ 183.85	**Re** 75 $5d^56s^2$ 186.207	**Os** 76 $5d^66s^2$ 190.2	**Ir** 77 $5d^76s^2$ 192.22	**Pt** 78 $5d^96s^1$ 195.09	**Au** 79 $5d^{10}6s^1$ 196.967	**Hg** 80 $5d^{10}6s^2$ 200.59	**Tl** 81 $6s^26p^1$ 204.37	**Pb** 82 $6s^26p^2$ 207.19	**Bi** 83 $6s^26p^3$ 208.980	**Po** 84 $6s^26p^4$ (209)	**At** 85 $6s^26p^5$ (210)	**Rn** 86 $6s^26p^6$ (222)
7	**Fr** 87 $7s^1$ (223)	**Ra** 88 $7s^2$ (226)	**Ac⁺** 89 $6d^17s^2$ (227)	**Rf** 104 (260)	**Ha** 105 (260)													

주기번호, 가장 높은 채워진 전자준위

기호 / 족번호

H 1 (원자번호)
$1s^1$ (바깥배치)
1.0079 (원자량)

f-전이원소

* 란탄족 $4f^n5d^{0-1}6s^2$	**Ce** 58 $4f^15d^16s^2$ 140.12	**Pr** 59 $4f^35d^06s^2$ 140.907	**Nd** 60 $4f^45d^06s^2$ 144.24	**Pm** 61 $4f^55d^06s^2$ (145)	**Sm** 62 $4f^65d^06s^2$ 150.35	**Eu** 63 $4f^75d^06s^2$ 151.96	**Gd** 64 $4f^75d^16s^2$ 157.25	**Tb** 65 $4f^95d^06s^2$ 158.925	**Dy** 66 $4f^{10}5d^06s^2$ 162.50	**Ho** 67 $4f^{11}5d^06s^2$ 164.930	**Er** 68 $4f^{12}5d^06s^2$ 167.26	**Tm** 69 $4f^{13}5d^06s^2$ 168.934	**Yb** 70 $4f^{14}5d^06s^2$ 173.04	**Lu** 71 $4f^{14}5d^16s^2$ 174.97
+악티늄족 $5f^n6d^{0-1}7s^2$	**Th** 90 $5f^{10}d^27s^2$ 232.038	**Pa** 91 $5f^26d^17s^2$ (231)	**U** 92 $5f^26d^17s^2$ 238.029	**Np** 93 $5f^46d^17s^2$ (237)	**Pu** 94 $5f^56d^07s^2$ (244)	**Am** 95 $5f^76d^07s^2$ (243)	**Cm** 96 $5f^76d^17s^2$ (247)	**Bk** 97 $5f^96d^07s^2$ (247)	**Cf** 98 $5f^{10}6d^07s^2$ (251)	**Es** 99 $5f^{11}6d^07s^2$ (254)	**Fm** 100 $5f^{12}6d^07s^2$ (257)	**Md** 101 $5f^{13}6d^07s^2$ (258)	**No** 102 $5f^{14}6d^07s^2$ (259)	**Lw** 103 $5f^{14}6d^17s^2$ (260)

최신 주기율표

괄호안의 숫자는 가장 긴 반감기를 가진 동위원소의 원자 질량수이다.

과학 기술의 발전과 이에 따른 산업의 선진화로 건축물은 대형화·고층화되어 가고 있으며, 이의 이용 실태도 실로 다양화되고 있는 실정이다. 이러한 추세에 비례하여 화재의 발생 건수도 매년 증가하고, 피해의 규모도 점차 대형화되어 가고 있다.

소방청의 화재 통계에 따르면 2013~2022년(10년)까지 평균 화재건수는 41,257건, 인명피해 2,287명(사망 317명, 부상 1,970명), 재산피해는 652,882백만원으로 나타났다. 매년 발생 건수는 달라지나, 피해 정도는 인명보다 재산의 피해가 큰 폭으로 증가되고 있는 추세이다.

이러한 재해로부터 국민의 인명과 재산을 보호하기 위해서는 화재의 예방과 방호에 대한 국민의 의식 개혁이 무엇보다도 우선되어야 하며, 이와 함께 소방 시설에 대한 교육의 확대와 새로운 설비 개발에 대한 과감한 투자가 병행되어야 할 것이다.

최근 이러한 추세를 반영하듯 국내의 여러 대학에 소방 및 안전 관련 학과들이 많이 개설되고 있으며, 산업 현장에서도 소방 관련 종사자들의 전문화를 위한 지속적인 교육의 필요성이 대두되고 있으나 이들을 위한 교재나 참고자료가 부족하여 많은 어려움을 겪고 있는 실정이다.

이에 필자는 대학의 소방방재학과에서의 강의 경험을 토대로 여러 가지 관련 자료들을 참고하여 소방방재학과와 소방 관련 학과의 학생, 소방 공무원, 산업 현장의 소방 관련 종사자, 소방 설비 기사 시험을 준비하는 수험생 및 소방에 관심이 있는 분들을 위하여 조금이나마 도움이 되고자 이 책을 쓰게 되었다.

아직 부족한 점이 많으리라 생각되지만, 앞으로 지속적인 수정·보완을 통해 좀 더 나은 교재가 될 수 있도록 노력하겠으며, 더불어 여러분들의 많은 충고를 부탁드린다.

끝으로 이 책이 완성되기까지 주위에서 많은 도움을 주신 분들과 화수목 출판사 관계자 여러분께 진심으로 감사드린다.

차례 | CONTENTS

CHAPTER 05 포 소화약제

CHAPTER 06 이산화탄소 소화약제

CHAPTER

01

화 재

CHAPTER

01 화 재

1.1 화재의 정의

불은 양면성을 가지고 있기 때문에 사용하기에 따라서는 인류의 발전에 큰 기여를 하기도 하고, 엄청난 희생과 고통이 따르는 재해를 일으키기도 한다.

화재의 주체인 연소는 가연성물질이 산소(대부분의 경우 공기)와 결합하여 점화원의 존재하에 열과 빛을 발생하면서 연쇄적인 발열 산화반응을 일으키는 현상이다. 이 때 방출되는 열에 의해 주위의 온도는 상승되고 열복사선의 강도가 빛으로서 감지되는 것이다. 이와 같은 연소(화재)가 일어나기 위해서는 가연성물질, 산소공급원, 점화원, 연쇄반응의 4가지 요소가 필요하다. 이를 연소의 4요소라 한다.

화재란 이상의 4요소만 갖추어지면 언제, 어디서든지 일어날 수 있으며, 어떤 양상으로 발생되어 어느 정도의 피해를 가져올지는 아무도 예측할 수 없다.

소방청에서 분석한 화재발생 추이에 따르면 1950년대부터 1980년대 중반까지는 연중 1만 건 이내에서 완만한 증가추세를 보이던 화재발생 건수가 1987년 1만 건 돌파를 기점으로 급격한 증가추세를 보이면서 1994년 2만 건을 넘어섰고 1998년 연간화재 3만 건 시대에 접어들었다. 1980년대 중반 이후부터 화재발생 건수가 급격히 증가된 이유는 성장위주의 경제 및 산업정책에 따른 소방대상물의 급격한 증가와 경제발전 우선에 의한 안전의식 소홀과 생활환경 변화와 에너지 사용의 증가 등 다양한 화재 유발인자의 발생에 기인 한 것으로 분석되고 있다.

2007년도 국가화재분류체계의 혁신안 시행으로 이전에 재산피해가 미미한 화재의 경우 화재발생 건수에서 누락되었던 화재들이 포함되고 통계분석이 체계화되면서 2007년 47,889건, 2008년 49,831건, 2009년 47,318건으로 급격히 증가하게 되었다. 2010년 이후 소방방재청에서 화재로 인한 사망자를 줄이기 위한 노력을 기울인 결과 2010년 41,863건, 2012년 43,249건, 2014년 42,135건, 2016년 43,414건, 2018년 42,338건, 2020년 38,659건으로 화재의 발생건수와 인명피해는 약간 줄거나 정체현상을 나타내고 있다. 그러나 재산피해는 해마다 증가하고 있는 추세이다.

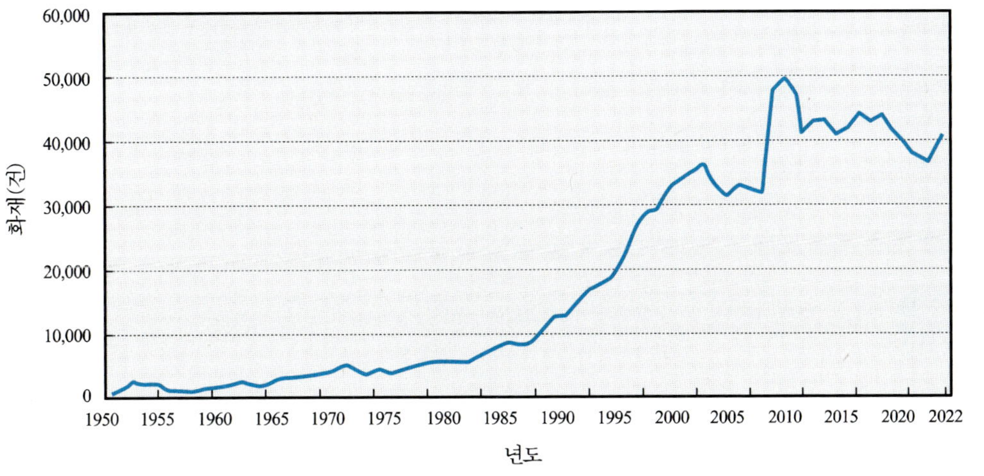

그림 1.1 우리나라 연도별 화재발생 건수

2022년도 화재통계를 분석하면 연간 발생건수는 40,113건, 인명피해는 2,668명(사망 : 341명, 부상 : 2,327명), 재산피해는 약 12,104억원에 이르고 있다. 또한 발화요인별 화재발생현황을 살펴보면 부주의가 49.0 %(19,666건)로 가장 높은 발생율을 보였고, 다음으로 전기적요인 25.0 %(10,011건), 기계적요인 9.6 %(4,053건), 방화 · 방화의심 1.9 %(746건), 화학적요인 1.7 %(686건), 교통사고 1.1 %(430건), 자연적요인 0.5 %(214건), 가스누출 0.4 %(151건)의 순으로 부주의에 의한 원인이 가장 큰 비중을 차지하고 있으며, 이 외에도 전기에 의해 발생되는 건수가 상당히 큰 비중을 차지하고 있어 인재에 의한 화재 발생이 많음을 알 수 있다.

표 1.1 최근 5년간 화재발생건수 및 피해현황

년 도	발생건수	인명피해(명)			재산피해(억원)
		계	사 망	부 상	
2018	42,338	2,594	369	2,225	5,597
2019	40,103	2,515	285	2,230	8,585
2020	38,659	2,282	365	1,917	6,005
2021	36,267	2,130	276	1,854	10,991
2022	40,113	2,668	341	2,327	12,103

표 1.2 원인별 화재발생현황

원인 \ 연도	2018	2019	2020	2021	2022
전기적	10,471	9,459	9,329	9,472	10,011
기계적	4,619	4,046	4,053	4,038	3,856
화학적요인	604	624	630	683	686
가스누출	211	162	141	146	151
교통사고	505	433	458	398	430
부주의	20,352	20,149	19,186	16,875	19,666
자연적요인	250	195	238	241	214
방화	447	370	377	308	400
방화의심	470	435	381	339	346
제품결함	0	0	101	168	167
미상	4,037	3,778	3,266	3,088	3,670
기타	372	452	499	511	516
계	42,338	40,103	38,659	36,267	40,113

따라서 세심한 주의를 기울인다면 소수의 방화, 자연발화, 천재지변 등에 의한 발화를 제외하고는 상당수의 화재를 미연에 방지할 수 있을 것이다.

인명과 재산에 큰 피해를 끼치는 "화재"를 한마디로 정의한다는 것은 매우 어렵다. 지금까지 알려진 몇 가지 정의들을 살펴보면 다음과 같다.

① 사람의 의도에 반하여 발생・확대되고 또는 방화에 의해 발생되는 소화의 필요가 있는 연소현상으로 이를 소화할 때에는 소화시설 또는 이와 같은 정도의 효과가 있는 것의 이용을 필요로 한다.

② 가연물질이 의도에 반하여 연소하여 사람의 신체, 생명 및 재산상의 손실을 가져다주는 재앙

③ 가연물질이 공기 중의 산소와 반응하여 빛과 열을 내면서 연소하는 현상

④ 연소의 연쇄반응으로 야기되는 재산(물질) 및 인명 상의 재해

⑤ 건축물, 기타 가연물질이 연소에 의하여 소실(燒失)되는 현상

⑥ 가연성물질의 연소가 진행되는 과정에서 인적, 물적 손해가 발생되어 소화의 필요성이 요청되는 재해 현상

⑦ 자연 또는 인위적인 원인에 의하여 불이 물체를 연소시키고 인명과 재산에 손해를 끼치는 현상
⑧ 인간에게 유익하지 못한 해로운 불

한편 소방청에서 2007년 국가화재분류체계를 개선하면서 화재의 정의를 다음과 같이 정의하여 사용하였다.

"화재"란 사람의 의도에 반하거나 고의에 의해 발생하는 연소현상으로서 소화시설 등을 사용하여 소화할 필요가 있는 것 또는 사람의 의도에 반하여 발생 또는 확대된 화학적인 폭발현상을 말한다.

화재에 대한 학문적 개념은 "어떤 가연물이 공기 중의 산소와 반응하여 열과 빛을 발생하면서 연소하는 현상으로 인하여 인간에게 물질적 · 신체적인 손해를 주는 재해"를 말한다.

국제표준화기구(ISO)에서는 화재를 "시간적 · 공간적으로 제어되지 않고 확대되는 급격한 연소"라고 정의하고 있다.

1.2 화재의 종류

화재의 종류는 분류하는 기준에 따라 다음과 같이 여러 가지로 나눌 수 있다.

① **가연물의 종류와 성상에 따른 분류** : 일반화재, 유류화재, 전기화재, 금속화재, 가스화재, 주방화재
② **화재의 장소에 따른 분류** : 건물화재, 차량화재, 선박화재, 항공기화재, 산림화재, 위험물화재, 열차화재
③ **화재의 소실 정도에 따른 분류** : 전소화재, 반소화재, 부분소화재
④ **화재의 규모에 따른 분류** : 미달화재, 소화재, 중화재, 대화재, 대형화재
⑤ **화재의 원인에 따른 분류** : 실화, 방화, 자연발화, 천재발화, 기타화재

이중에서 가장 일반적으로 사용되고 있는 것은 가연물의 종류와 성상에 의한 분류로 이들을 좀 더 자세히 살펴보면 다음과 같다.

1. 일반화재(A급 화재)

- 나무, 섬유, 종이, 고무, 플라스틱류와 같은 일반가연물에 의한 화재를 말하며 화재 중 발생빈도가 가장 높아 생활 주변에서 흔히 볼 수 있는 화재이다.
- A급 화재로 표시한다.
- 화재 후에는 일반적으로 재가 남는다.
- 소화 시에는 주로 물을 사용하나 포의 사용도 가능하다.

2. 유류화재(B급 화재)

- 인화성 액체, 가연성 액체, 석유 그리스, 타르, 오일, 유성도료, 솔벤트, 레커, 알코올 및 인화성 가스와 같은 유류에 의한 화재를 말하며, 대부분 인화성이 강한 물질들이기 때문에 일반화재보다 화재의 위험성이 매우 커서 대형화재를 일으킬 가능성이 높다.
- 인화성 가스에 의한 화재를 별도의 가스화재로 분류하고 있는 나라도 있으나, 우리나라에서는 유류화재에 포함시켜 분류하고 있다.
- B급 화재로 표시한다.
- 화재 후에는 재가 남지 않는다.
- 소화 시에는 주로 포가 사용되나 CO_2 , 할론, 분말의 사용도 무방하다.

3. 전기화재(C급 화재)

- 전류가 흐르고 있는 전기기기, 배선과 관련된 화재를 말한다.
- C급 화재로 표시한다.
- 통전(通電)상태에서는 감전의 위험 때문에 반드시 비전기전도성의 소화약제(분말, CO_2, 할론 등)를 사용하여야 하나 전원이 차단된 경우에는 A급이나 B급 화재 시 사용하는 소화약제의 사용도 무방하다.

4. 금속화재(D급 화재)

- 가연성금속(Na, K, Al, Mg, Zn, Fe 등)에 의한 화재로 이들 금속이 괴상(塊狀)이 아닌 고운 분말이나 가는 선(또는 박판)의 형태로 존재하면 화재의 위험성은 더 커진다.
- D급 화재로 표시한다.
- 금속화재를 일으키는 금속의 대부분은 물과 만나면 수소가스를 발생시키는 금수성물질

이다. 따라서 소화 시 물은 사용할 수가 없고 주로 마른모래(건조사), 팽창질석, 팽창진주암, 금속화재용 분말 소화약제가 사용된다.

5. 주방화재(K급 화재)

- 주방에서 동식물유를 취급하는 조리기구에서 일어나는 화재를 말한다.
- 미국 NFPA에서는 1998년까지는 주방화재를 유류(B급)화제로 분류하였으나, 그 이후 K급 화재로 분류하였고, UL(미국보험협회안전시험소)의 경우 F급 화재로 분류하고 있다. 우리나라는 2017년부터 주방화재를 신설하여 분류하기 시작했다.
- K급 화재로 표시한다.
- 주방화재는 물과 만나면 비산하기 때문에 화상의 위험성이 있으며 연소면이 확대될 우려가 있다. 또한, 분말의 경우 소화효과가 작으며 재발화의 위험성을 내포하고 있다. 따라서 소화 시 물은 사용할 수가 없고 K급 화재에 적응성이 있는 소화약제를 사용하여야 한다.

1.3 화재의 분류 기준

국내외 화재의 분류 기준별 분류 내용은 다음과 같다.

1. 소화기구 및 자동소화장치의 화재안전기준(NFSC 101)

표 1.3 소화기구 및 자동소화장치의 화재안전기준

분류	정의
일반화재 (A급화재)	• 나무, 섬유, 종이, 고무, 플라스틱류와 같은 일반 가연물이 타고 나서 재가 남는 화재를 말한다. • 일반화재에 대한 소화기의 적응 화재별 표시는 'A'로 표시한다.
유류화재 (B급화재)	• 인화성 액체, 가연성 액체, 석유 그리스, 타르, 오일, 유성도료, 솔벤트, 래커, 알코올 및 인화성 가스와 같은 유류가 타고 나서 재가 남지 않는 화재를 말한다. • 유류화재에 대한 소화기의 적응 화재별 표시는 'B'로 표시한다.
전기화재 (C급화재)	• 전류가 흐르고 있는 전기기기, 배선과 관련된 화재를 말한다. • 전기화재에 대한 소화기의 적응 화재별 표시는 'C'로 표시한다.
주방화재 (K급화재)	• 주방에서 동식물유를 취급하는 조리기구에서 일어나는 화재를 말한다. • 주방화재에 대한 소화기의 적응 화재별 표시는 'K'로 표시한다.

2. KS B 6259(화재분류)

표 1.4 KS B 6259

분류	정의	대응영어
A급	• 보통 잔재의 작열에 의해 발생하는 연소에서 보통 유기 성질의 고체 물질을 포함한 화재	Class A
B급	• 액체 또는 액화할 수 있는 고체를 포함한 화재 및 가연성 가스 화재	Class B
C급	• 통전 중인 전기 설비를 포함한 화재	Class C
D급	• 금속을 포함한 화재	Class D

인용 규격 : ISO 3941 : 1977, Classification of fires

3. ISO 3941(Classification of fires)

표 1.5 ISO 3941

분류	정의
Class A	• Fires involving solid materials, usually of an organic nature, in which combustion normally takes place with the formation of glowing embers.
Class B	• Fires involving liquids or liquefiable solids.
Class C	• Fires involving gases.
Class D	• Fires involving metals.
Class E	• Fires involving cooking media (vegetable or animal oils and fats) in cooking appliances

3. NFPA 10(Standard for Portable Fire Extinguishers)

표 1.6 NFPA 10

분류	정의
Class A Fires	• 나무, 헝겊, 종이, 고무, 플라스틱류 등과 같은 일반적인 가연성 물질에서 발생하는 화재
Class B Fires	• 인화성 액체류, 가연성 액체류, 석유그리스류, 타르류, 오일휴, 유성도료류, 솔벤트류, 래커류, 알코올류와 인화성 가스류에서 발생하는 화재
Class C Fires	• 통전 중인 전기기기와 관련된 화재
Class D Fires	• 마그네슘, 티타늄, 지르코늄, 나트륨, 리튬, 칼륨 등과 같은 가연성 금속류에서 발생하는 화재
Class E Fires	• 가연성 조리재료(식물성, 동물성 유지류)를 포함한 조리기구에서 발생하는 화재

CHAPTER

02

소화

2.1 소화의 정의

2.2 소화의 종류

CHAPTER

02 소 화

2.1 소화의 정의

소화란 연소 온도를 낮추거나, 가연물을 화재 현장으로부터 제거하거나, 산소의 공급을 차단하거나 연소의 연쇄반응을 차단시키는 것을 말한다. 따라서 연소의 4요소(가연물, 산소공급원, 점화원, 연쇄반응)중에서 어느 하나라도 제거하면 화재는 중단된다.

2.2 소화의 종류

소화방법은 소화작용을 기준으로 분류하면 물리적작용에 의한 소화와 화학적작용에 의한 소화로 나눌 수 있다.

물리적 작용에 의한 소화는 열, 가연성가스, 산소의 양적 변화에 의해 연소를 중단시키는 것이고, 화학적 작용에 의한 소화는 연소의 연쇄반응을 억제하는 것이다. 따라서 물리적 소화에는 연소반응의 온도를 낮추는 냉각소화, 산소의 농도를 낮추는 질식소화, 가연성물질을 제거하는 제거소화가 있고, 화학적 소화에는 연소의 연쇄반응을 차단시키는 억제(부촉매)소화가 있다.

1. 냉각소화

연소 시 발생된 열은 미연소 가연물질을 가열시켜 연소를 지속시킨다. 따라서 연소 시 발생된 열을 흡수할 수 있는 매체를 화염 속에 투입하면 연소온도가 가연물의 인화점 또는 발화점 이하로 떨어져 연소반응이 중단된다. 이러한 소화를 냉각소화라 한다.

냉각의 매체로는 기체, 액체, 고체 어느 것을 사용해도 무방하나 주로 액체의 증발잠열을 이용하는 방법이 사용되며 간혹 열용량이 큰 고체를 사용하기도 한다.

액체의 증발잠열을 이용하는 방법에는 증발잠열과 비열이 크고, 수송하기 쉽고, 가격이 싼 물이 가장 많이 사용되고 있다.

액상의 이산화탄소나 액상의 할로겐화합물도 기화될 때 증발잠열을 필요로 하나 물에 비하면 극히 작기 때문에 큰 소화 효과는 기대할 수 없다. 참고로 각종 소화약제의 증발잠열을 비교해 보면, 1 atm, 비점에서 물이 539 cal/g, Halon 1301이 28.4 cal/g, Halon 1211이 32.3 cal/g, Halon 2402가 25.0 cal/g이고 액체 이산화탄소는 0 ℃, 35.54 kg/cm^{2}에서 56.13 cal/g이다.

열용량이 큰 고체물질을 이용하는 방법에는 탄광에서 미분탄의 연소에 의한 분진폭발을 방지하기 위하여 돌가루를 혼합하거나, 튀김기름이 인화되었을 때 싱싱한 야채를 넣거나 하는 등의 방법이 있다. 이외에도 화염을 금속망이나 소결금속의 미세한 구멍으로 통과시켜 소화하는 화염방지기(flame arrester)[주)]도 냉각소화를 이용한 안전장치이다.

이상과 같은 냉각 효과를 이용하는 소화약제로는 물과 포가 가장 대표적이다.

주 화염방지기(flame arrester)

금속망, 소결금속, 중첩된 금속리본(ribbon), 발포금속 등과 같이 표면적이 큰 다공성물질에 화염을 통과시키면 화염은 금속의 세극(細隙)을 통과하면서 냉각된다.

세극이 아주 작으면 벽면에서의 열의 손실속도가 이의 생성속도보다 커져서 결국 화염은 꺼지게 된다. 이와 같은 냉각 효과를 이용하여 화염의 전파를 방지하는 안전장치가 화염방지기이다.

2. 질식소화

연소는 가연성가스가 산소와 혼합되어 연소범위내의 농도가 되어야만 일어난다. 따라서 가연성가스와 지연성(支燃性)가스(주로 산소)가 섞여 있는 혼합기체의 농도를 조절하여 혼합기체의 농도를 연소범위 밖으로 벗어나게 하면 연소는 중단된다. 이와 같은 방법을 질식소화라 하며 여기에는 다음의 두 가지가 있다.

첫째는 가연성가스나 산소의 농도를 조절하여 혼합기체의 농도를 연소범위 밖으로 벗어나게 하는 방법이다. 즉, 연소하고 있는 가연물이 들어 있는 용기를 기계적으로 밀폐하여 공기의 공급을 차단하거나, 타고 있는 액체나 고체의 표면을 거품 또는 불연성의 액체로 피복하여 연소에 필요한 공기의 공급을 차단시키는 방법이다. 이외에도 수용성 용제의 화재 시 액면에 물을 가하여 수용성 용제의 농도를 낮추어 가연성가스의 생성을 억제하여 소화하는 방법, 중질유 화재 시 물을 무상으로 분무하여 액면에 물과 기름의 유탁액(emulsion)을 형성시켜 유류의 증기압을 떨어뜨려 연소범위를 벗어나게 하는 소화방법도 여기에 속한다.

두 번째는 혼합기체에 불활성기체를 첨가하여 연소범위를 벗어나게 하는 방법이다.

일반적으로 연소속도 V는 계 내에 있는 반응물질의 농도의 함수로 다음과 같이 표시할 수 있다.

$$V = k\,[O_2]^a\ \ [\text{가연성기체}]^b$$

여기서, V : 연소속도

k : 반응속도상수

a : O_2의 반응차수

b : 가연성기체의 반응상수

$[O_2]$: 산소의 농도

[가연성기체] : 가연성기체의 농도

각종 실험에 따르면 b는 1에 가까운 값이나 a는 보통 1보다 상당히 크기 때문에 산소의 농도를 낮추는 것이 연소의 억제에 아주 효과적임을 알 수 있다.

연소는 공기 중의 산소농도가 0 %까지 떨어져야만 중단되는 것이 아니고, 어느 일정치 이하가 되면 지속되지 못한다. 이와 같이 연소가 중단되는 산소의 농도를 한계산소량(Minimum Oxygen for Combustion, MOC)이라 하며 이 값은 가연성물질의 종류, 첨가하는 불활성기체의 종류, 온도 및 압력에 따라 변한다.

1기압, 상온에서 각종 가연성가스에 이산화탄소, 질소를 첨가하여 질식소화시키는 경우의 한계산소량은 표 2.1과 같다.

한계산소량은 조건에 따라 변하지만 몇 가지 가연성물질(수소, 일산화탄소, 이황화탄소 등)을 제외하면 평균적으로 11 vol % ~ 15 vol % 정도임을 알 수 있다.

산소의 농도를 한계산소량 이하로 떨어뜨리는 방법은 가연성 혼합기체에 제 3의 물질인 불활성기체를 첨가하는 것이다. 즉, 이산화탄소, 질소, 아르곤, 수증기 등과 같은 불활성 또는 불활성에 가까운 기체를 첨가하면 혼합기체 중의 산소농도가 저하되어 연소는 중단된다.

표 2.1 각종 가연성물질의 한계산소량(1기압, 상온)

가연성물질	한계산소량(vol %)	
	N_2 첨가 시	CO_2 첨가 시
Acetone	13.5	15.5
Benzene	11.0	14.0
Butadine	10.0	13.0
Butane	12.0	14.5
Carbon disulfide	5.0	8.0
Carbon monoxide	5.5	6.0
Diethyl ether	10.5	13.0
Ethyl alcohol	10.5	13.0
Ethylene	10.0	11.5
Hydrogen	5.0	6.0
Hydrogen sulfide	7.5	11.5
Isobutane	12.0	15.0
Methane	12.0	14.5
Methyl alcohol	10.0	13.5
Propane	11.5	14.0
Propylene	11.5	14.0

불활성기체의 첨가에 따른 연소범위의 변화는 연소한계도(flammability diagram)를 참고하면 자세히 알 수 있다.

2성분계(가연성가스-산소)에 불활성기체를 첨가한 3성분계(가연성가스-산소-불활성기체)에 대한 연소한계도는 삼각선도로 나타내는 것이 편리하다.

그림 2.1은 불활성기체의 첨가에 의한 조성변화를 나타낸 연소한계도이다.

최초 혼합가스의 조성 B에 불활성기체를 첨가하면 조성은 직선 BCN 위를 따라 N점을 향해 이동한다. 따라서 C점을 넘는 조성이 될 때까지 불활성기체를 첨가하면 가연성 혼합기체는 연소범위를 벗어나 연소성을 잃게 된다. 그러나 실질적으로는 FN변에 평행인 한계산소량 이하의 농도로 유지시킨다.

불활성기체를 첨가해서 가연성가스 혼합물 중의 산소농도를 이 값 이하로 유지하면 다른 성분의 농도가 어떻게 변화해도 연소는 일어나지 않는다. 이와 같은 소화 효과를 나타내는 약제에는 CO_2, N_2, Ar, 수증기 등이 있으나 CO_2가 가장 일반적으로 사용되고 있다.

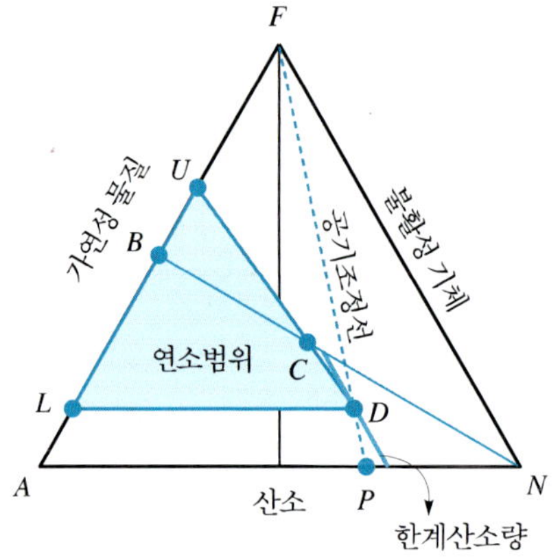

그림 2.1 불활성기체의 첨가에 따른 연소한계도의 조성변화

3. 제거소화

가연물을 반응계에서 제거하든지 또는 반응계로의 공급을 중단시키면 연소는 중지된다. 이러한 소화법을 제거소화라 하며 기체나 액체의 대형화재에서는 이것이 유일한 소화방법인 경우가 많다. 그러나 가연물을 생활 주변으로부터 완전히 제거, 격리시키는 것은 불가능하기 때문에 평상시 연소위험성이 있는 곳으로부터 충분한 거리를 두거나 철저한 유지관리 등이 필요하다.

제거소화의 예를 몇 가지 들어보면 다음과 같다.

- 가연성기체의 분출화재 시 주 밸브를 닫아서 연료공급을 차단한다.
- 가연성액체의 저장탱크에 불이 붙은 경우 펌프를 이용하여 탱크의 밑부분으로부터 연료를 제거한다.
- 연료탱크를 냉각하여 가연성가스의 발생속도를 작게 하여 연소를 억제한다.
- 금속화재의 경우 불활성물질로 가연물을 덮어 미연소부분과 분리한다.
- 목재를 방염처리하여 가연성기체의 생성을 억제 · 차단한다.

4. 억제소화

불꽃연소가 지속되기 위해서는 자유활성기(free radical)에 의한 연쇄반응이 필수적이다. 이 연쇄반응을 차단하여 소화하는 방법을 억제소화라 하며 일명 부촉매소화, 화학소화라고도 한다.

수소가스가 연소하는 과정을 식으로 나타내면 다음과 같으며 이를 그림으로 나타내면 그림 2.2와 같다.

① $H_2 + e \rightarrow 2H^*$

② $H^* + O_2 \rightarrow HO_2 \rightarrow OH^* + O^*$

③ $OH^* + H_2 \rightarrow H_2O + H^*$

④ $O^* + H_2 \rightarrow OH^* + H^*$

여기서, e : 활성화에너지(점화에너지)

위의 반응은 H_2가 전기불꽃 등과 같은 활성화에너지를 받아 2개의 H^*(* : 원자 또는 원자단이 활성화된 상태를 의미하며 이것들에 의해 연쇄반응이 주로 이루어지기 때문에 이들을 활성기(free radical) 또는 연쇄전달체(chain carrier)라 한다)로 분리되면서 반응이 시작된다(① 단계).

분리된 H*는 O_2와 결합한다(② 단계). 그러나 HO_2는 아주 불안정하기 때문에 바로 OH*와 O*로 분열되고 OH*는 다른 H_2와 반응하여 H_2O와 H*를 생성한다(③ 단계). 한편 ② 단계의 O*는 다른 H_2와 결합하여 OH*와 H*를 생성한다(④ 단계). 이 때의 OH*는 ③ 단계와 같이 H_2와 결합해서 H_2O와 H*가 된다.

이와 같은 반응은 반복되어 활성기의 수가 증가되기 때문에 연소속도는 빨라지게 된다.

억제소화에 사용되는 대표적인 소화약제는 할로겐화합물이며 분말 소화약제도 약간의 억제효과가 있다.

할로겐화합물의 억제효과에 대한 반응기구(reaction mechanism)는 아직 확실하게 알려져 있지는 않지만 산화력이 큰 할로겐원소(F, Cl, Br, I 등)들이 연소시 생성된 활성기(OH*, O*, H* 등)와 반응하여 연소를 억제한다는 이론(자유활성기 이론)과 첨가물질의 전기적 성질에 의한 전자포획에 의해 연소를 억제한다는 이론(이온 이론)이 현재까지는 정설로 여겨지고 있다.

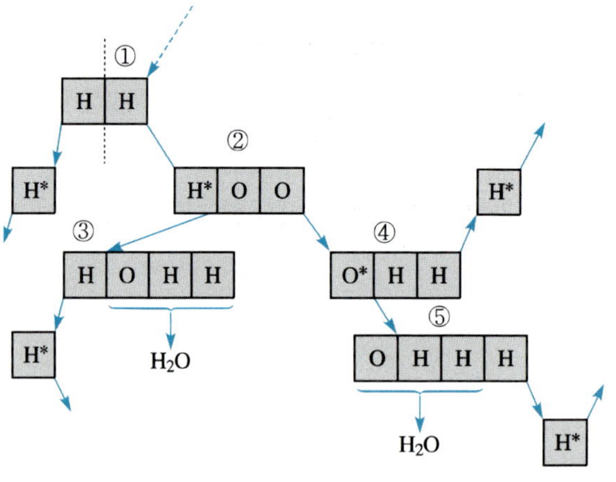

그림 2.2 수소의 연쇄반응 모델

CHAPTER 03

소화약제의 분류

CHAPTER 03

소화약제의 분류

3.1 소화약제의 필요조건

소화약제로서 갖추어야 될 조건은 다음과 같다.

① 연소의 4요소 중 한 가지 이상을 제거할 수 있는 능력이 있을 것
② 가격이 저렴할 것
③ 저장 안정성이 있을 것
④ 환경에 대한 오염이 적을 것
⑤ 인체에 대한 독성이 없을 것

3.2 소화약제의 분류

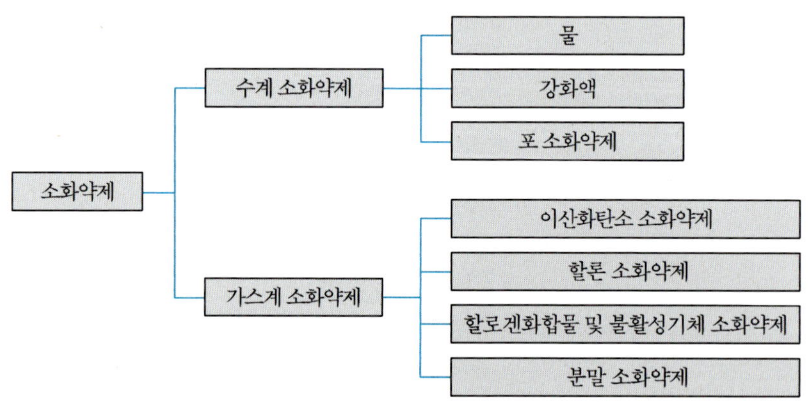

그림 3.1 소화약제의 분류

소화약제는 그 성상과 기능으로부터 수계와 가스계로 대별되며 이들을 세분하면 그림 3.1과 같다.

분말 소화약제는 소화설비가 가스계 소화약제의 소화설비와 유사하기 때문에 가스계 소화약제로 구분하였다. 수계와 가스계 소화약제의 특성을 개략적으로 비교해 보면 표 3.1과 같으며 이들의 적응화재와 소화 효과를 살펴보면 표 3.2와 같다.

표 3.1 각종 소화약제의 특성 비교

종류 / 특성	수계 소화약제		가스계 소화약제		
	물	포	이산화탄소	할론	분말
주된 소화 효과	냉각	질식, 냉각	질식	부촉매	부촉매, 질식
소화속도	느리다	느리다	빠르다	빠르다	빠르다
냉각 효과	크다	크다	적다	적다	극히 적다
재발화위험성	적다	적다	있다	있다	있다
대응하는 화재규모	중형~대형	중형~대형	소형~중형	소형~중형	소형~중형
사용 후의 오염	크다	매우 크다	전혀 없다	극히 적다	적다(1)
적응화재	A,B 급	A, B 급	B, C 급(2)	A, B, C 급(2)	(A), B, C 급(3)

(1) 분말은 일반적으로 오염의 정도는 적지만 정밀기기류나 통신기기 등에는 적합하지 않다.
(2) 밀폐 상태에서 방출되는 경우에는 일반화재에도 사용이 가능하다.
(3) ABC 분말 소화약제는 일반화재에도 적용되지만 분말이 도달되지 않는 대상물에는 부적당하다.

표 3.2 각종 소화약제의 적응화재와 소화 효과

화재의 종류	가연물의 종류	적응 소화약제	개략적인 소화 효과
A급 화재	(일반가연물질) 목재, 고무, 종이, 플라스틱류, 섬유류 등	• 물 • 수성막포(AFFF) • ABC급 분말 • Halon 1211	• 냉각, 침투 • 냉각, 질식, 침투 • 억제, 냉각 • 억제, 냉각
B급 화재	(가연성액체) 휘발유, 그리이스, 페인트, 락카, 타르 등 (가연성기체)	• 수성막포(AFFF) • BC급 분말 • ABC급 분말 • Halon 1211, 1301 • CO_2 • BC급 분말	• 냉각, 질식 • 질식, 냉각 • 억제, 질식 • 억제, 질식, 냉각 • 질식, 냉각 • 질식, 억제

C급 화재	(통전중인 전기 기구) 전선, 발전기, 모터, 판넬, 스위치, 기타 전기설비 등	• BC급 분말 • ABC급 분말 • Halon 1211, 1301 • CO_2	• 부도체 • 부도체 • 부도체 • 부도체
AB급 화재	일반가연물과 가연성액체, 기체의 혼합물	• 수성막포(AFFF) • ABC급 분말 • Halon 1211, 1301	• 질식, 냉각 • 억제, 질식 • 억제, 질식, 냉각
BC급 화재	가연성액체, 기체와 통전 중인 전기 기구와의 혼합물	• BC급 분말 • ABC급 분말 • Halon 1211, 1301 • CO_2	• 억제, 질식, 부도체 • 억제, 질식, 부도체 • 억제, 질식, 냉각, 부도체 • 질식, 냉각, 부도체
ABC급 화재	일반가연물과 가연성액체, 기체와 통전 중인 전기 기구와의 혼합물	• ABC급 분말 • Halon 1211	• 억제, 질식, 부도체 • 억제, 질식, 냉각, 부도체
D급 화재	가연성금속과 가연성금속의 합금	• 금속화재용 분말	• 질식(공기 차단), 냉각
K급 화재	동식물유	• 강화액	• 냉각, 질식, 억제

CHAPTER

04

물 소화약제

4.1 개 요

4.2 물리적 성질

4.3 화학적 성질

4.4 열역학적 성질

4.5 주수형태

4.6 소화 효과

4.7 첨가제

4.8 특수화재와 물

CHAPTER

04 물 소화약제

4.1 개 요

물은 오래 전부터 널리 사용되어 오고 있는 소화약제로 대부분의 화재는 물을 사용함으로써 소화가 가능하다. 최근에는 각종 소화약제 및 소화설비들이 개발되어 화재를 효과적으로 진압하고 있으나 아직까지도 물은 중요한 소화약제로 사용되고 있다. 물이 소화약제로 가장 널리 사용되고 있는 가장 큰 이유는 다음과 같다.

1. 구하기 쉽다.
2. 비열과 증발잠열이 커서 냉각효과가 우수하다.
3. 펌프, 파이프, 호스 등을 사용하여 쉽게 이송할 수 있다.

그러나 사용 후 오염의 정도가 크다는 단점도 있다. 특별한 경우를 제외하고는 주로 일반화재(A급)에 주로 사용된다.

4.2 물리적 성질

① 물은 상온에서 비교적 안정한 액체로 자연 상태에서는 기체(수증기), 액체, 고체(얼음)의 세 가지 형태로 존재한다.

② 0 ℃의 얼음 1 g가 0 ℃의 액체 물로 변하는 데 필요한 용융열(용융잠열)은 79.7 cal/g이다(표 4.1 참고).

③ 100 ℃의 액체 물 1 g를 100 ℃의 수증기로 만드는 데 필요한 열량인 증발잠열(기화열)은 539.6 cal/g로 다른 물질에 비해 매우 큰 편이다(표 4.1 참고).

④ 물 1 g를 1 ℃ 올리는 데 필요한 열량인 비열은 15 ℃에서 1 cal/g · ℃로 다른 물질에 비해 상당히 큰 편이다(표 4.2 참고). 따라서 20 ℃의 물 1 g를 100 ℃까지 가열하기 위해서는 80 cal의 열이 필요하다.

표 4.1 물질의 용융열과 증발잠열

물질명	용융열(cal/g)	증발잠열(cal/g)	물질명	용융열(cal/g)	증발잠열(cal/g)
물	79.7	539.6	에틸알코올	24.9	204.0
아세톤	23.4	124.5	납	5.4	222.6
벤젠	30.1	94.3	파라핀왁스	35.0	–
사염화탄소	4.1	46.3	LPG	–	98.0

표 4.2 물질의 비열

물질명	비 열(cal/g · ℃)	물질명	비열(cal/g · ℃)
물(얼음, 0 ℃)	1.000(0.487)	구리	0.019
아세톤	0.528	유리	0.161
공기	0.240	철	0.113
알루미늄	0.217	수은	0.033
부탄	0.549	나무	0.420

⑤ 대기압에서 100 ℃의 물이 액체에서 수증기로 바뀌면 체적은 1,603배 정도 증가한다(100 ℃의 포화수와 건조 포화수증기의 비체적은 각각 0.001044 l/g, 1.673 l/g이다).

⑥ 대기압에서 물의 빙점(융점)은 0 ℃, 비점은 100 ℃이다. 이들 값은 압력에 따라 변하며, 압력에 따른 비점의 변화는 표 4.3과 같다.

표 4.3 압력에 따른 물의 비점변화

압 력(kg/cm^2)	비 점(℃)	압 력(kg/cm^2)	비 점(℃)
0.006288	0	1.0332(1 atm)	100
0.023826	20	4.8538	150
0.075204	40	15.8550	200
0.203130	60	40.5600	250
0.482940	80	87.6210	300

물의 빙점과 비점은 같은 족에 속하는 다른 화합물에 비해 특이한 값을 갖는다. 일반적으로 주기율표 상의 같은 족에 속하는 원소들끼리는 비슷한 성질을 나타낸다.

물은 산소와 수소의 화합물이므로 산소와 같은 6족인 S(황), Se(셀레늄), Te(텔루륨)의 수소화합물과 물의 성질을 비교해 보면 물의 특성을 알 수 있을 것이다.

그림 4.1, 4.2에 이들 화합물의 융점과 비점을 나타내었다. 또 비교를 위하여 4족(C, Si, Ge, Sn)의 수소화합물의 예도 같이 나타내었다.

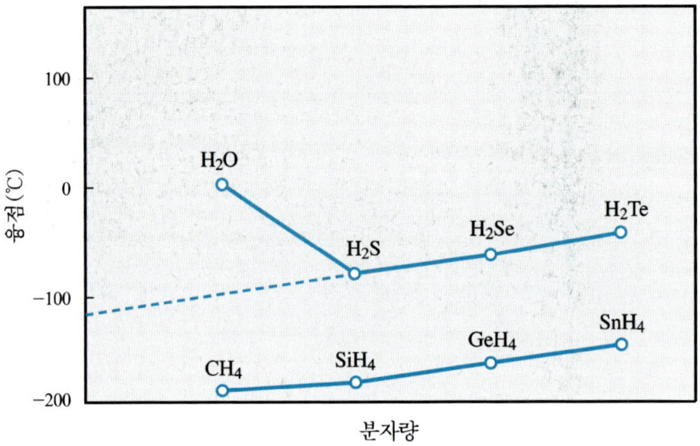

그림 4.1 수소화합물의 융점

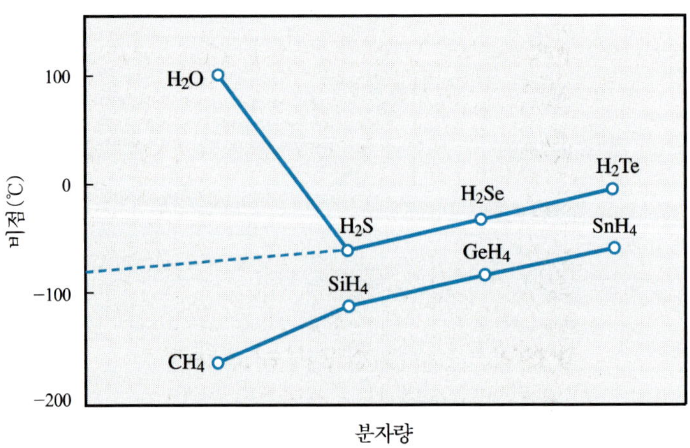

그림 4.2 수소화합물의 비점

그림으로부터 4족에서는 분자량의 증가와 함께 융점과 비점이 높아짐을 알 수 있다. 이것은 분자량이 커지면 분자간의 결합력이 커지기 때문에 나타나는 당연한 결과이다. 그러나 산소가 속해 있는 6족에서는 물만이 예외이다.

물이 4족의 화합물처럼 행동한다면 물의 빙점(융점)은 약 −110 ℃, 비점은 약 −80 ℃가 될 것이다. 그러나 물의 빙점과 비점은 각각 0 ℃, 100 ℃로 이와는 큰 차이를 나타낸다. 이는 분자간의 결합력의 크기 때문에 나타나는 현상으로 분자간의 결합력이 클수록 융점과 비점은 커진다. 따라서 물은 그림에 나타낸 몇 가지 화합물에 비하면 분자간의 결합력이 매우 강하다는 것을 알 수 있다.

⑦ 물의 비중은 1 atm을 기준으로 4 ℃때 0.999972로 가장 무거우며 4 ℃보다 높거나 낮아도 이 값보다 작아진다. 표 4.4에는 온도에 따른 물의 비중 변화를, 표 4.5에는 각 종 액체의 비중을 나타내었다.

표 4.4 온도에 따른 물의 비중 변화

온 도(℃)	비 중	온 도(℃)	비 중
−10	0.99749	30	0.99567
0	0.99987	40	0.99224
1	0.99993	50	0.98807
2	0.99997	60	0.98324
4	1.00000	70	0.97781
10	0.99973	80	0.97183
20	0.99823	90	0.96534
25	0.99770	100	0.95838

표 4.5 각종 액체의 비중(20 ℃)

종 류	비 중	종 류	비 중
물	1.0000*	단백포 소화액	1.10 ~ 1.20
아세톤	0.7908	계면활성제 포소화액	0.90 ~ 1.20
에틸알코올	0.7976	가솔린(비점 : 약 70 ℃)	0.66 ~ 0.69
메틸알코올	0.7914	등유(비점 : 175~245 ℃)	0.76 ~ 0.80
에틸에테르	0.7135	아마인유	0.93 ~ 0.94
벤젠	0.8787	대두유	0.92 ~ 0.93

* 측정온도 : 4 ℃

⑧ 물은 압력을 받으면 약간은 압축되나 기체에 비하면 거의 무시해도 좋을 정도이므로 비압축성 유체로 간주할 수 있다. 온도에 따라 다르기는 하지만 1 kg/cm^{2}의 압력증가에 평균 3.0×10^{-10} ~ 5.0×10^{-10}씩 부피가 감소한다.

⑨ 물의 점도는 1 atm, 20 ℃에서 1.0 cP(1 centipoise = 0.01 g/cm · sec)이며 온도가 올라가면 점도는 작아진다(50 ℃에서는 0.55 cP).

⑩ 물의 표면장력은 20 ℃에서 72.75 dyne/cm이며 온도가 상승하면 표면장력은 작아진다(40 ℃에서는 69.48 dyne/cm).

4.3 화학적 성질

① 물은 수소 1분자와 산소 1/2분자로 이루어져 있으며 이들 사이의 화학결합은 극성공유결합[주] 이다. 따라서 물의 결합각은 104.5°로 극성분자에 속한다(그림 4.3 참고).

주 극성공유결합
전자의 이동이 일어나지 않고 대신 전자를 공유하는 결합(공유결합) 중 전자구름의 밀도가 한 원자 주위에 밀집(전자밀도가 비대칭)되어 극단적으로는 이온결합 형태를 나타내는 결합으로 이러한 결합을 하고 있는 분자를 극성분자라 하며 HF, H_2O 등이 여기에 속한다.

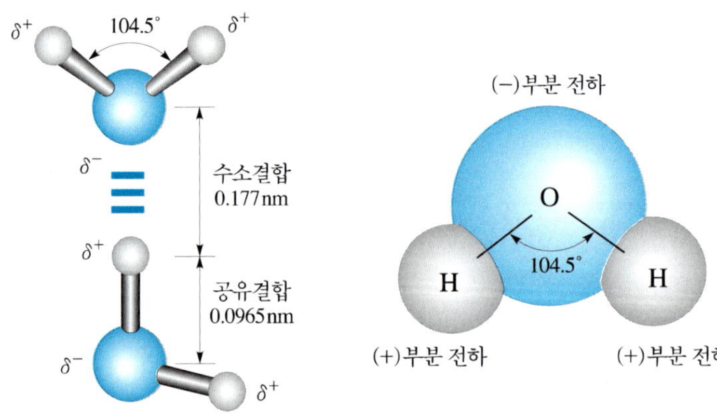

그림 4.3 물의 결합구조

② 물은 극성분자이기 때문에 분자간의 결합은 쌍극자–쌍극자 상호작용(극성분자의 양의 말단과 다른 극성분자의 음의 말단 사이에 작용하는 정전기적 인력)의 일종인 수소결합(hydrogen bond)에 의해 이루어진다. 물분자간의 수소결합 형태는 그림 4.4와 같다. 물의 비정상적인 성질은 대부분 이 수소결합의 결과이다. 물이 비교적 큰 표면장력을 갖는 것도 분자간의 인력의 세기와 직접적인 관계가 있으며, 비교적 큰 비열도 수소결합을 절단하는 데 큰 에너지가 필요하기 때문이다.

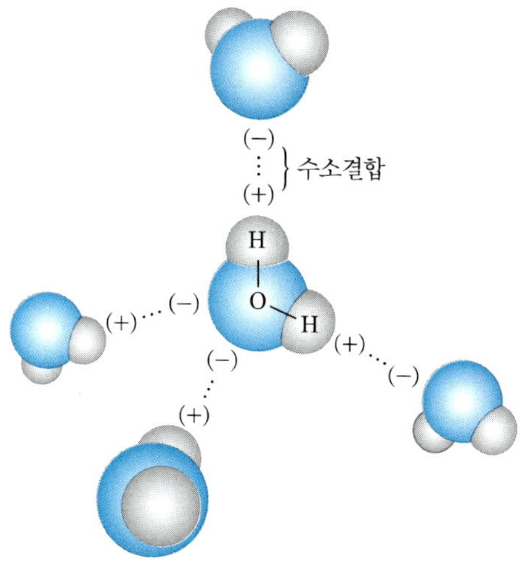

그림 4.4 물 분자간의 수소결합

4.4 열역학적 성질

물의 상태는 상온, 상압에서 보통 액상이나 압력(P)과 온도(T)에 따라 기체, 액체, 고체로 변한다. 물의 압력–부피–온도(P–V–T)에 따른 거동을 좀더 자세히 알아보면 다음과 같다.

1. 물의 P–T상태도

압력과 온도에 따른 물의 상태변화는 그림 4.5와 같다.

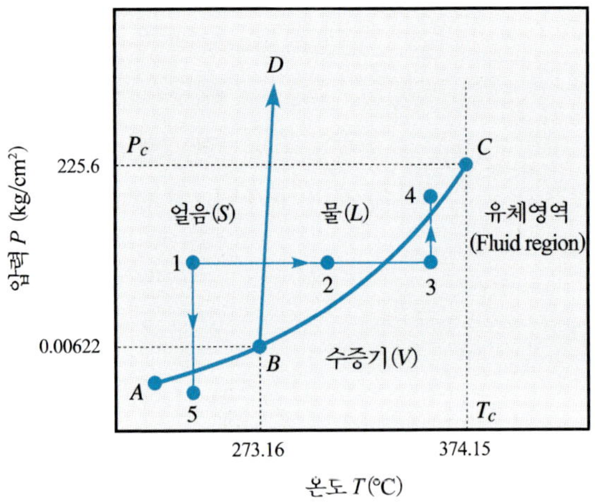

그림 4.5 물의 P–T상태도

그림 4.5에서 A–B선(승화곡선)은 고체와 기체, B–C선(증발곡선)은 액체와 기체, B–D선(용융곡선)은 고체와 액체의 영역분리를 나타내며 이 선상에서는 2가지 성분이 평형상태로 존재한다. 즉, 이 세 곡선은 두 상이 공존하기 위하여 필요한 압력과 온도의 조건을 표시하며 이 선들은 단일상 영역에 대한 경계가 된다. 이 세 곡선은 세 가지 상이 공존하는 삼중점에서 만난다. 따라서 용융곡선 B–D선은 무한대로 위로 계속되지만 증발곡선 B–C선은 임계점 C에서 끝난다. 이 점의 좌표를 임계 압력(P_c)과 임계 온도(T_c)로 표시하며 이 임계점은 순수물질이 기액평형을 이루는 최고의 압력과 온도를 표시한다.

온도가 높아지면(임계 온도까지) 증기의 밀도는 커지고 액체의 밀도는 작아져서 임계점에서는 증기와 액체의 밀도가 같아지게 된다. 즉, 임계점 이상에서는 액체가 존재하지 않는다. 이와 같은 임계점 이상의 영역을 유체영역(fluid region)이라 한다.

더 높은 온도와 압력에서 존재하는 유체영역은 점선으로 표시되며 이것은 상전이를 표시하는 것이 아니고 액체나 기체라는 말을 사용할 수 있는 한계를 보인 것이다. 만약 어떤 상이 일정한 온도에서 압력을 감소시킬 때 기화한다면 일반적으로 액체로 간주한다. 또한 어떤 상이 일정한 압력에서 온도를 낮출 때 응축한다면 기체로 간주한다.

유체영역은 이들 중 어떤 정의에도 합당하지 않기 때문에 이것은 액체도 아니고 기체도 아니다. 즉, 임계점 이상의 압력에서는 액체와 증기의 구분이 없어진다. 또한 임계점에서의 증발잠열은 0이 되며 임계점 이상에서는 증발잠열의 의미가 없어진다.

임계 온도 이상의 온도에서는 물질은 기체처럼 행동하며 아무리 압력을 높여도 액화되지 않는다.

그림 4.5에서 점선으로 표시한 바와 같이 기체영역을 두 부분으로 분리한다. 왼쪽 영역에 속하는 기체는 일정한 온도에서 압축 또는 일정한 압력에서 냉각시키면 응축될 수 있으며 이것을 증기(vapor)라 한다.

그림 4.5의 상태로부터 P와 T에 따른 물의 상태 변화를 살펴보면 다음과 같다.

1의 상태(얼음)의 온도와 압력에서 압력을 일정하게 하고 온도를 올리면 얼음은 액상의 물(2의 상태)로 되고 계속 가열하면 수증기(3의 상태)가 된다.

이 수증기를 일정한 온도 조건에서 압력을 높이면 응축되어 액상의 물(4의 상태)이 된다. 또한 1의 상태에서 온도를 일정하게 하고 압력을 낮추면 얼음은 액상을 거치지 않고 직접 승화되어 수증기(5의 상태)가 된다. 이와 같이 물은 압력과 온도에 따라 기체, 액체, 고체의 상태로 변하게 된다.

2. 물의 P-V상태도

그림 4.5는 부피에 대해서는 아무런 자료를 제공해 주지 못하고 P-T선도 상에서 상 경계만을 표시할 뿐이다. 따라서 각 정온선에 대하여 압력 대 부피의 관계를 도시해 보면 그림 4.6과 같다.

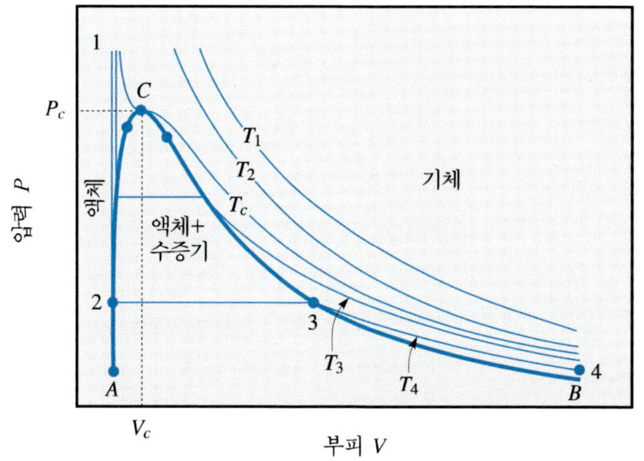

그림 4.6 물의 P-V상태도

그림 4.6에서 T_1과 T_2로 표시된 곡선들은 임계점보다 높은 정온선들이며 T_3과 T_4로 표시된 곡선들은 임계점보다 낮은 정온선들이다. 이들에 의해 P-V 상태도는 3개의 영역으로 구분된다. 수평선상의 점들은 평형 관계에 있는 가능한 모든 증기와 액체의 혼합물을 표시한다. 좌측 끝은 액체의 물이 100 %인 상태이며 우측으로 갈수록 증기의 양이 증가하여 최종적으로는 증기가 100 %인 상태로 변한다. 이러한 끝점들의 궤적은 ACB로 표시된 둥그런 곡선으로 나타낼 수 있다. 이 둥근 곡선의 좌측 반(A에서 C)을 포화액곡선, 우측반(C에서 B)을 포화증기곡선이라 한다. 이 곡선의 아래 영역에서는 두 가지 상(액상과 기상)이 공존한다.

그림 4.6으로부터 P와 V에 따른 물의 상태 변화를 살펴보면 다음과 같다.

1의 상대에 있는 액체물의 압력을 점차적으로 떨어뜨리면 체적은 1-2의 가파른 직선을 따라 약간 씩 증가하여 2의 상태에서는 액체 물이 증발하기 시작하고 3의 상태에서는 완전히 수증기 상태로 변하게 된다. 상변화가 일어나는 2-3과정은 압력의 변화가 없는 정압과정이다. 이와 같이 주어진 온도에서 상변화가 일어나게 되는 일정한 압력을 증기압이라 하며 이것은 그림 4.5에서 정온선이 기화곡선을 통과하는 점에서의 압력에 해당된다. 온도가 점점 높아지면 두 상이 공존하는 영역에서 정온선인 수평선은 길이가 점점 짧아져서 C점으로 축소된다. 이 점을 임계점(C)이라 하며 이 때의 온도를 임계 온도(T_C), 압력을 임계 압력(P_C), 체적을 임계 체적(V_C)라 한다. 임계점에서는 액상과 증기상이 구별되지 않는다.

4.5 주수형태

1. 봉상(棒狀)

막대 모양의 굵은 물줄기를 가연물에 직접 주수하는 방법으로 소방용 방수노즐을 이용한 주수가 대부분 여기에 속한다. 현재도 가장 널리 사용되고 있으며 열용량이 큰 일반 고체 가연물의 대규모 화재에 유효한 주수형태이다. 감전의 위험이 있기 때문에 어느 정도의 안전거리를 유지하여야 한다.

2. 적상(滴狀)

스프링클러 소화설비 헤드의 주수형태로 살수(撒水)라고도 한다. 저압으로 방출되기 때문에 물방울의 평균직경은 0.5 mm ~ 6 mm 정도이다. 일반적으로 실내 고체가연물의 화재에 사용된다.

3. 무상(霧狀)

물분무 소화설비의 헤드나 소방대의 분무노즐에서 고압으로 방수할 때 나타나는 안개형태의 주수로 물방울의 평균 직경은 0.1 mm ~ 1.0 mm 정도이다. 소화 효과의 측면에서 본 최적입경은 열전달과 물방울의 최대속도와의 관계로부터 이론적으로 유도해 보면 0.35 mm 정도이다.

일반적으로 유류화재에 물을 사용하면 연소면이 확대되기 때문에 물의 사용을 금하고 있지만 중질유화재(중질의 연료유, 윤활유, 아스팔트 등과 같은 고비점유의 화재)의 경우에는 물을 무상으로 주수하면 급속한 증발에 의한 질식 효과와 에멀젼(유탁액)[주)]효과에 의해 소화가 가능하다. 에멀젼효과란 물의 미립자가 기름의 연소면을 두드려서 표면을 유화상으로 하여 기름의 증발능력을 떨어뜨려 연소성을 상실시키는 효과로 에멀젼효과를 높이기 위해서는 유면에의 타격력을 증가(속도에너지 부가)시켜 주어야 하므로 질식 효과를 기대할 때 보다 입경을 약간 크게 해야 한다. 일반적으로 물을 사용하여 소화 할 수 있는 유류화재는 유류의 인화점이 37.8 ℃(100 °F) 이상인 경우이다. 또한 무상주수는 다른 주수법에 비하면 전기전도성이 좋지 않기 때문에 전기화재에도 유효하나 이 때에는 일정한 거리를 유지하여 감전을 방지해야 한다.

주 유탁액(emulsion)

액체 중에 다른 액체입자가 콜로이드입자 또는 그 보다 약간 큰 입자의 형태로 분산되어 있는 것을 말한다. 이는 서로 섞이지 않는 두 액체 사이에서 일어난다. 물과 기름을 섞어서 흔들면 일시적으로 에멀젼이 되지만 바로 두 개의 층으로 분리된다. 그러나 여기에 적당한 유화제를 넣은 후 교반하면 오랫동안 에멀젼상태가 유지된다.

4.6 소화 효과

1. 냉각 효과(cooling effect)

물은 비열이 헬륨의 1.25 cal/g・℃, 수소의 3.41 cal/g・℃를 제외하고는 천연물질 중에서 가장 크고 기화열(539 cal/g)도 모든 액체 중에서 가장 크다. 따라서 물의 소화 효과 중 가장 대표적인 것은 냉각 효과이다.

물의 냉각작용은 다음과 같은 요인에 크게 영향을 받는다.

① **물의 표면적** : 물과 화재표면 사이의 열전달속도는 노출된 물의 표면적에 비례한다. 물의 표면적은 물방울에서 수증기로 바뀌면 크게 증가한다.

② **온도차** : 열전달속도는 물과 주위의 공기 또는 연소물질 사이의 온도차에 좌우된다.

③ **공기 중의 수증기 함량** : 열전달속도는 공기 중의 수증기 함량에 좌우된다. 즉, 수증기 함량이 늘어나면 화재확대는 억제된다.

④ **물의 이동거리와 속도** : 물의 열흡수 능력은 연소 구역에서의 물의 이동거리와 속도에 좌우된다.

2. 질식 효과(smothering effect)

100 ℃의 액체 물이 100 ℃의 수증기로 변하면 체적이 약 1,603배 정도 늘어나 화재현장의 공기를 대체하거나 희석시켜 질식 효과를 나타낸다. 만약 발생된 수증기가 연소영역을 제한한다면 질식 효과는 한층 더 빨라질 것이다. 이와 같은 질식 효과는 인화점이 37.8 ℃(100 ℉) 이상, 비중이 1.1 이상이고, 물에 불용인 가연성액체의 유류화재에 적용이 가능하다. 가장 효과적인 질식 효과를 위해서는 물에 포 소화약제를 첨가하는 것이 바람직하다. 그리고 유류화재의 진압을 위해서는 유류 표면에 부드럽게 분무형태(무상)로 주수해야 한다.

3. 유화 효과(emulsification effect)

유류화재에 물을 무상으로 주수하면 앞에서 설명한 질식 효과 이외에도 유탁액(emulsion)이 생성되어 유화 효과가 나타난다.

유화 효과란 물의 미립자가 기름의 연소면을 두드려서 표면을 유화상으로 하여 가연성증기의 발생을 억제함으로써 기름의 연소성을 상실시키는 효과를 말한다. 유화 효과를 높이기 위해서는 유면에의 타격력을 증가(속도에너지 부가)시켜 주어야 하므로 질식 효과를 기대할 때보다 물방울의 입경을 약간 크게 하고 좀 더 강하게 분무해야 한다.

4. 타격 및 파괴효과

물을 봉상이나 적상으로 주수하면 가연물은 파괴되어 연소가 중단된다. 그러나 유류화재의 경우에는 봉상으로 주수하면 거품이 격렬하게 발생되기 때문에 봉상주수는 피해야 한다.

4.7 첨가제

물은 단독으로도 우수한 소화제이지만 소화력을 증대시켜 작은 수량으로 높은 소화 효과를 발휘하기 위하여 각종 화학물질을 첨가한다. 이들을 소개하면 개략적으로 다음과 같다.

표 4.6은 미국방화협회의 규격(NFPA No. 10)에 의해 소화기용 수계 소화약제를 적응화재별로 분류한 것이다.

표 4.6 소화기용 수계 소화약제의 적응화재별 분류

화재의 종류 / 소화약제	A급 화재	B급 화재	C급 화재	D급 화재
강화액	○	△	×	×
침윤제	○	×	×	×
산-알칼리제	○	×	×	×
포 소화약제	○	○	×	×

○ : 적용, △ : 소량 사용시 부적합, × : 부적합

1. 강화액

물의 소화력을 높이기 위하여 화재에 억제효과가 있는 염류를 첨가한 것이다. 염류로는 알칼리금속염의 탄산칼륨, 인산암모늄 등이 사용된다. 일반적으로 강화액(loaded stream)이라고 불리는 것은 알칼리금속염류 등을 주성분으로 한 것으로 황색 또는 무색의 점성이 있는 수용액이다. 강화액의 조성은 표 4.7과 같으며 개략적인 물성은 표 4.8과 같다.

표 4.7 강화액의 조성 예

성 분	비 율(wt. %)
물	60
탄산칼륨	36
유기안정제	2
방청첨가제	2
착색제	약간

표 4.8 강화액의 개략적인 물성

항 목	물성치
비중(20 ℃)	1.36 ~ 1.38
응고점	−30 ℃ ~ −26 ℃
점도	3.7 cP
pH	11 ~ 12
표면장력	87 dyne/cm

고농도의 탄산칼륨 수용액은 −20 ℃ 정도의 저온에서도 얼지 않기 때문에 한냉지에서도 사용이 가능하다. 강화액의 소화 효과는 물이 갖는 소화 효과와 첨가제가 갖는 부촉매효과를 합한 것이다.

용도는 거의 소화기용이며 주로 지방질 기름(Fat oil)과 목재 등의 가연물의 화재 시 사용되며 석유류화재에는 그다지 효과적이지 못하다.

이 액은 알칼리성이기 때문에 사용 후 배관을 충분히 세척하지 않으면 결정이 석출되어 배관이 막히거나 용기가 부식되므로 취급시 주의를 요한다.

2. 침윤제

물은 표면장력이 커서 가연물에 침투되기 어렵기 때문에 침투성을 높여 주기 위해서는 표면장력을 작게 해야 한다. 이와 같이 침투성을 높여 주기 위해서 첨가하는 계면활성제의 총칭을 침윤제(wetting agent)라 한다. 일반적으로 첨가하는 계면활성제의 양은 1 % 이하이다.

침윤제가 첨가된 물을 『wet water』라고 부르며, 이것은 가연물 내부로 침투하기 어려운 목재, 원면, 고무, 플라스틱, 옷, 건초, 짚 그리고 매트리스 등을 차곡차곡 쌓아 놓은 형태의 화재나 분진폭발 방지 등에 사용되고 있다.

통상 이 약제는 봉상, 적상, 무상, 포상(泡狀)으로 사용되나 NFPA No. 18에 따르면 포상이 가장 소화 효과가 우수한 것으로 알려져 있다.

3. 증점제

물은 유동성이 크기 때문에 소화대상물에 장시간 부착되어 있지 못한다. 따라서 물의 유실을 방지하고, 건물, 임야 등의 입체면에 오랫동안 잔류하게 하여 소화 효과를 높이기 위해서는 물의 점도를 높여야 한다. 이와 같은 목적으로 첨가하는 약제를 증점제(viscous water agent)라 하며 이를 사용함으로써 물의 사용량도 줄일 수 있다. 높은 장소에서 주수하여 소화하는 경우(공중 소화)에는 점성이 높으면 물이 분산되지 않으므로 목표물에 정확히 도달하여 소화 효과를 높일 수 있는 장점도 있다. 따라서 이 약제는 산림화재에 많이 사용되고 있다. 반면, 증점제를 사용하면 가연물에 대한 침투성이 떨어지고, 방사 시에 마찰손실이 증가하고, 분무 시 물방울의 직경이 커지는 등의 단점이 있다.

증점제로는 유기계는 알킨산나트륨염, 펙틴(pectin), 각종 껌 등의 고분자 다당류, 셀루로오스 유도체, 비이온성 계면활성제 등이 있다. 산림화재 시 대표적으로 사용하는 유기계 증점제로는 CMC(Sodium Carboxy Methyl Cellulose)와 Gelgard(Dow chemical사의 상품명) 등이 있다. 무기계로는 벤토나이트, 붕산염 등이 사용되고 있으며 이들을 기계적으로 혼합하여 슬러리상으로 만들어 주로 산림화재에 사용하고 있다.

산림화재용 증점제의 사용량은 재질, 목적에 따라 달라지나 일반적으로 물의 0.5 ~ 3 wt % 정도가 표준이며, 이 수용액의 점도는 250 cP가 기준이다.

4. 부동제

소화약제로서 물의 큰 단점 중의 하나는 저온에서의 동결이다. 이와 같은 단점을 보완하기 위해 첨가하는 약제가 부동제이며 일반적으로 자동차에 사용하는 부동제인 에틸렌글리콜(ethylene glycol, $C_2H_4(OH)_2$)을 가장 많이 사용하고 있다.

5. 유화제

비교적 인화점이 높은 고비점유류(중유, 아스팔트, 윤활유 등)의 소화시 유화제(emulsifier)를 포함한 수용액을 분무상으로 주수하면 물을 단독으로 사용할 때보다 소화 효과가 높아진다. 이것은 유화제의 유화・분산작용에 의해 연료표면에 물과 기름의 유탁액(에멀젼)이 형성되어 기름의 증발이 대폭 억제되기 때문이다.

유화제로 많이 이용되는 계면활성제로는 폴리옥시에틸렌 알킬 페닐 에테르(polyoxy-ethylene alkyl phenyl ether 등의 비이온성이다.

6. 산-알칼리제

산과 알칼리의 화학반응을 이용한 소화약제이다. 발생하는 이산화탄소는 방사압력원으로, 또 반응 후 발생하는 황산나트륨과 반응하지 않은 알칼리금속염은 앞에서 설명한 강화액에서와 같이 물의 소화능력을 강화시키는데 이용된다. 일반적으로 산으로는 황산이, 알칼리로는 탄산수소나트륨(중조)이 사용되고 있다. 이들의 반응식은 다음과 같다.

$$2NaHCO_3 + H_2SO_4 \rightleftarrows Na_2SO_4 + 2H_2O + 2CO_2$$

이 약제는 주로 소화기에 사용되고 있으며 A급 화재에만 효과가 있다. NFPA No. 10에 의하면 1969년 이후 미국에서는 생산이 중지되었다.

7. Rapid water

소방활동에서 물과 호스의 마찰손실을 줄이면 소방펌프차에서 보다 많은 양의 물을 방수할 수 있으며 가는 호스로도 방수가 가능해지므로 소방관의 부담이 줄게 된다. 이와 같은 목적을 위해 첨가하는 약제로 미국 Union carbide사에서는 『rapid water』라는 명칭의 첨가제를 발매하고 있다. 이것의 성분은 폴리에틸렌옥사이드(polyethylene oxide, $HO-(CH_2CH_2)_n-CH_2CH_2OH$)로 이것을 첨가하면 물의 점성이 약 70 %정도 감소하여 방수량이 증가하게 된다.

4.8 특수화재와 물

물은 가장 널리 사용되는 소화약제이지만 몇 가지 가연물질의 화재에서는 그 사용을 금지하거나 주의를 해야 한다

1. 화학제품

일반적으로 탄화칼슘(CaC_2), 과산화물 등과 같은 화학약품은 물과 반응하여 가연성가스와 열이 발생되기 때문에 화재 시 물을 사용해서는 안된다. 생석회(CaO)와 같은 물질이 물에 젖은 경우 저장상태 때문에 열의 확산되지 못하면 일정시간 후에 자연발화가 일어날 수도 있다.

2. 가연성금속

일반적으로 K, Na, Mg, Al, Ti, Hf, Ca, Zn 등의 가연성금속은 대부분 물과 만나면 수소가스와 같은 가연성가스를 발생시키다. 따라서 이들의 화재 시 물을 사용하면 오히려 화재가 확대된다. 특히 연소계(燃燒系)의 온도가 높은 경우에는 이와 같은 현상이 두드러지게 나타난다.

3. 방사성금속

방사성금속의 화재 시에는 다량의 물을 사용해서는 안된다. 만약 물을 사용했을 경우에 방사능에 오염된 물의 처리는 단순한 문제가 아니다.

4. 가 스

가스화재에서 물은 일반적으로 과열된 탱크의 온도를 냉각시켜 가스의 누출과 폭발을 방지하기 위하여 사용된다. 물에 녹는 가스의 경우에는 물을 무상으로 분사하여 가연성가스의 농도를 희석시키기 위해서도 사용한다.

CHAPTER 05

포 소화약제

CHAPTER

05 포 소화약제

5.1 개 요

물에 약간의 첨가제(포 소화약제)를 혼합한 후 여기에 공기를 주입하면 포(foam)가 발생된다. 이와 같이 생성된 포는 유류보다 가벼운 미세한 기포의 집합체로 연소물의 표면을 덮어 공기와의 접촉을 차단하여 질식 효과를 나타내며 함께 사용된 물에 의해 냉각 효과도 나타난다. 즉, 포 소화약제는 질식 효과와 냉각 효과에 의해 화재를 진압한다.

포에는 두 가지 약제의 혼합 시 발생하는 이산화탄소를 핵으로 하는 화학포와 포 수용액과 공기를 교반 혼합하여 공기를 핵으로 하는 기계포(일명 공기포라고도 함)가 있다. 전자는 현재 사용되지 않으며 일반적으로 포라 하면 후자의 기계포를 의미한다.

포 소화약제는 포가 유류의 표면을 덮어서 질식시키기 때문에 유류화재의 소화에 가장 효과적이며 일반화재에도 사용할 수 있다. 일반적으로 물만으로는 소화 효과가 약하든지, 주수에 의해 오히려 화재가 확대될 우려가 있는 가연성 액체의 소화에 사용한다.

5.2 종 류

포 소화약제는 발포 기구(mechanism)에 의해 크게 화학포 소화약제와 공기포 소화약제로 나누어진다. 화학포(chemical foam)는 산성액과 알칼리성액의 두 액체의 화학 반응에 의해 발생되는 탄산 가스를 핵으로 한 포이고, 공기포(air foam)는 물과 약제의 혼합액의 흐름에 공기를 불어넣어서 발생시킨 포이다. 화학포는 화학 반응에 의해 만들어진 포인 반면에 공기포는 기계적으로 발생시켰기 때문에 기계포(mechanical foam)라고도 부른다. 이상과 같이 포는 화학포와 공기포로 나눌 수 있으며, 기계포는 팽창비(발포 배율)[1]에 따라 저팽창포, 중팽창포, 고팽창포로 나눌 수 있다. 표 5.1에 팽창비에 따른 분류 예를 나타내었다. 이들의 구분은 각 나라마다 조금씩 다르기 때문에 국제 규격으로 통일될 때까지 엄밀한 구분은 무리인 것 같다.

오히려 현재는 발포기의 형식에 의해 발생하는 기포의 호칭을 사용하고 있다고 보는 것이 이해하기 쉽다. 포노즐이나 포챔버는 팽창비 6 ~ 12 정도의 저팽창포를, 아스피레이터형(asphirator type)의 고발포기는 팽창비 50 ~ 500 정도의 중팽창포를, 블로어형(blower type)의 고발포기는 팽창비 300 ~ 1000의 고팽창포를 발생시킨다.

표 5.1 팽창비에 의한 기계포 소화약제의 분류 예

종류	팽창비(배)		
	한국	미국 (NFPA*기준)	유럽
저팽창	6~20 이하 (수성막포소화약제 : 5~20 이하)	20 미만	6 이상 50 미만
중팽창	–	20 이상 200 미만	50 이상 500 미만
고팽창	500 이상	200 이상 1,000 미만	500 이상 1,000 미만

* NFPA : National Fire Protection Association(미국방화협회)

우리나라는 팽창비가 20 이하인 저팽창포와 80 이상인 고팽창포의 2가지로 구분하고 있다. 저팽창포에는 단백포, 불화단백포, 합성계면활성제포, 수성막포, 알코올형포가 있고, 팽창비가 80 이상 1000 미만인 고팽창포에는 합성계면활성제포가 있다.

1. 화학포

1) 개 요

화학포는 2가지의 소화약제가 화학 반응을 일으켜 생성되는 기체(이산화탄소)를 핵으로 하는 포이다. 우리나라에서는 이 약제를 사용한 소화기가 가장 먼저 보급되었다. 이 소화기는 구조가 간단하고 고장이 없고, 조작이 간편하여 사용하기 쉽고, 소화 효과가 우수하기 때문에 널리 보급되어 사용되었으나 약제의 부식성, 발포 장치의 복잡성 등의 문제점

1. 팽창비 = $\frac{\text{발생한 포의 체적}}{\text{발포 전의 포 수용액의 체적}}$

때문에 「소방시설의 설치 · 유지 및 위험물제조소 등 시설의 기준등에 관한 규칙」(내무부령 제419호, 1984.8.16)에 의해 사용을 금지하고 있다.

2) 성분 및 특성

화학포는 A약제인 탄산수소나트륨(중조 또는 중탄산나트륨, $NaHCO_3$)[2]과 B약제인 황산알루미늄($Al_2(SO_4)_3$)[3]의 수용액에 발포제 안정제 및 방부제를 첨가하여 제조한다. 화학포 소화약제의 개략적인 조성표는 표 5.2와 같으며, 포안정제로는 카세인[4], 젤라틴[5] 등이 사용되고 있다.

표 5.2 화학포 소화약제의 조성 예

약제	성분	혼합비(%)	기능
A약제	탄산수소나트륨	85	기포제
	수용성 단백질	12	안정제, 점성제
	사포닌	3	발포제
	안식향산나트륨	약간	방부제
B약제	황산알루미늄	100	중화제, 교질제

A약제 중에서 사포닌은 흡습성이 매우 강하기 때문에 포장 시 주의를 기울여야 한다.

소화약제로 사용되는 황산알루미늄은 산화알루미늄이 16 % 이상인 양질의 황산알루미늄을 40 ~ 60 mesh로 분쇄하여 사용한다.

---

2. **탄산수소나트륨** : 중조, 중탄산나트륨, 중탄산소다라고도 한다. 무색, 단사정계 결정으로 비중은 2.21, 물에 대한 용해도는 8.8 g/100 g(15 ℃)이다. 수용액은 다음과 같이 가수 분해되어 약알칼리성을 나타낸다.
   $NaHCO_3 + H_2O \rightarrow H_2CO_3 + NaOH$
   수용액은 방치하면 서서히 이산화탄소를 방출하며 65 ℃ 이상에서는 급격히 분해된다.
3. **황산알루미늄** : 순수한 것으로는 수화물과 무수물이 있다. 6, 10, 16, 18, 27 수화물이 있으나 상온 부근에서는 18 수화물이 가장 안정하다. 18 수화물은 무색결정(단사정계)으로 비중이 1.69, 융점이 86.5 ℃, 물에 대한 용해도는 107.4 g/100 g(20 ℃)이다. 무수물은 무색 분말로 비중이 2.71, 물에 대한 용해도는 36.2 g/100 g(20 ℃)이며 770 ℃에서 분해한다.
4. **카세인(casein)** : 인 단백질의 일종으로 우유의 주요 단백질이다. 우유 중 카세인 함량은 3.0 %이다. 보통 우유에 산류(초산, 염산, 황산 등)를 가해 침전시켜서 만든다. 무색, 무미, 무취의 분말로 물, 유기 용매에는 잘 녹지 않고 약알칼리에는 녹는다.
5. **젤라틴(gelatin)** : 단백질의 일종인 콜라겐(collagen)을 함유한 동물질로부터 얻을 수 있는 수용성의 유도 단백질이다. 순수한 젤라틴은 담황색 또는 호박색이며 보통의 상태에서 10 ~ 16 %의 수분을 함유한다. 유기 용매에는 불용이고 냉수에서는 용해되지 않지만 팽윤되고 가열하면 녹아서 졸(sol)화 되었다가 냉각하면 겔(gel)화 된다.

이들 두 약제의 화학 반응식은 다음과 같다. 두 가지 수용액을 혼합하면 화학 반응에 의해 다량의 이산화탄소가 발생되어 소화기 내부가 고압 상태가 되고 그 압력과 함께 반응액이 밖으로 방사된다. 방사되는 순간에 이산화탄소를 핵으로 하는 포가 불꽃을 덮어서 불이 꺼지게 된다.

$$6NaHCO_3 + Al_2(SO_4)_3 \cdot 18H_2O \rightarrow 6CO_2 + 3Na_2SO_4 + 2Al(OH)_3 + 18H_2O$$

위의 반응에 의해 생성된 수산화알루미늄은 풀과 같이 끈적끈적한 교질상으로 여기에 A약제에 포함된 수용성 단백질이 혼합되면 점착성이 좋은 포가 생성되어 가연물 표면에 부착되어 불꽃을 질식시킨다.

3) 소화 효과

화학포는 점착성이 커서 연소물에 부착되어 냉각과 질식 작용으로 화재를 진화한다. 특히 유류화재에 대해서는 액면을 포로 덮어서 내화성이 강한 층을 형성하기 때문에 우수한 소화 효과를 나타내지만 가격이 비싸고, 포의 발생과 사용이 어렵고, 생성된 포막은 대단히 견고하여 일단 구멍이 생기면 쉽게 막을 수 없고, 포의 질이 용액의 온도에 크게 좌우되는 등의 단점도 있다.

2. 공기포(기계포)

공기포는 포 소화약제와 물을 기계적으로 교반시키면서 공기를 흡입하여(공기를 핵으로 하여) 발생시킨 포로 일명 기계포라고도 한다. 이 소화약제는 화학포 소화약제보다 농축되어 있기 때문에 약제 탱크의 용량이 적어질 수 있는 큰 장점이 있다. 이 약제는 크게 단백계와 계면활성제계로 나누어지며 단백계에는 단백포 소화약제, 불화단백포 소화약제, 계면활성제계에는 합성계면활성제포 소화약제, 수성막포 소화약제, 알코올형포 소화약제가 있다.

5.3 공기포 소화약제

공기포 소화약제의 특징을 "消防機械器具便覽(東京消防機器硏究會 편)"의 내용을 중심으로 하여 알아보면 다음과 같다.

1. 단백포 소화약제(protein foaming agents)

1) 개 요

동물성 단백질인 동물의 피, 뿔, 발톱을 알칼리(수산화나트륨, 수산화칼슘)로 가수 분해시키면 최종적으로 아미노산이 되며, 중간과정에서 분해를 중지시킨 것이 이 소화약제의 주성분으로 흑갈색의 특이한 냄새가 나는 끈끈한 액체이다. 여기에 내화성을 높이기 위하여 금속염인 염화철 등을 가한 것이 이 약제의 원액이다. 원액은 6 %형(원액 6 %에 물 94 %를 섞어서 사용하는 형)과 이를 다시 농축시킨 3 %형이 있으며 현재는 3 %형이 주류를 이루고 있다. 주로 팽창비 10 이하의 저팽창포로 사용되며 원액의 비중은 약 1.1 pH는 6.0 ~ 7.5 정도이다. 단백질의 농도는 3 %형이 40 wt % 전후, 6 %형이 30 wt % 전후로 3 %형이 6 %형을 약 1.5배 정도 농축한 것이다. 이 원액은 수용액으로 보존하면 가수 분해가 진행되어 변질되기 때문에 사용 시 규정 농도의 수용액으로 제조하여 사용해야 한다. 이 약제의 저장 수명은 개략 3년 정도이지만 이것은 저장 환경에 따라 크게 달라질 수 있다. 즉, 산화를 방지하기 위하여 원액 탱크를 단열하거나, 질소 등을 봉입 또는 햇빛을 차단하면 약제의 수명은 연장된다. 유효 기간이 지난 약제는 변질되어 악취가 발생하므로 저장 및 취급에 주의해야 한다.

2) 연 혁

1922년 스탠다드(Standard) 석유회사의 제닝구스가 아교와 황산제1철($FeSO_4 \cdot 7H_2O$)로 만든 포를 기름 표면에 부어서 가솔린의 증발을 억제한 것이 최초의 단백포 소화약제이다.

단백질 가수 분해물을 이용해 포 소화약제로 개발한 것은 독일의 버이센보룬과 스타마이다. 그들은 단백질 가수 분해물과 제1철염의 수용액을 각각 별개의 수용액으로 분리하였다가 사용 시에 혼합하면서 공기를 흡입・교반하여 발포하였다. 그 후 단백질 가수 분해물에 첨가한 단일 용액을 소화약제로 하는 현재의 단백포 소화약제를 개발하게 되었다.

1932년 독일의 토탈사는 본격적으로 제조 공장을 건설하고 단백포 소화약제의 제조하였다. 1937년 라짜아는 제각분(蹄角粉)이나 알부민, 글로불린 등의 단백질을 원료로 해서 수산화칼슘으로 분해하는 방법을 개발하였고 이것은 1939년 이후에 영국, 독일 양국에서 이용되었다.

영국 정부는 1944년에 제각분을 가수 분해한 후 황산 제1철을 첨가하는 방법을 승인하였다. 1945년 영국 정부의 연구소에서 발표된 크라크와 데이비드에 의한 연구는 동물의 혈액, 제각 그 외의 원료를 수산화나트륨이나 수산화칼슘 등의 알칼리 혹은 산이나 효소로 분해하는 방법 및 기포의 성능, 측정 방법 등을 상세하게 서술한 것으로 현재까지 포 소화약제의 가장 중요한 연구자료의 하나이다.

제2차 세계대전 말기 전후에 걸친 포 소화약제의 연구는 미국으로 옮겨져 완성되었다. 1946년에는 미국 육해공 통합 사양서(JAN-C-266 Joint Army-Navy Specification)가 제정되어 유럽, 일본, 아시아에 주둔하는 미국 군대는 이것에 기초를 두고 포 소화약제를 구입했기 때문에 전 세계의 포 소화약제는 실질적으로 거의 동일하게 되었다. 그 동안 단백포 소화약제의 연구는 큰 발전은 없었지만 원료 제각분이 천연물이어서 원료 수급에 어려움이 있기 때문에 합성물을 원료로 하는 시험이 이루어졌다. 영국의 BP(British Petroleum)사에 의해 개발된 n-파라핀 등의 석유 단백질을 이용하는 방법은 아직 유해 논의가 해결되지 않아서 연구가 진전되고 있지 않다.

3) 제 법

단백포 소화약제는 원료 단백질을 가수 분해하여 제조한다. 가수 분해는 거대한 단백질 분자를 적당히 절단해서 그 끝에 수소 혹은 수산기를 결합시켜 소형의 안정된 분자로 만들어 가는 조작으로 가수 분해가 계속되면 단백질은 최종적으로 아미노산으로 분해된다. 따라서 단백포 소화약제 제조의 가장 큰 어려움은 단백질의 가수 분해 속도를 알맞게 조절하여 중간 정도까지만 가수 분해된 수용성의 성분을 다량으로 제조하는 것이다.

단백질의 일종인 케라틴(keratin)이 가수 분해되어 분자가 절단되는 과정은 그림 5.1과 같으며, 단백포 소화약제의 개략적인 제조 공정도는 그림 5.2와 같다.

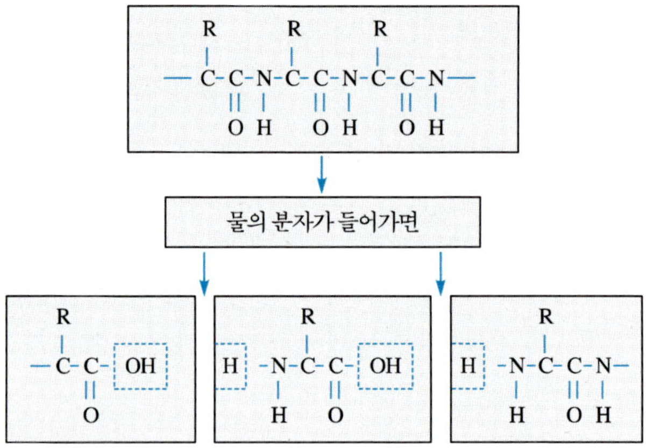

그림 5.1 가수 분해에 의한 케라틴 분자의 절단

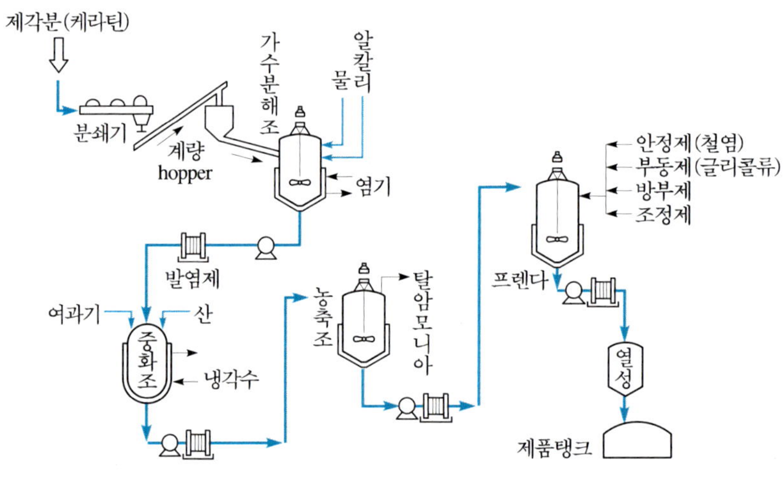

그림 5.2 단백포 소화약제의 제조 공정도

(1) **원 료**

단백질 원료로는 분해를 잘 하면 무엇을 사용해도 상관이 없으나 가능하면 값이 싸고 분해 조작이 쉬운 것이 좋다. 동물의 혈분은 글로불린을 주성분으로 하는 단백질이고, 뿔이나 발굽은 케라틴을 주성분으로 하는 원료이다. 콩, 번데기, 어분 등도 사용할 수 있으나 연중 일정하게 공급할 수 없다는 것이 단점이다. 달걀 흰자와 혈분은 극히 단시

간 내에 분해가 완료되지만 식료품이기 때문에 소화약제의 원료로는 너무 고가이다. 최근 10 년 정도 사이에 석유 단백질을 원료로 하는 실험이 이루어졌다. 석유 화학 제품인 노르말 파라핀이나 알코올 등에 효모를 첨가하여 제조한 석유 단백질을 원료로 이용하는 것이다. 이들 중에서 현재 가장 일정하게 입수할 수 있고 내열성이 매우 큰 포를 생성할 수 있는 원료는 소, 말 등의 동물 제각분을 분해한 케라틴 단백질이다. 제각분은 상당히 단단하기 때문에 이것을 분말로 만드는 것은 쉽지 않다. 잘게 분쇄하지 않으면 분해가 균일하게 이루어지지 않기 때문에 오토클레이브(autoclave) 등에서 증기로 훈증하여 부드럽게 한 후 분쇄기로 깨뜨려 분쇄한다. 최근 선진국에서는 메탄올 단백질, 효모 단백질 등의 이용도 활용 단계에 이르고 있다.

(2) 가수 분해 공정

단백질 원료의 가수 분해 속도는 염산 등의 산에 의해서는 너무 빠르고 효소 등에 의해서는 너무 느리다. 따라서 일반적으로 이용되는 것은 알칼리에 의한 가수 분해이다. 그림 5.3에 제각분(케라틴)이 알칼리에 의해 가수 분해되는 과정을 나타내었다. 이 중 펩톤(peptone)이라고 하는 성분이 많이 포함되도록 분해하는 것이 바람직하므로 산으로 급격하게 분해하는 것보다 알칼리로 천천히 분해하는 것이 좋다. 이 분해 공정은 각 회사마다 노하우(know-how)이다.

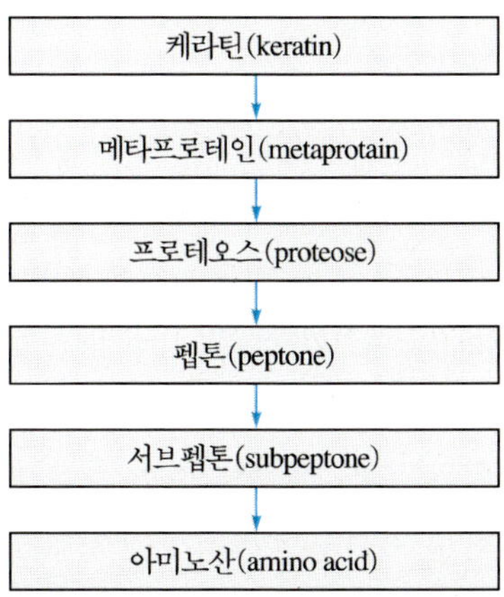

그림 5.3 단백질의 가수 분해 과정

가수 분해 과정은 다음과 같다.

제각분을 계량하여 가수 분해통에 넣고 수산화칼슘 혹은 수산화나트륨과 물을 첨가해서 끓는점(100 ℃ 부근)에서 3 ~ 15 시간 동안 가수 분해한다. 이때의 모든 조건은 제조업체에 따라 다른데 원료 제각분의 조성에 따라 변하는 게 보통이다. 분해법은 상압에서 행하는 상압 분해법과 가압하에서 행하는 가압 분해법이 있다. 가압 분해법은 분해 시간이 짧고, 원액 중에 잔존하는 염류도 적고, 균일한 성분을 얻을 수 있는 이점이 있다.

(3) 여과 공정

가수 분해가 완료되면 불용 성분을 제거하기 위한 여과 작업을 한다. 보통 여과는 필터 프레스로 하고 얻어진 정등액은 중화 탈염하기 위해 다음 공정으로 보낸다.

(4) 중화 탈염 공정

알칼리로 가수 분해한 후 중화는 당연히 산을 이용하지만 그 결과 생성되는 염류를 탈염하는데 용이한 것이어야 한다. 여기서 충분히 탈염하지 않으면 제품이 되었을 때 침전물이 생기기 쉬우며 부식될 우려가 있다.

(5) 농축 공정

중화를 종료하고 여과한 액은 그대로 제품 모액이 되지만 농축형 제품인 3 %형 포 소화약제를 만드는 데는 농도가 묽다. 따라서 농축조로 보내 가열 · 농축한다.

(6) 안정제(철염)의 첨가 공정

농축이 완료된 후 여과한 액은 흔히 여과액이라 불리고 있지만 이 여과액을 물로 묽게 해서 기포를 만드는 것은 계면활성제 수용액처럼 간단히 할 수 없다. 그러나 여과액을 물로 묽게 해서 이것을 교반기 등으로 공기와 심하게 혼합해 주면 기포가 생긴다. 이 기포는 계면활성제의 기포에 비하면 훨씬 액체 흐름이 적은 안정성이 있는 포이다. 이것은 포의 구조가 다르기 때문이다. 계면활성제 분자는 액체의 표면에 나란히 모여 막을 만들지만 단백질의 포는 공기와 뒤섞이면서 분자의 일부에서 변성이라 불리는 변화가 일어나고 서로 얽혀서 막을 만든다. 이 때문에 생긴 막은 깨지기 힘들고 또 막 사이의 액 유동이나 흐름이 방해를 받아 안정성이 있는 기포가 되는 것이다.

따라서 대형 유류 저장 탱크화재의 소화 시에도 윤화(ring fire)[6]가 발생되지 않는다. 그러나 여과액으로부터 생성된 포는 소화에 만족할 만한 성능을 나타내지 못한다.

안정성과 내화성이 우수한 포를 얻으려면 2가의 금속염을 첨가해야 한다. 단백질이나 그 가수 분해물의 용액은 금속염류에 의해 침전을 일으킨다. 여과액 중에 녹아 있는 분자는 1가나 2가 이온에서는 농도가 높지 않으면 침전이 일어나지 않는다. 그러나 3가의 이온이 소량이라도 존재하면 분자는 응집되어 침전이 일어난다.

여과액에 2가의 철이온을 가해도 액 그 자체는 아무런 변화도 일어나지 않지만 이것을 사용할 때 물과 혼합하면 액은 엷은 피막이 되어 넓은 면적에서 공기와 접촉하기 때문에 막표면에서 철이온이 산화되어 3가의 철이온을 만들게 된다. 이 3가의 철이온은 표면에서 서로 얽혀 있는 분자와 반응해 분자를 서로 이어 고정한다. 즉, 표면에 침전해서 부착되면 고체화된 막이 만들어져 막 안의 액체 흐름이 작은 안정된 기포가 되는 것이다. 철이온의 산화는 화재 시 열에 의해서 더욱 더 촉진된다. 이미 산화나 철염에 의해 만들어진 고체막이 열을 받으면 단백질이 열변성에 의해 경화되어 내화·내열성

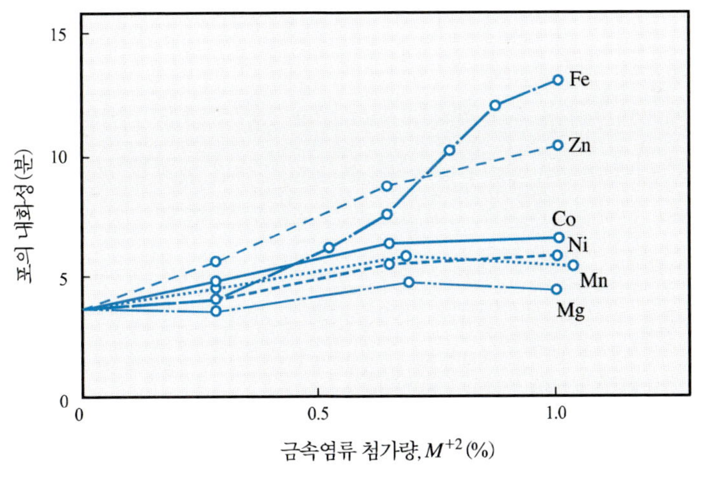

그림 5.4 금속이온 첨가에 의한 포의 내화성 변화

6. 윤화(ring fire) : 윤화란 대형 유류 저장 탱크의 소화 작업 시 불꽃이 치솟는 유면에 포를 방사하면 탱크 윗면의 가운데는 불이 꺼져도 바깥쪽은 벽을 따라 링(ring)모양으로 불이 지속되는 현상을 말한다. 이 현상은 가열된 탱크 벽에 의해 포의 일부가 열화(劣化)되어 안정성이 떨어져 밑면의 유류 일부가 증발하여 착화되기 때문에 일어난다. 대형 유류 탱크화재 시 탱크 벽면의 온도는 700~800 ℃까지 올라가기도 한다.

이 큰 포가 되는 것이다. 이것이 단백포가 계면활성제포나 수성막포에 비해 강한 내화성을 나타내는 이유이고 불길을 받아도 포가 소멸되지 않는 것은 고체막이 경화되어 눌어 붙을 때까지 그 모양을 바꾸지 않기 때문이다. 이와 같이 내화성이 우수하기 때문에 앞에서 설명한 것처럼 대형 유류 저장 탱크화재의 소화 시에도 윤화(ring fire)가 발생되지 않는다.

2가의 금속염은 철 이외의 것이라도 효과가 있다. 그림 5.4에는 철 이외에 2가의 Zn, Mg, Mn, Co, Ni 등의 금속 효과를 나타내었다. 실제의 제조 공정에서는 여러 번의 여과 공정을 거친 모액을 철염 첨가의 공정으로 보낸다. 첨가하는 철염은 일반적으로 염화 제1철(ferrous chloride, $FeCl_2 \cdot 4H_2O$) 혹은 황산 제1철(ferrous sulfate, $FeSO_4 \cdot 7H_2O$)이다. 이들은 산성의 수용액으로 첨가되기 때문에 중화 공정에서는 pH를 완전히 중성으로 하는 것이 아니고 알칼리성을 띠게 한 후 철염 수용액을 첨가하여 pH가 규격 내의 수치에 들게 한다.

(7) 조정 공정

이상의 공정만으로도 소화용 포의 성능을 가진 단백포의 원액 제조가 가능하나 소화약제로서 필요한 성상을 얻기 위해서는 조정 공정을 거쳐야 한다. 그 주된 것이 부동제, 방부제의 첨가와 점도의 조정이다.

농축이 완료된 모액은 비교적 낮은 동결 온도를 갖고 있지만 동절기의 기온이 −20 ~ −15 ℃ 이하인 장소에서 사용하는 것은 부동제의 첨가가 필요하다. 부동제로는 에틸렌글리콜($C_2H_4(OH)_2$), 프로필렌글리콜($C_3H_7(OH)_2$) 등이 가장 일반적으로 사용되고 있다.

방부제로는 극히 미량의 트리클로로페놀($C_6H_3Cl_3O$), 펜타클로로페놀(C_6HCl_5O) 등의 수용성 염류가 사용된다.

표 5.3 단백포 소화약제의 혼합 예(3 % 형)

성분	혼합비 (%)	기능
모액	85	주제(발포제)
황산 제1철	0.5	안정제
요소	2	유동제
에틸렌글리콜	5	부동제
트리클로로페놀	1	방부제
물	6.5	적당히 가감

점도를 조정하기 위해 요소($CO(NH_2)_2$) 혹은 그 유도체를 첨가하는 제품도 있지만 이것은 원료나 분해 방법과 관계가 있기 때문에 잘 제조된 제품에는 불필요하다.

표 5.3에 단백포 소화약제의 개략적인 혼합 예를 나타내었다.

4) 특 성

(1) 포의 내화성, 유면 봉쇄성

단백포 소화약제의 특징은 고온에서 연소하는 유류화재에 대해서 극히 큰 내화성을 갖는다는 것이다. 특히 해수를 사용하는 경우의 성능은 담수 때 보다 좋다. 이것은 해수에 포함된 칼슘, 마그네슘 등의 금속염이 안정제인 철염과 같은 역할을 하기 때문이다.

포 소화의 특징은 가스계 소화약제에 비해서 소화 속도는 늦지만 소화 후 유면 위를 봉쇄하여 재발화를 방지할 수 있다는 것이다. 석유 등 위험물 저장 탱크에서 고정 설비용 소화약제로 단백포가 이용되는 이유가 여기에 있다.

(2) 포의 유동성

단백포가 유류화재에 대한 소화 효과가 늦게 나타나는 것은 포의 유동성이 나쁘기 때문이다. 유동성은 포의 안정성 즉, 환원 시간이 척도가 된다.

단백포는 발포기의 형태와 발포 방법에 따라 성질이 다른 포를 발생한다. 발포기의 송수 압력이 높은 경우나 발포하고 나서 방출하기까지의 관이 긴 발포기는 포의 입자가 작고 환원 시간이 긴 유동성이 나쁜 포를 발생시킨다. 탱크의 고정 설비에 이용되는

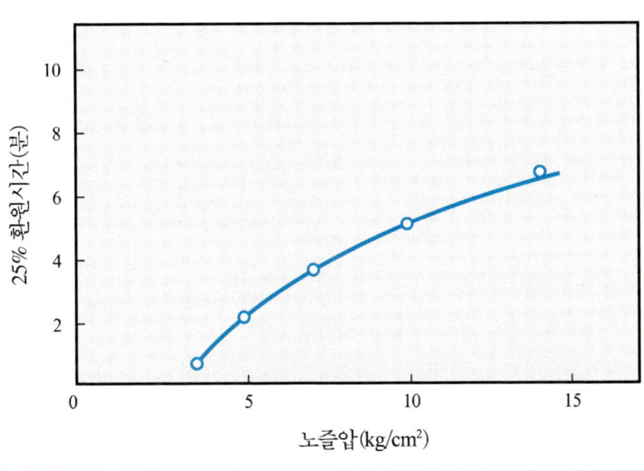

그림 5.5 발포 압력에 따른 환원 시간의 변화

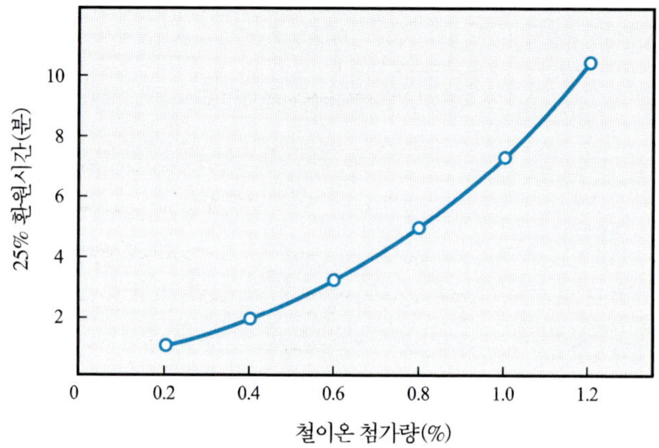

그림 5.6 단백질 가수 분해물에 대한 철이온 첨가량과 환원 시간과의 관계

포챔버는 통상 3 ~ 5 kg/cm^{2}의 압력으로 발포하도록 설계되어 있어 비교적 유동성이 좋은 포를 방출하지만, 10 kg/cm^2 이상의 압력에서 방출하는 발포기의 포는 유동성이 별로 좋지 않다(그림 5.5 참고).

안정제로서 첨가하는 철염의 양은 유동성, 내화성, 내유성에 좌우된다. 철염의 첨가량이 많으면 내화성, 내유성은 커지지만 포의 유동성은 저하된다(그림 5.6 참고).

(3) 저장성

예전부터 단백포 소화약제는 유효 기간이 짧아 약 1 ~ 3년마다 교환해야만 하는 것이 정설로 되어 있으나 제조업체에서는 7 ~ 10년으로 보고 있다. 「일본 손해 보험요율 산정회 규칙」에 따르면 포 소화약제는 내유성을 향상시키기 위해 다량의 철염을 첨가하는 것으로 되어 있다. 그러나 이것은 침전물을 생성하는 원인이 된다. 특히 차량에 적재하면 진동에 의해 침전물이 쉽게 생성된다는 설도 있다. 단백포 소화약제를 열화시키는 주역은 바로 약제에 함유되어 있는 제2가의 철염이 제3가의 철로 변하면서 단백질을 응집・고화시켜 이 침전물이 배관과 밸브를 막아 작동을 불가능하게 하기 때문이다. 따라서 가능한 한 철염을 첨가하지 않거나 소량 첨가하는 것이 이러한 문제점을 최소화하는 방법이다. 이러한 관점에서 불소계 계면활성제를 첨가한 불화단백포 소화약제를 개발하게 되었다.

「일본 손해 보험요율 산정회 규칙」에 따르면 휘발유 유면에 있는 5 cc의 포가 30분 후에 반 이상 남아 있어야 한다. 즉, 100 % 환원 시간이 1시간 이상이어야 한다. 약제의 성능상 가장 빨리 저하 하는 것이 내유성이다. 제조 후 3년 정도 경과하면 기준 이하가 되는 제품도 있지만 개략적인 유효 기간은 약 3 년 정도이다. 규격에 합격하는 것은 유동성을 좋게 하기 위해 철염을 적게 첨가하기 때문에 저장성은 매우 양호하나, 내유성은 약간 떨어져서 포의 100 % 환원 시간은 40분 ~ 1시간 정도이다. 그러나 합성계면활성제포의 100 % 환원 시간이 2 ~ 5분인 것과 비교하면 상당히 긴 편이다.

(4) 부식성

단백포 소화약제는 성분 중의 질소 화합물이 암모니아 형태로 바뀌는 일이 있기 때문에 구리, 아연을 포함한 금속을 부식시킨다. 때때로 스테인리스강도 부식시키기 때문에 사용하지 않는 것이 좋다. 이것은 원료 제각분에 포함된 유황이나(유황이 철과 화합해서 FeS이 됨) 제조 공정 중에서 제거할 수 없었던 염소 이온 등에 의한 것이다.

(5) 장 · 단점

단백포는 점성이 있어 안정되고 두꺼운 포막을 형성하기 때문에 가연성액체 저장탱크, 위험물 취급소 등의 포 소화설비에 사용된다.

[장점]

- 내열성이 우수하다.
- 유면 봉쇄성이 좋다.

[단점]

- 유동성이 나쁘다.
- 유류를 오염시킨다.
- 소화 시간이 길다.
- 변질되기 때문에 저장성이 떨어진다.
- 분말 소화약제와 병용할 수 없다.

2. 불화단백포 소화약제(fluoroprotain foaming agents)

1) 개 요

단백포 소화약제에 불소계 계면활성제를 첨가하여 단백포와 수성막포의 단점을 보완한 약제로 유동성과 내유염성(耐油染性 : 포가 기름으로 오염되기 어려운 성질)이 나쁜 단백포의 단점과 표면에 형성된 수성막이 적열된 탱크 벽에 약한 수성막포의 단점을 개선한 것이다. 또한 불소계 계면활성제를 첨가하여 안정제인 철염의 첨가량을 줄였기 때문에 침전물이 거의 생성되지 않아 장기 보관(8 ~ 10 년)이 가능하다. 이러한 특징 때문에 선진국에서는 단백포 소화약제를 불화단백포 소화약제로 교체하고 있다.

계면활성제를 첨가했기 때문에 유류와 친화력을 갖지 않고 겉돌게 되므로 유류를 오염시키지 않는다. 따라서 불화단백포는 수성막포와 함께 표면하 포주입방식(subsurface injection system)[7]에 적합한 포 소화약제로 알려져 있다.

표면하 포주입방식은 포가 기름 하부로부터 부상하는 방식이기 때문에 기름을 오염시키지 않는 불화단백포 소화약제나 수성막포 소화약제를 사용해야 한다. 이 방식은 포가 바닥에서 액면으로 부상하면서 탱크 아래 부분의 차가운 기름을 상부로 이동시켜 상부의 뜨거운 기름을 냉각시켜 주기 때문에 소화를 촉진시킬 수 있는 장점도 있다.

상부주입방식은 포 방출구가 탱크의 윗부분에 설치되어 있기 때문에 화재 시 폭발이나 화열에 의하여 파손되기 쉽지만 저표면 포주입방식은 포 방출구가 탱크 하부에 설치되어 있어서 이의 파손 가능성이 적으므로 설비에 대한 안정성이 크다.

2) 연 혁

1965년경 구미(歐美)에서 개발된 포 소화약제로 당시 실용화되고 있던 단백포는 유류화재에 탁월한 내화성·내유성을 나타내지만 유동성·저장성이 나쁘고, 포가 유류를 오염시키고, 분말 소화약제와 병용할 수 없는 등의 단점이 있다.

단백포에 유동성을 부여하기 위해 탄화수소계 계면활성제를 첨가해 보았지만 내화성·내유성이 모두 저하되어 상용화되지 못했다. 그러나 불소계 계면활성제를 사용한 수성막포 소화약제는 유동성과 내유성이 비교적 우수한 것에 착안하여 불소계 계면활성제를 단백포 소화약제에 첨가하게 되었다.

---

7. 표면하 포주입방식(subsurface foam injection system) : 고정포 방출 방식은 주로 위험물 저장 탱크에 사용되는 방식으로 탱크의 윗부분 측벽에서 포를 유입하는 상부주입방식과 탱크 하부에서 포를 주입하는 표면하 포주입방식의 두 가지가 있다. 상부주입방식은 포 방출구(I형, II형, 특형의 3 가지가 있음)로 저팽창포를 탱크 윗부분의 측벽 등을 통하여 탱크 내부로 유입시키는 방법이며 표면하 포주입방식은 고압형 포발생기를 사용하여 탱크 하부로부터 저팽창포를 주입하는 방식이다. 이 방식에는 포를 직접 기름 속으로 주입하여 포가 기름 속을 부상하여 유면 위로 퍼지게 하는 표면하 포주입방식과 평상시에는 탱크 하부에 설치되어 있는 호스함(hose container)에 들어 있는 특수 호스(특수 코팅된 나이론 섬유로 만들어진 호스로 가볍고, 유연성이 있고 유류에 견디는 호스임)가 포가 방출되면 유면 위로 신장되어 기름을 오염시키지 않으면서 포를 유면 위로 전개시키는 반표면하 포주입방식(semi-subsurface foam injection system)이 있다.
표면하 포주입방식은 유류의 하부에서 방출된 포가 부상하여야 하므로 점도가 큰 유류에는 사용할 수가 없으며 수용성 유류의 경우도 포가 부상하는 동안 포 속의 물이 수용성유류에 빼앗겨 포가 파괴되기 때문에 사용할 수 없다.

현재 개발되어 있는 대표적인 소화약제는 미국 National Foam System사의 'AERO-FOAM-XL-3', 캐나다 Laurentian사의 'PROLITE', 영국 George Angus사의 'FP 70'과 영국 Chubb사의 'PLUS-F' 등이다.

3) 제 법

불화단백포 소화약제는 단백포 소화약제에 소량의 불소계 계면활성제를 첨가한 것이기 때문에 기본적으로는 단백포 소화약제의 제조 방법과 같다.

먼저 단백질 분해액을 중화하고 여과한 액에 함유된 Ca 또는 Mg염 등의 불순물을 완전히 제거한 정제액을 농축시켜 소정의 비중(1.18)이 되게 한 후 잘 저어 주면서 2~3 %의 불소계 계면활성제를 첨가하고 서서히 승온하면 혼합하면 단백질 분자간에 불소계 계면활성제가 골고루 배열된 불화단백포의 모액이 된다. 이렇게 완성된 모액을 조정 공정에 보내 안정제, 방부제 등을 첨가한 것이다.

단백포 소화약제와 다른 점은 철염을 적게 첨가하여도 양질의 포를 얻을 수 있다는 점이다. 불소계 계면활성제를 첨가하면 내화성이 향상되기 때문에 철염의 첨가량을 줄일 수 있다.

이 약제 제조의 성공 여부는 분해액의 정제도에 달려 있으므로 Ca 또는 Mg이온을 완전히 제거해야 한다.

첨가하는 계면활성제는 각 제조업체의 노하우(know how)이지만 대체로 다음과 같은 것들로 첨가량은 통상 1 % 이하이다.

표 5.4는 불화단백포 소화약제의 혼합 예이다.

표 5.4 불화단백포 소화약제의 혼합 예(3 %형)

성분	혼합비 (%)	기능
모액	85	주제(발포제)
황산제1철	0.2	안정제
요소	2	유동제
불소계 계면활성제	2	발유제
에틸렌글리콜	5	부동제
트리클로로페놀	1	방부제
물	4.8	적절히 가감

[첨가하는 계면활성제의 종류]

ⓐ R_f COOM
ⓑ R_f BNR′CH_2COOM
ⓒ R_f O(CH_2)COOH
ⓓ R_f OC_6H_4COOM
ⓔ R_f OSO_3M
ⓕ R_f $O(C_2H_4O)_nCO_3M$
ⓖ R_f SO_3M
ⓗ R_f $(C_2H_4O)_nSO_3M$
ⓘ R_f $OC_6H_4SO_3M$
ⓙ R_f BNR′$(C_2H_4O)_nCO_2M$
ⓚ R_f $COONH_3R'$
ⓛ R_f OC_6H_4BNR′COOM
ⓜ R_f OH
ⓝ R_f BNR′$(C_2H_4O)_nH$

여기서, M : H, 알칼리 금속 또는 알칼리토 금속

R_f : 알킬기의 일부 또는 전부를 불소(F)로 바꿔 놓은 불화탄소기로 탄소수는 5 ~ 10 정도인 것

B : CO, CO_2

R′: H 또는 저급 알킬기

4) 특 성

(1) 포의 유동성

탁월한 내화성을 갖는 단백포에 불소계 계면활성제를 첨가하여 포의 유면 유동성을 향상시켰다. 모의 탱크의 포챔버를 통해서 방출되는 포의 유동성을 측정해 본

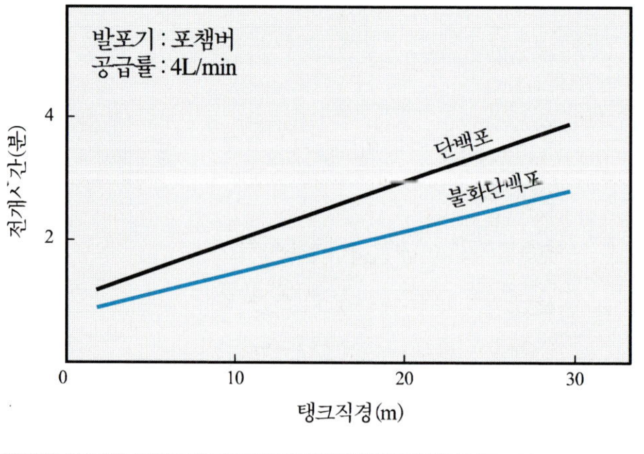

그림 5.7 탱크 직경에 따른 포의 전개

결과, 탱크의 직경이 14 m 정도인 경우에 약 60초 정도 후에 유면의 대부분이 포로 피복되었다. 그림 5.7에 단백포와 불화단백포가 유면을 덮는데 걸리는 시간을 탱크의 직경에 대해 나타내었다. 불화단백포가 단백포보다 유동성이 우수하기 때문에 유면을 덮는데 걸리는 시간은 불화단백포가 짧게 나타났다.

(2) 포의 유류 오염

불화단백포의 최대 특징은 포가 기름에 오염되어도 잘 소멸되지 않는다는 것이다. 따라서 이 포는 수성막포와 함께 표면하 포주입방식에 사용할 수 있다. 이 포는 같은 조건에서 수성막포보다 유류 오염도는 크지만 포가 타오르거나 소멸되는 일은 적다.

표 5.5에 유류 오염률(포의 가솔린 오염률)에 따른 착화 연소성을 단백포와 비교하여 나타내었다. 단백포 중의 유류의 농도가 8.5 vol % 에 달하면 단백포는 계속 연소하기 시작하는 반면, 불화단백포는 17 vol % 에 이를 때까지도 거의 불연성을 나타낸다.

표 5.5 포의 유류 오염률과 착화 연소성

유류 오염률 (vol %)	착화 연소성	
	단백포	불화단백포
2.0	연소(4초 동안)	불연소
2.5	연소(15초 동안)	불연소
4.0	연 소	불연소
8.5	계속 연소	불연소
10.0	계속 연소	불연소
17.0	계속 연소	강하게 가열하면 연소
23.0	계속 연소	연 소

종래의 유류화재에서는 포를 유면에 직접 방사하면 안 되게 되어 있어 소방대의 소화 작업이 많은 제한을 받았지만 불화단백포는 지상에서 기포 방사포 혹은 고소(高所) 방수차를 사용하여 방사할 수 있기 때문에 소방대에 의한 소화 작업이 용이해졌다.

기름에 의한 오염이 적고, 포의 유동성이 좋고, 저장성이 우수한 장점은 있으나, 단백포보다 값이 비싼 것이 단점이다.

3. 합성 계면활성제포 소화약제(synthetic foaming agents)

1) 개 요

합성 세제의 주성분과 같은 종류의 계면활성제[8]에 안정제, 부동제, 방청제 등을 첨가한 약제로 이 중 불소계 계면활성제를 기제로 한 수성막포 소화약제는 따로 분류한다. 계면활성제를 첨가하면 거품이 잘 형성되는 이유는 다음과 같다.

물에 어떤 물리적인 충격을 가해 주면 파도가 일어나면서 물이 부분적으로 솟아올라 'U'자 모양이 되고 이것이 더 발달하여 'O'자 모양의 거품이 된다. 이때 순수한 물은 표면 장력(20 ℃에서 72.75 dyne/cm)이 커서 솟아 오른 언저리와 언저리가 서로 닿기 전에 원래 상태로 되돌아가 평평한 수면이 된다. 그 중 일부가 거품이 되었다 하여도 거품을 형성한 물분자가 서로 당겨 수축하기 때문에 거품은 지속되지 못하고 곧 파괴되어 물로 환원된다. 그러나 물에 표면 장력을 약 30 dyne/cm 정도까지 떨어뜨릴 수 있는 계면활성제를 첨가하면 표면 장력이 감소되어 쉽게 거품이 형성되고, 거품 안의 물이 밑으로 빠지는 속도도 반 정도로 줄게 되어 거품의 수명도 길어지게 된다.

이 약제 역시 단백포 소화약제와 마찬가지로 물과 혼합하여 사용한다.

3 %, 4 %, 6 %의 여러 가지 형이 있으나 3 %형과 6 %형이 가장 많이 사용된다. 대부분의 소화약제가 팽창비 10 이하의 저팽창포로 사용되나 이 약제는 저팽창포로부터 고팽창포까지 넓게 사용되고 있다. 고팽창포로 사용하는 경우는 사정 거리(포의 방출구에서 화재 지점까지 포를 도달시킨 거리)가 짧은 것이 문제점이다.

이 약제는 유동성은 좋은 반면 내열성, 유면 봉쇄성이 좋지 않기 때문에 다량의 유류화재 특히, 가연성 액체 위험물의 저장 탱크 등의 고정 소화설비에는 그다지 효과적이지 못하다. 단백포 소화약제에 비하여 저장 안정성은 매우 우수하나 합성 계면활성제가 용이하게 분해되지 않기 때문에 세제 공해와 같은 환경 문제를 일으킨다.

---

8. 계면활성제 : 계면활성제란 기체-액체, 액체-액체, 액체-고체간의 계면에 흡착 또는 배열되어 그 계면 또는 표면의 성질을 현저하게 변화시키는 물질이다. 역사적으로 계면활성제는 비누로부터 시작되어 합성 세제, 염색 조제, 유화제, 응집제, 기포제, 침투제, 가용화제 등 실로 산업 전반에 걸쳐 넓게 이용되고 있다. 계면활성제를 이온형에 따라 분류하면 다음과 같이 4가지로 나눌 수 있다.
   - 음이온 계면활성제 : 수용액 중 이온 해리되어 음이온 부분이 계면 활성을 나타내는 물질
   - 양이온 계면활성제 : 수용액 중 이온 해리되어 양이온 부분이 계면 활성을 나타내는 물질
   - 양성 계면활성제 : 분자구조상 양이온성 관능기와 음이온성 관능기를 하나 또는 그 이상을 동시에 갖는 물질
   - 비이온성 계면활성제 : 수용액 중 이온으로 해리되는 기를 갖지 않는 계면활성제

2) 연 혁

계면활성제를 포 소화약제로 이용하려는 시도는 오히려 단백포보다도 빨랐다. 1903년에 게이츠는 암모늄 비누 수용액에 탄산 가스나 질소 가스를 불어 넣어 공기포를 제조하였다. 1930년대에는 독일에서 알킬나프탈렌술폰산염(alkylnaphthalene sulfonate)에 사포닌이나 아교를 안정제로 첨가하였다. 또한 부동제로 알코올류를, 환원 시간을 길게 하기 위해 카르복시메틸 셀룰로오스(carboxymethyl cellulose)를 첨가하는 등의 연구가 계속되었다.

이 약제는 몇 가지의 원료를 혼합하기만 하면 되기 때문에 소화약제 전문 제조 업체가 아니더라도 누구든지 쉽게 제조할 수 있다.

저팽창포로 사용하는 경우는 내화성, 내유성이 좋지 않기 때문에 유류화재에 대한 성능은 단백포에 비해 뒤떨어진다. 내화성, 내유성은 좋지 않지만 가격이 싼 장점을 살려서 소화약제로 이용하기 위해서는 단백포와는 다른 방법으로 화재를 제어해야만 했다. 그런 이유로 등장한 것이 고팽창 포소화방법이다. 이 방법은 한번에 다량의 포를 화재 장소에 발포하기 때문에 유류화재만이 아니고 일반 건물 화재에도 사용할 수 있다. 그 동안 생활 방식과 산업 형태의 변화에 따라 대규모 석유 화학 단지 등에 한정되어 있었던 유류화재가 우리들의 생활 주변에서도 쉽게 일어날 수 있을 정도로 일반화되었다. 따라서 포 소화약제에 대한 수요도 점차 늘어나고 있는 추세이다.

합성 계면활성제포는 값이 싸고, 저장성이 우수하다는 장점 때문에 다양한 유류화재에 사용되고 있다.

3) 제법 및 조성

합성 계면활성제포 소화약제를 제조하기 위해서는 몇 가지 원료를 혼합통에서 혼합하는 것만으로 누구든지 쉽게 제조할 수 있다. 즉, 교반기와 저장용기 이외에는 아무런 설비도 필요하지 않다. 따라서 여기서는 제법보다는 각 성분들의 특성에 대하여 알아보고자 한다.

주원료는 기포제, 안정제, 가용화 부동제(可溶化 不凍劑)이고 이것에 소량의 방청제를 가하고 경우에 따라서는 경수 연화제를 더하는 일도 있다.

(1) 기포제

약제의 주성분으로 기포성이 있는 탄화수소계 계면활성제를 사용한다. 계면활성제는 수용액으로 존재할 때 어떤 이온성을 나타내는지에 따라 이온성(양이온, 음이온) 계면활성제, 비이온성 계면활성제, 양성 계면활성제로 분류한다. 또 이들은 구성하고 있는 친수기(親水基)의 종류에 따라 카르복시산형, 황산에스테르형, 술폰산형, 인산에스테

표 5.6 계면활성제의 분류

이온형에 의한 분류	친수기에 의한 분류	친유기에 의한 분류	대표적인 화학 구조
음이온 계면활성제	카르복시산염 (−COONa)	비누	R'− COONa
		자루코시네트	CH_3 | $RCONCH_2$ − COONa
	황산에스테르염 ($-OSO_3Na$)	고급알코올 황산에스테르염	R − OSO_3Na
		황산화유	로트유 등
		황산화 지방산 에스테르	R − CH − R − COOR' | OSO_3Na
		황산올레핀	R − CH − R' | OSO_3Na
	술폰산염 ($-SO_3Na$)	알킬벤젠 술폰산염	R −  − SO_3Na
		알킬나프탈렌 술폰산염	R − 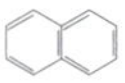 + SO_3Na
		알킬술폰산염	R − CH − R' | SO_3Na
	인산에스테르	고급알코올산 에스테르염	R − OPO_3Na_2
양이온 계면활성제	아민염 ⊕ $-NH_3$ − X ⊖	제1아민염	R − N ⊕ H_3 · X ⊖
		제2아민염	R_2 − N ⊕ H_2 · X ⊖
		제3아민염	R_3 − N ⊕ H · X ⊖
		에탄올 아민 에스테르	$RCOOC_2H_4$−N⊕$(C_2H_4OH)_2$ · X⊖
	제4암모늄염 (−N − X ⊖)	테트라알킬암모늄염	CH_3 ⊕ | R − N − CH_3 − X⊖ | CH_3
		피리디늄	⊕ R − N −  − X⊖
양성 계면활성제	카르복시산염	베타인	CH_3 | ⊕ R − N − CH_2COO⊖ | CH_3
		아미노산	⊕ R − NH_2 − R' − COO⊖
	황산에스테르염	아미노알킬황산에스테르염	R − ⊕ NH_2 − R' − OSO_3 ⊖
	술폰산염	아미노알칸술폰산염	R − ⊕ NH_2 − R' − SO_3 ⊖

비이온 계면활성제	폴리에틸렌글리콜 유도체 (에틸렌옥시드 부가중합체)	고급알코올에틸렌옥시드 부가물	R – $(OC_2H_4)NOH$
		알킬페놀부가물	R –  – $(OC_2H_4)NOH$
		지방산부가물	RCO – $(OC_2H_4)NOH$
		고급알킬아만 부가물	RCO< $(OC_2H_4)NH$, $(OC_2H_4)NH$
		지방산아미드 부가물	RCONH – $(OC_2H_4)NH$
	다가알코올유도체	글리세린모노시방산에스테르	RCOO – CH_2 – CH_2OH (OH)

르형, 아민염형, 제4급 암모늄염형 등으로 구분된다(표 5.6 참고). 이들 중에서 기포제로 주로 이용되고 있는 것은 음이온 계면활성제이고 그 중 황산에스테르염형인 고급알코올황산염 및 고급알코올에테르황산염(폴리옥시에틸렌, 알킬에테르설페이트)으로 한정되어 있다. 이들의 개략적인 제조 공정도는 그림 5.8과 같다. 이 계면활성제는 일반적으로 식기용 세제 및 샴푸로 이용되고 있다.

다른 음이온이나 양이온의 계면활성제는 기포성이 있어도 내화성, 내유성이 전혀 없고 양성 계면활성제인 알킬베타인은 가격면에서 경쟁력이 없다. 앞으로도 수많은 계면활성제 중에서 일부가 실험적으로 사용되겠지만 경제적인 면을 고려하면 고급 알코올계 이상을 사용하는 일은 당분간 없을 것 같다. 또한, 합성 계면활성제를 사용하는 경우에는 하천의 오염과 같은 환경오염 문제가 생기지 않도록 해야 한다.

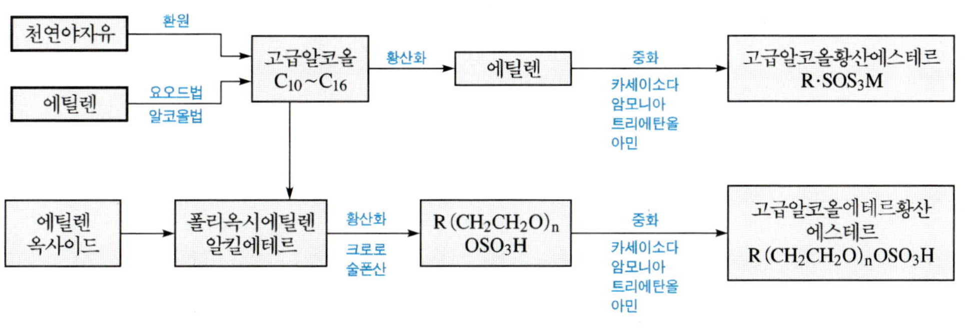

그림 5.8 고급 알코올(에테르) 황산에스테르(탄화수소계 계면활성제)의 제조 공정도

(2) 안정제

계면활성제의 포는 환원 시간(포가 원래의 포 수용액으로 되돌아가는 데 걸리는 시간)이 빠르고 안정성이 나쁘기 때문에 안정제를 첨가해야 한다. 고급 알코올계 음이온 계면활성제에 저급 알코올을 첨가하면 포의 성질은 좋아지지만 안정성의 개선에는 별로 도움이 되지 않는다. 일반적으로 라우릴알코올(lauryl alcohol, $CH_3(CH_2)_{10}CH_2OH$) 또는 미리스틸알코올(myristyl alcohol, $CH_3(CH_2)_{12}CH_2OH$))을 1 ~ 5 % 첨가한다. 알킬산염, 카르복시메틸 셀룰로오스(carboxymethyl cellulose), 폴리비닐알코올(polyvinyl alcohol), 폴리에틸렌 옥사이드(polyethylene oxide) 등을 첨가해서 포 수용액의 점도를 높여 환원 시간을 길게 하려는 실험이 많이 있었지만 포 소화약제 그 자체의 점도가 높아져서 혼합기에 지장을 초래할 뿐만 아니라 부패되거나 분리되는 등의 문제가 있어서 실제로는 사용되지 않고 있다.

(3) 가용화 부동제

고급 알코올 황산 에스테르염은 고농도의 수용액을 만들 수 없기 때문에 부동제의 효과를 겸해서 용제가 첨가된다. 1975년 이전의 포 소화약제에는 메탄올, 부탄올 등이 값이 싼 이유로 다량 사용되었다. 그러나 최근에는 이들 대신에 글리콜류 혹은 글리콜에테르류를 사용한다. 글리콜에테르류의 첨가는 부동・가용화 이외에도 고팽창시 팽창률을 현저하게 증대시킨다(그림 5.9 참고). 주로 에틸렌글리콜(ethylene glycol), 프로필렌글리

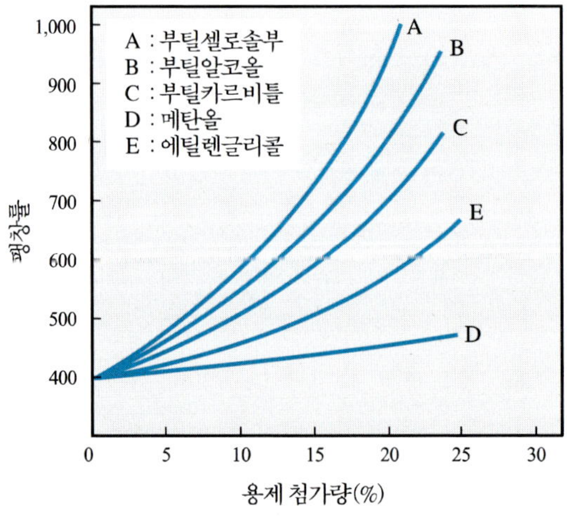

그림 5.9 각종 용제 첨가량에 따른 팽창률의 변화

콜(propylene glycol), 에틸렌글리콜 알킬에테르(ethylene glycol alkyl ether), 디에틸렌글리콜 알킬에테르(diethylene glycol alkyl ether) 등이 사용된다.

에틸렌글리콜 알킬에테르 중에서 많이 사용되는 것은 에틸렌 글리콜 모노부틸에테르(ethylene glycol monobutyl ether, $C_4H_9OCH_2CH_2OH$, 일명 butyl cellosolve라고도 함)이며, 디에틸렌글리콜 알킬에테르 중에서는 diethylene glycol monobutyl ether($C_4H_9OCH_2CH_2OCH_2CH_2OH$, 일명 butyl carbitol이라고도 함)가 주로 사용된다.

(4) 방청제

합성 계면활성제포 소화약제는 대부분의 재질을 부식시키기 때문에 방청제를 첨가해서 부식을 방지해야 한다.

방청제의 선정은 약제의 조성과 관련이 있기 때문에 각 제조업체마다의 노하우(know how)이다. 대부분 포 소화약제의 성능에 영향을 미치지 않으며 부식 제어 성능이 있는 계면활성제를 방청제로 첨가한다. 이러한 계면활성제에는 카르복실산, 유기아민비누, 인산에스테르염 등이 사용되며 폴리인산염, 아질산염, 규산염 등의 무기물도 사용된다.

(5) 경수 연화제

이 약제는 사용하는 수질에 따라 성능 변화가 상당히 크다. 특히 포의 안정성, 유면 봉쇄성에 대한 영향이 크다. 따라서 경수 연화제로 비이온 계면활성제인 에틸렌디아민사초산(ethylene diamine tetraacetic acid, $(HOOCH_2)_2N(CH_2)_2N(CH_2COOH)_2$)이나 안식향산염류 등이 사용된다. 표 5.7에 현재 사용되고 있는 합성 계면활성제포 소화약제의 대표적인 조성의 예를 나타내었다.

표 5.7 합성 계면활성제포 소화약제의 대표적인 조성

성분		비율 (%)
기포제 (계면활성제)	고급알코올 황산에스테르 트리에탄올 아민염 고급알코올 황산에스테르 암모늄염 폴리옥시에틸렌 알킬에테르 암모늄 폴리옥시에틸렌 알킬에테르 트리에탄올 아민	약 20
안정제	고급알코올(C_{10} ~ C_{16})	약 1 ~ 5
용제 부동제	에틸렌글리콜 알킬에테르 디에틸렌글리콜 알킬에테르 알킬글리콜 아미노알코올	약 20 ~ 30

성분		비율 (%)
방청제 방부제 경수 연화제		수(數) % 이하
물		40 ~ 50

4) 특 성

(1) 소화 성능

합성 계면활성제포의 소화 특징을 장·단점으로 구별하여 살펴보면 다음과 같다.

장점으로는 ① 저팽창포에서 고팽창포까지 넓게 사용할 수 있기 때문에 유류화재뿐만이 아니고 기체 연료, 고체 연료의 화재에도 적응이 가능하다. 특히 고팽창포로 사용하는 경우가 이 소화약제의 특징을 가장 잘 발휘할 수 있다. 고팽창포로 사용하는 경우는 고층 건물이나 지하가, 창고, 갱도 등의 밀폐된 장소나 화학 공장의 플랜트 화재에 효과적이다. ② 유동성이 좋기 때문에 유출유 화재에 중·고팽창포로 사용하는 경우 단백포보다 약 1.5 ~ 2배의 빠른 속도로 소화가 가능하다. 같은 양의 포수용액을 가지고 저·중·고팽창의 상태로 유류화재에 사용한 경우, 소화 효과는 저팽창포보다는 기름에 의한 오염이 적은 중 또는 고팽창포로 사용하는 것이 바람직하다. ③ 고팽창포를 건물화재에 사용한 경우, 소화 시 사용 수량이 적기 때문에 소화 후 물에 의한 피해가 적다.

단점으로는 ① 장시간 연소하고 있는 석유 탱크화재에서는 단백포 소화약제나 수성막포 소화약제 등에 비해 내열성이 떨어지기 때문에 소화 후 유면을 덮고 있던 층이 급속히 소멸되어 다시 유면이 노출된다. 따라서 적열된 탱크벽의 영향으로 재발화될 위험이 있는 대규모의 석유 탱크화재에는 부적합하다. ② 중·고팽창포는 각종 연료의 열분해 생성물이나 연소 생성물과 만나면 팽창률이 현저하게 나빠지는 경우가 있다. ③ 음이온계 계면활성제는 양이온 계면활성제와 접촉하면 착체(錯體)를 만들어 친수성이 나빠져 침전하게 되므로 발포 성능이 현저하게 떨어지기도 한다. 따라서 다른 포 소화약제의 원액이나 포와 함께 사용하면 문제가 많기 때문에 NFPA No. 11B에서는 다른 포 소화약제와의 혼합을 금지하고 있다. ④ 고팽창포로 사용하는 경우 사정 거리가 짧다.

(2) 사용 수질

합성 계면활성제포 소화약제는 사용하는 수질에 따라 발포성이 변하는 것이 많다. 공업 용수를 사용할 때는 미리 발포 시험을 해 둘 필요가 있다.

(3) 부식성

시판되는 합성 계면활성제포 소화약제는 일반적으로 기포제로 암모늄염, 트리에탄올아민염을 사용하기 때문에 동이나 아연을 포함하는 금속이나 장치에 대해 부식성이 있다. 특히, 스테인리스강의 용접 부분에 대해서는 단시간 내에 공식(孔食), 부식(腐食)을 일으키기 때문에 저장용기는 수지라이닝 등의 내식 처리가 필요하다. 또 성분 중에 용제가 들어 있는 계면활성제는 침투성이 좋기 때문에 장치나 자동차의 도료를 박리시키는 경우가 있다. 합성 계면활성제포 소화약제의 원액이 묻은 경우에는 즉시 물로 닦아 주는 등의 주의가 필요하다.

(4) 저장성

단백포에 비하여 품질의 안정성이 높기 때문에 장기간의 보존이 가능하다. 제품에 따라서는 한번 얼어 버리면 0 ℃ 이상이 되어도 녹지 않는 것이 있기 때문에 자주 확인할 필요가 있다. 따라서 사용 온도 범위를 벗어나서는 저장하지 않는 것이 좋다.

4. 수성막포 소화약제(aqueous film foaming agents)

1) 개 요

불소계 계면활성제[9]를 주성분으로 한 것으로 역시 물과 혼합하여 사용한다. 수성막포는 합성 거품을 형성하는 액체로서 일반 물은 물론 해수와도 같이 사용할 수 있다. 물과 적절한 비율로 혼합하여 기존의 포방출구로 방사하면 물보다 가벼운 인화성 액체 위에 물이 떠 있도록 하는 획기적인 약제이다. 기름의 표면에 거품과 수성의 막(aqueous film)을 형성하기 때문에 질식과 냉각 작용이 우수하다. 대표적으로 미국 3M사의 라이트 워터(Light Water)라는 상품명의 제품이 많이 팔리고 있는데 이는 유면상에 형성된 수성막이 기름보다 가벼운 것처럼 보이기 때문이다. 유류화재에 우수한 소화 효과를 나타낸다. 3 %, 6 %, 10 %형이 있으나 주로 3 %, 6 %형이 많이 사용된다. 장기 보존성은 원액이든 수용액이든

---

9. **불소계 계면활성제** : 불소계 계면활성제는 소수기(疎水基 또는 親油基)가 탄화 수소 사슬(hydrocarbon chain)이 아니고 완전히 불소화된 불화 탄화 수소 사슬(fluorocarbon chain)로 된 계면활성제를 말한다. 탄화수소계 계면활성제에 비해 계면 활성이 매우 높고, 안전성(내약품성, 내열성 등)이 우수하고, 유효성이 아주 좋다.

단백포 등 타 포원액보다 우수하다. 약제의 색깔은 갈색이며 독성은 없다.

2) 연 혁

미국 해군 기술 연구소의 R. L. Tuve 등은 불소계 계면활성제가 발수성(撥水性)과 발유성(撥油性)이 우수한 것을 소화약제에 응용하고자 하는 연구를 시작하였다. 이 계면활성제는 상당히 큰 계면 활성을 갖고 그 수용액은 표면 장력이 아주 낮아서, 세틸알코올(cetyl alcohol, $CH_2(CH_2)_{14}CH_2OH$))이 물 표면에 단분자막을 형성[10]하여 물의 증발을 억제하는 것과 같이, 탄화 수소에 표면 피막을 만들어 내부 분자의 확산을 방지한다.

이와 같은 특성에 착안하여 비행기의 연료가 지상에 유출되어 화재가 발생되었을 때 분말 소화약제로 재빨리 소화하는 동시에 기름 표면을 불소계 계면활성제의 포가 덮어서 재착화를 방지하는 트윈 에이전트 시스템(twin agent system)을 개발하게 되었다.

기름 위에 떠 있는 포에서 배출된 불소계 계면활성제 수용액은 기름 표면에 수성의 얇은 막을 형성해서 소화 후에도 증기의 발생을 막아 재착화를 방지한다. 기름 위에 뜨는 가벼운 수성의 막이라는 뜻에서 라이트 워터(Light Water)라는 명칭으로 1964년 미국 해군이 특허를 취득했다. 그 후 이 특허는 미국의 3M사에 양도되어 라이트 워터는 상품명이 되었기 때문에 수성막포(AFFF, aqueous film foaming foam)라는 이름으로 불리게 되었다.

1960년대 말에 세계의 민간 항공기는 제트화되고 대형화되었다. 기름 위에 가벼운 물의 막을 쳐서 재착화를 방지하는 획기적인 소화약제로서 각국 공항의 소방차에 단백포 대신 AFFF가 사용되었다. 그러나 포 자체의 내열성이 뒤떨어지고 수성의 막은 한정된 조건이 아니면 형성되지 않는 단점도 있다.

3) 제법 및 조성

현재 시판되고 있는 수성막포 소화약제는 불소계 계면활성제를 주성분으로 하고 있다. 불소계 계면활성제라고 하는 것은 통상의 탄화수소계 계면활성제의 소수기(疎水基)의 탄소 원자에 결합된 수소 원자의 일부 또는 전부가 불소 원자로 치환된 불화탄화수소 사슬을 가진 계면활성제를 말한다. 탄화수소계 계면활성제는 소수기의 탄소수가 10 ~ 20 정도인데 반하여 불소계 계면활성제는 5 ~ 10 정도이다.

---

10. 세틸 알코올 등은 수면으로 퍼지는 성질을 가지고 있어서 이들을 수면에 살포하면 수면 위에 단분자막(單分子膜)이 형성된다. 실제로 열대나 건조 지대의 호수나 저수지에서는 유효하게 사용되는 물의 양보다 증발로 잃어버리는 물의 양이 훨씬 많다. 따라서 스테아릴 알코올(stearyl alcohol, $CH_3(CH_2)_{16}CH_2OH$))이라든지 세틸 알코올 등의 단분자막을 만들어 물의 증발을 막고 있다.

불소계 계면활성제 수용액의 표면 장력은 20 dyne/cm 이하까지 내려가나 탄화수소계 계면활성제에서는 이 정도의 표면 활성을 나타내는 것은 없다(그림 5.10 참고).

표 5.8에는 불소계 계면활성제의 종류를 나타내었다.

수성막포 소화약제는 당초 양이온계의 제4급 암모늄염을 이용하였으나 최근에는 음이온계의 것을 사용하고 있다. 또 베타인계의 양성 계면활성제를 이용하는 예도 있다.

표 5.8 불소계 계면활성제의 분류 및 종류

이온형에 의한 분류	친수기에 의한 분류	대표적 화학구조
음이온 계면활성제	카르복시산염(−COOM)	R_fCOOM $R_fSO_2N(R')_2CH_2$–COOM
	황산에스테르염(−OSO_3M)	$R_fBNR'C_2H_4OSO_3M$ $R_fO(C_2H_4O)_nSO_3M$
	술폰산염(−SO_3M)	R_fSO_3M $R_fCH_2OC_nH_{2n}SO_3M$
	인산에스테르염	$R_fBNC_nH_{2n}OP(=O)(OH)_2$ (N–R′)
양이온 계면활성제	아민염 ⊕ −NH_3·X⊖	$R_fBNHC_2H_4BN(R')(R'')$·HX
	제4급암모늄염 ⊕ −N−·X⊖	$R_fBNHC_2H_4N$⊕R'_2·X⊖
양성 계면활성제	카본산염 (베타인)	$R_fBNHC_2H_4N$⊕
비이온 계면활성제	폴리에틸렌 글리콜유도체	$R_fBN(C_2H_4O)_nH$
	다가알코올 유도체	R_fOH

R_f : 알킬기 중 H의 일부 또는 전부가 F로 치환된 불화 탄소기(탄소수 : 5 ~ 10 정도)
B : CO, SO_2
R' : H 또는 저급 알킬기
M : H, 알칼리 금속, 알칼리토 금속
X : 할로겐 원소
HX : 산

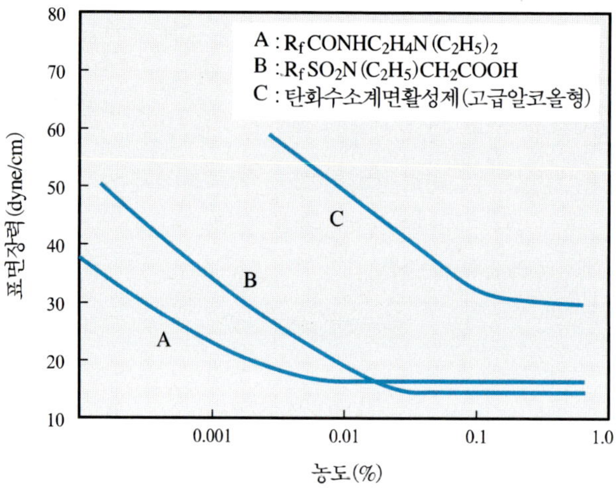

그림 5.10 **불소계 계면활성제 수용액의 표면 장력**

4) 특 성

(1) 소화 성능

수성막포는 물과 적정한 비율로 혼합하여 유면에 방사하면 거품을 형성함은 물론 다른 포와는 달리 유면 위에 뜨는 얇은 수성의 막을 형성한다.

수성막포는 유동성이 좋기 때문에 유류의 표면에 신속하게 피막을 형성하고 이 피막이 떠서 급속히 전면으로 퍼지기 때문에 급속한 소화를 요하는 유층이 얇은 화재(항공기 화재, 석유 및 화학 공장의 유출유 화재 등)에 효과적이다.

수성막포는 종래의 다른 포 소화약제와는 달리 포의 팽창 비율이 소화 효과에 직접적인 영향을 주지 않는다. 그 이유는 적은 양의 포 거품이 형성되었을 때에도 수성막은 거품으로부터 흘러나와 형성되므로 유류의 기화 작용을 방지하여 소화 작업을 극대화시킬 수 있기 때문이다. 따라서 불이 붙지 않은 상태의 유류 유출 사고시 화재 예방에도 특히 큰 효과를 볼 수 있다.

이 약제가 석유류 화재에 특히 좋은 이유는 다음과 같다.

① 물뿐만 아니라 석유와 같은 유기 용매의 표면 장력을 대폭 저하시켜 유면상에 불소계 계면활성제의 분자막을 급속히 형성하기 때문이다. 불소계 계면활성제 수용액의 표면 장력은 상온에서 15 ~ 23 dyne/cm이다.

② 유면상의 불소계 계면활성제의 분자막은 기름의 증발을 상당히 억제한다. 예를 들면 가솔린에 0.003 wt %를 첨가하면 통상의 인화점 시험에서 연소가 일어나지 않는다.

단백포나 불화단백포보다 효과적으로 화재의 열 상승 기류에 침투하여 끈적거리고 무겁고 수분이 많은 포를 형성하며 표면 장력이 낮기 때문에 일반 가연물에도 급속히 침투하여 물의 소화 효과를 높여 준다.

같은 화재 조건에서 단백포에 비해 150 ~ 400 % 정도 소화력이 우수하기 때문에 소화에 필요한 약제의 양도 단백포의 1/3 정도면 충분하다. 또한 내유염성(耐油染性)이 좋아 불화 단백포와 함께 유류 탱크의 표면하 포주입방식에도 사용할 수 있다.

이외에도 완전한 합성 물질이기 때문에 장기 저장이 가능하며 내약품성이 우수하기 때문에 분말 소화약제와 함께 사용하여 소화 효과를 높일 수 있는 장점도 있다. 그러나 내열성이 떨어지고, 수성막이 한정된 조건이 아니면 형성되기 어렵다(고온에서는 잘 형성되지 않음). 예를 들면 탱크 직경이 10 m 이상, 벽의 높이가 10 m 이상, 저장된 유류의 두께가 1 m 이상인 대규모 탱크가 수십분 이상 연소하고 있는 경우에는 유면이 고온이기 때문에 막의 형성이 어렵고, 1000 ℃ 이상으로 적열된 탱크 벽에 의해 탱크 주변의 막이 파괴되어 소화가 어려워진다. 최근에는 이러한 단점을 보완하기 위하여 포의 팽창률을 3 ~ 4배로 낮추어 포 속의 수분의 함량을 높여서 탱크 벽과 유면의 냉각을 촉진시키기도 한다. 또한 가격이 비싸고, 침투성이 커서 펌프나 배관의 접속 부분에서 누설되기도 하고, 녹이나 스케일을 박리시키기 때문에 특별히 설계된 스테인리스강이나 또는 플라스틱으로 제조된 탱크에 저장해야 하는 등의 단점도 있다.

(2) 수성막 성능

20 ℃의 시클로헥산(cyclohexane, C_6H_{12})의 액면 위에 수성막을 형성할 수 있어야 한다. 그러나 액온이 30 ℃ 이상인 가솔린, 헥산, 헵탄 등의 석유류에는 수성막이 잘 형성되지 않으며 낮은 온도에서는 수성막이 형성되어도 화원이 있으면 착화될 수 있다. 따라서 소화 후의 기름 표면에는 수성막이 형성되어 있지 않기 때문에 항상 포를 보급할 수 있는 체계를 갖추어야 한다.

기름 표면의 포는 가연성 증기에 의해 팽창되어 있기 때문에 화원을 가까이 하면 폭발적으로 연소되므로 주의해야 한다.

NFPA No.11-1985(Standard for Low, Medium and High Expansion Foam)의 규격에 의한 수성막의 성능 시험 방법은 다음과 같으며 측정 장치는 그림 5.11에 나타내었다.

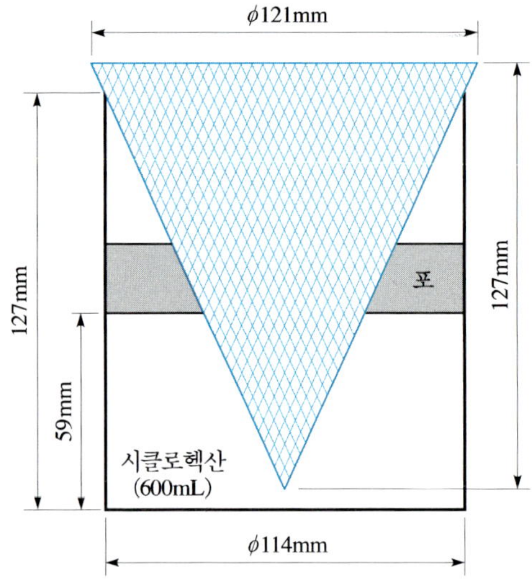

그림 5.11 수성막의 성능 측정 장치(NFPA 규격)

① 필요한 기구

- 상부 가장자리에 두 개의 금속 집게가 부착된 1000 mL 용량의 스테인리스강 비커(ø 114 × 127)
- 스테인리스강으로 제작된 80 mesh(175 μm) 크기의 원추형 체(ø 121 × 127)

② 측정 방법

- 비커에 순도가 90 % 이상인 시클로헥산(cyclohexane, C_6H_{12}) 600 mL를 채운다.
- 비커의 나머지 부분을 금방 발포한 포로 채운다.
- 끝 부분이 막혀 있는 원추형 체를 포 속에 넣는다. 이렇게 하면 포는 가장자리 쪽으로 밀려서 시클로헥산의 표면이 노출된다.
- 금속 집게로 원추형 체를 안전하게 고정한다.
- 1분 후 시클로헥산의 표면으로부터 13 mm 정도 떨이진 위쪽에서 불꽃을 대었을 때 수성막이 형성되었으면 점화가 일어나지 않고 수성막이 형성되지 않아서 시클로헥산의 증기가 축적되어 있으면 점화가 일어난다.

수성막의 성능을 측정하기 위한 우리나라의 기준은 “10. 소화약제의 형식승인 및 제품검사의 기술기준과 시험세칙”에 수록하였다. NFPA를 참고했기 때문에 NFPA의 방법과 거의 동일하다.

이 외에도 수성막의 성능을 나타낼 수 있는 것은 확산 계수이다. 확산 계수는 20±2℃인 포 수용액을 시클로헥산을 사용하여 KS M 2525(절삭유제 시험 방법)로 측정한 경우 3.5 이상이어야 한다.

(3) 기름에 의한 오염

수성막포는 기름에 의한 오염이 적은 것이 특징이다. 따라서 불화단백포와 함께 표면하 포주입방식(subsurface form injection system)에 사용할 수 있다. 같은 조건에서 기름 오염률은 불화단백포보다 적지만 포의 착화도는 높다.

(4) 다른 소화약제와의 병용

다른 포 소화약제는 분말 소화약제와 함께 사용하면 소포(消泡) 현상이 일어나나 수성막포는 분말 소화약제와 함께 사용해도 소포 현상이 일어나지 않는다. 따라서 수성막포는 분말 소화약제와 함께 트윈 에이전트 시스템(twin agent system)에 사용되어 소화 효과를 높일 수 있다.

수성막포 소화약제는 계면활성제의 종류에 따라 양이온계, 음이온계, 양성계, 비이온계로 나누어지기 때문에 각각의 성분이나 성능에는 차이가 크다. 따라서 같은 수성막포 소화약제라도 계면활성제의 종류가 다르면 혼합해서 사용하지 않는 것이 좋다.

5. 알코올형포 소화약제(alcohol-type foaming agents)

1) 개 요

물과 친화력이 있는 알코올과 같은 수용성 용매(극성 용매)의 화재에 보통의 포 소화약제를 사용하면 수용성 용매가 포 속의 물을 탈취하여 포가 파괴되기 때문에 소화 효과를 잃게 된다. 이와 같은 현상은 액체의 온도가 높아지면 더욱 뚜렷이 나타난다. 알코올형포 소화약제는 이와 같은 단점을 보완한 약제로 여러 가지의 형이 있으나 초기에는 단백질의 가수분해물에 금속비누[11]를 계면활성제로 사용하여 유화·분산시킨 것을 사용하였다.

이것은 물에 녹지 않기 때문에 여기에 물을 혼합하여 사용한다. 일명 수용성 액체용 포 소화약제라고도 하며 알코올, 에테르, 케톤, 에스테르, 알데히드, 카르복실산, 아민 등과 같은 가연성인 수용성 용매의 화재에 유효하다.

---

11. 금속 비누 : 알칼리 금속염 이외의 금속염으로 만든 비누를 말한다. 보통 비누 용액에 금속염 용액을 가하든지, 또는 유지를 금속 산화물과 함께 가열해서 얻는다. 물에는 불용이며 납, 망간, 알루미늄, 동, 아연, 크롬, 칼슘 등의 비누가 있다.

가연성의 수용성 용매의 종류는 "10. 소화약제의 형식승인 및 제품검사의 기술기준과 시험세칙"에 나타내었다.

보통의 포가 수용성 용제와 접촉하면 깨지는 이유는 다음과 같다.

포는 개략 94~99 %가 물이기 때문에 포가 수용성 용제와 접하면 포에 함유된 수분이 급속히 수용성 용제쪽으로 녹아 들어가 포가 탈수되어 순간적으로 소멸된다. 이와 동시에 수용성 용제는 거꾸로 포쪽으로 이동하여 수분과 수용성 용제가 서로 자리바꿈 하는 치환 현상이 일어나고 포쪽으로 이동된 수용성 용제는 포를 이루고 있는 유기 물질을 응고시켜 결국 포는 깨지고 만다. 이 치환 현상은 순식간에 일어나서 마치 끓는 물에 눈을 넣는 것처럼 포는 사라진다. 따라서 이러한 현상을 방지하려면 수분과 수용성 용제와의 치환 현상을 막아야 한다.

보통의 포 소화약제는 비극성 탄화수소(휘발유, 등유, 경유 등)의 화재에만 유효했으나 이 약제는 극성 용매는 물론 비극성 탄화수소의 화재에도 사용할 수 있다. 이 약제는 단백실의 가수 분해물에 불용의 지방산 금속염을 분산시켰기 때문에 장시간 저장하면 이들이 침전되는 단점이 있다. 따라서 물과 혼합한 후에는 2 ~ 3 분 이내에 사용하지 않으면 포가 생성되기 전에 수류중에 금속염의 침전이 생겨 소화 효과가 떨어지고 설비 상에도 장애가 생기게 된다.

이 소화약제(단백질의 가수 분해물에 금속비누를 첨가한 형태)는 소화 후 재 연소 방지에는 효과가 우수하나 위와 같은 단점 때문에 잘 사용되지 않으며 현재는 이와 같은 단점을 보완한 고분자겔 생성형이나 불소단백형의 알코올형포 소화약제가 개발되어 사용되고 있다. 그러나 이 약제가 모든 수용성 액체에 완벽하게 적응되는 것은 아니다.

수용성 액체는 극성도(極性度), 관능기(官能基), 탄소수에 따라 연소성, 반응성 등이 달라지기 때문에 같은 소화약제를 사용해도 액체의 종류에 따라 소화 효과가 각각 다르게 나타난다. 예를 들면 메탄올(CH_3OH), 에탄올(C_2H_5OH)과 같이 극성이 크고 탄소수가 작은 것은 소화가 용이하나, 부탄올(C_4H_9OH)) 이상의 고급 알코올은 극성이 작고 연소열이 크기 때문에 소화가 곤란하다. 또한 알데히드류와 같이 반응성이 큰 것은 소화약제와 반응하여 소화 불능의 상태가 되는 경우도 있다. 그러므로 현재까지는 모든 수용성 액체에 만능인 알코올형포 소화약제는 없는 실성이나.

2) 연 혁

1993년 F. L. Boyd가 수용성 액체용 소화약제로 화학포를 개량한 이래, 이에 대한 많은 특허가 개발되었다.

1939년 독일의 다이뮬러는 단백질 가수 분해물에 지방산 아연 비누를 첨가하여, 1950년

킴베르와 크로포드는 계면활성제에 알코올과 만나면 불용성의 겔(gel)을 형성하는 아린산 나트륨을 첨가하여, 1952년 미국의 페리는 단백질 가수 분해물에 황산알루미늄과 지방산을 계면활성제와 에탄올 아민으로 분산시켜서 알코올형포를 제조하였다.

그러나 이상의 약제는 대부분 수용액으로 존재할 때 침전물이 많이 생기고 해수를 사용할 수 없는 단점이 있다. 이러한 단점을 보완하기 위하여 불소계 계면활성제가 알코올과 만나면 겔 형태의 고분자를 만드는 물질을 첨가한 약제나 단백질 가수 분해물에 불소계 계면활성제를 첨가한 약제들이 개발되었다

이들은 종래의 것과는 달리 수용액의 침전도 일어나지 않으며 알코올류 뿐만 아니라 가솔린 등의 석유류 화재에도 사용할 수 있다. 이들의 개발로 최근까지 사용되었던 금속 비누를 첨가한 알코올형포 소화약제의 소비가 급격히 줄어들게 되었다.

3) 제법, 조성, 특성

알코올형포 소화약제는 원료의 혼합만으로 간단히 제조할 수 있기 때문에 여기서는 이들의 종류 및 조성에 대하여 설명하고자 한다.

표 5.9 알코올형포 소화약제의 종류 및 성분

종류	성분
금속 비누형	1) 단백질 분해물 + 지방산 금속염 2) 단백질 분해물 + 계면활성제 + 지방산 금속염
고분자겔 생성형	3) 탄화수소계 계면활성제 + 고분자겔 생성물 4) 불소계 계면활성제 + 고분자겔 생성물
불소 단백형	5) 단백질 분해물 + 불소계 계면활성제

이 약제는 원료에 따라 크게 금속비누형, 고분자겔 생성형, 불소단백형의 3 가지로 나누어지며 이들은 다시 표 5.9와 같이 5가지로 세분된다.

이들 5 가지의 특징을 좀 더 자세히 알아보면 다음과 같다.

(1) 단백질 가수 분해물에 금속 비누를 첨가한 형

금속 비누가 거품과 수용성 액체가 혼합되는 것을 방지하는 역할을 하기 때문에 거품은 소포되지 않고 액면 위에 떠 있게 된다.

강알칼리성이고 암모니아 냄새가 강하게 나는 약제로 내화성이 좋고, 재연소 억제 성능이 우수하고, 값이 저렴한 것이 장점이나, 금속(아연, 알루미늄)이 많이 들어 있기

때문에 포의 유동성이 떨어지고, 단백질 가수 분해물에 불용성의 지방산 금속염을 분산시켰기 때문에 장시간 저장하면 금속 비누가 침전되는 단점이 있다. 특히, 물과 원액을 미리 원하는 농도로 혼합한 소위 premix 상태에서는 수 분 이내에 침전이 일어난다. 따라서 소화 시 화재 현장에서는 물과 혼합한 후 2 ~ 3분 이내에 사용하지 않으면 물의 흐름 중에 침전이 일어나 소화 효과가 현저하게 떨어진다. 또 포 수용액 탱크와 발포기와의 거리를 짧게 하여 배관 내에 침전되는 것을 방지하여야 한다. 이러한 문제점과 해수를 사용할 수 없다는 단점 때문에 최근에는 잘 사용되지 않는다.

종래 시판품 중에서는 이 형태의 것이 가장 많다. 제조 회사에 따라 약간의 차이가 있지만 기본적인 조성은 표 5.10과 같다.

표 5.10 단백질 가수 분해물에 금속비누를 첨가한 약제의 조성 예

성분	비율(%)
단백질 가수 분해물	50
지방산	10
에탄올 아민	30
염화아연	10

(미국 특허 280604호, 1952년)

(2) 단백질 가수 분해물에 금속 비누와 탄화수소계 계면활성제를 첨가한 형

이 약제는 위의 「단백질 가수 분해물에 금속 비누를 첨가한 형」에 비해 유동성은 우수하나 내열성이 떨어지기 때문에 연소율이 높은 수용성 가연물인 이소프로필 에테르나 부탄올 등에는 적당하지 않다.

조성의 한 예를 소개하면 표 5.11과 같다.

표 5.11 단백질 가수 분해물에 금속 비누와 탄화수소계 계면활성제를 첨가한 약제의 조성 예

성분	비율 (%)
단백질 가수 분해물	70
황산 알루미늄	3
설포네이트계 계면활성제	10
야자유 지방산	2
트리에탄올 아민	1
메탄올	8

(미국 특허 2748078호, 1952년)

(3) 합성 계면활성제에 고분자겔 생성물을 첨가한 형

독일 Paasch사의 Moussol G(상품명)가 대표적인 예이다. 이 약제는 알긴산 등의 수용성 고분자물이 알코올 등의 수용성 액체와 만나면 불용성의 겔(gel)이 형성되는 것을 이용한 것이다. 그러므로 이 소화약제는 포가 알코올류의 표면에 닿는 순간에 포는 수축되어 불용성의 겔이 형성되고 그 피막 위에 포가 쌓여서 질식소화가 일어나게 된다.

이 소화약제는 알긴산 나트륨의 진한 수용액이기 때문에 점도가 높아 추운 곳에서는 사용할 수 없는 단점이 있다.

조성의 예는 표 5.12와 같다.

표 5.12 합성 계면활성제에 고분자겔 생성물을 첨가한 약제의 조성 예

성분	비율 (%)
설포네이트계 계면활성제	82
알긴산 나트륨(sodium alginate)	17
데실 알코올(decyl alcohol)	1

(독일 특허 957443호, 1953년)

(4) 불소계 계면활성제에 고분자겔 생성물을 첨가한 형

불소계 계면활성제에 알코올류 등의 수용성 액체와 만나면 겔화되는 화합물을 첨가한 약제로 미국에서 처음으로 개발되어 실용화되었다.

석유류 화재에 특히 소화 효과가 우수하여 주목을 받고 있다. 현재 이에 속하는 제품으로는 National Foam System사의 National Universal Foam과 3M사의 Light Water ATC(Alcohol Type Concentrate)가 대표적인 예이다.

Light Water ATC의 소화 기구 및 특성을 살펴보면 다음과 같다.

ATC의 수용액으로부터 발생된 포를 알코올 등의 액면에 방사하면 액면 상에서 ATC와 알코올이 반응하여 겔상의 불용성 막이 형성되고 그 막 위에 거품이 형성된다. 따라서 포가 액체에 의해 파괴되는 것을 막을 수 있다. 이와 같은 특성 때문에 이 약제는 수용성 액체의 화재는 물론 일반 유류화재에도 매우 효과적으로 사용된다. 이 약제의 소화 기구를 그림으로 나타내 보면 그림 5.12와 같다.

금속 비누형의 알코올형포 소화약제는 물과 혼합한 후 수분 이내에 발포하지 않으면 금속염의 침전이 일어나 소화 효과가 떨어지는 단점이 있으나 ATC의 경우는 장시간 동안 안정한 편이다. 그러나 물과 미리 혼합(premix)한 수용액의 상태로 소화기에 충진할 수 있을 정도는 아니다.

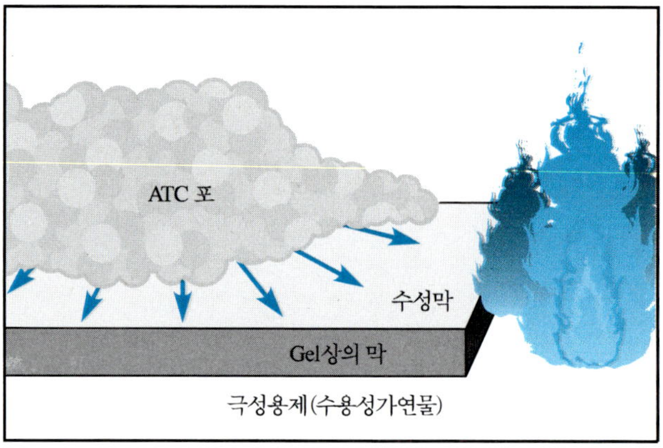

그림 5.12 ATC의 소화 기구

또한 이 약제의 특이한 점은 다른 포원액에 비해 점도가 매우 높다는 것이다. 이는 이 약제의 칙소트로피(thixotropy)[12] 에 기인한 것으로 이러한 성질은 여러 가지 성분을 혼합한 결과 생기는 것이다. 점도가 높기 때문에 다른 포 소화약제보다 사용 온도가 높은 단점이 있다. 따라서 우리나라의 경우는 여름철을 제외하고는 항상 가열하여 적정한 점도를 유지해 주어야 함은 물론 혼합기 역시 이러한 특성에 맞도록 특수하게 설계하여야 한다. 대표적인 조성의 예는 표 5.13과 같다.

표 5.13 불소계 계면활성제에 고분자겔 생성물을 첨가한 약제의 조성 예

성분	비율(%)
불소계 계면활성제	–
규소계 계면활성제	–
탄화수소계 계면활성제	–
헤테로 다당류	–
염소화 메타크실레놀	–
요소	–
황산마그네슘	–
부틸카르비톨	–

(일본 공개특허 54-9497호, 1979년)

12. 칙소트로피(thixotropy) : 단순히 교반하거나 흔드는 것에 의해 겔(gel)이 유동성의 졸(sol)로 변하고, 이것을 그대로 방치하면 다시 겔로 돌아가는 성질을 말한다. 이것은 외력에 의해 겔 내부의 결합이 일부 또는 전부가 파괴되어서 유동성이 증가하기 때문에 나타나게 된다.

(5) **단백질 가수 분해물에 불소계 계면활성제를 첨가한 형**

일본에서 개발된 약제로 수용성 액체뿐만이 아니라 석유류에 대해서도 단백포 소화약제와 같은 성능을 가지고 있다. 표면하 포 주입방식도 가능하며 내화성이 우수하며 유동점이 단백포와 거의 비슷하여 −20 ~ −10 ℃에서도 원액 탱크를 가열하지 않아도 좋다. 그러나 단백포보다 값이 비싼 단점이 있다.

약제의 조성은 불화단백포 소화약제와 거의 동일하기 때문에 제법도 거의 동일하다. 단, 불소계 계면활성제의 선택에 따라 수용성 액체에도 사용할 수 있고 일반 석유류에도 사용할 수 있다.

조성의 예는 표 5.14와 같다.

표 5.14 단백질 가수 분해물에 불소계 계면활성제를 첨가한 약제의 조성 예

성분	비율(%)
단백질 가수 분해물	30 ~ 50
유황 제1철	1
불소계 계면활성제	5
부동제	10

(일본 특허 54-3838호, 1979년)

5.4 특성

소화에 유효한 포를 만들기 위해서는 약제가 단독으로 존재하든 수용액으로 존재하든 안정된 물성을 유지해야 한다. 또한, 소화에 직접 이용되는 것은 이들로부터 만들어진 포이기 때문에 포의 여러 가지 요건도 구비해야 한다.

포의 특성은 원액의 특성에 의해 결정되지만 혼합기나 발포기에 의해서도 크게 좌우된다. 원액, 수용액 및 포의 특성을 살펴보면 다음과 같다.

1. 원액 및 수용액의 특성

단백포, 합성 계면활성제포, 수성막포 및 알코올형포 소화약제의 규격상의 특성치는 표 5.15와 같다. 이들 특성치의 측정 방법 및 측정 조건은 "10. 소화약제의 형식승인 및 제품

검사의 기술기준과 시험세칙"에 나타내었다.

이 표에 의하면 약제의 종류에 따라 비중과 pH는 그다지 큰 차이가 없지만 점도는 차이가 있음을 알 수 있다.

외관은 단백포는 흑갈색, 합성 계면활성제포는 무색 또는 담황색, 수성막포는 호박색을 나타낸다. 수성막포와 합성 계면활성제포는 방향성이 있다.

표 5.15 각종 포 소화약제의 특성치

특성 \ 종류	단백포	합성 계면활성제포	수성막포	알코올형포
비중 (20 ℃)	1.10 ~ 1.20	0.90 ~ 1.20	1.00 ~ 1.15	0.90 ~ 1.20
점도 (cSt)(20 ℃)	400 이하	200 이하	200 이하	3500 이하
pH	6.0 ~ 7.5	6.5 ~ 8.5	6.0 ~ 8.5	6.0 ~ 8.5
유동점 (℃)	일반용 ; −7.5, 내한용 ; −12.5 , 초내한용 ; −22.5			
침전량 (vol %)	0.1 이하			
팽창비	6배 이상	6배 이상(저발포) 500배 이상(고발포)	5배 이상	6배 이상

1) 점 도

원액의 점도는 혼합기에 의해 만들어지는 수용액의 농도를 좌우한다. 점도가 크면 혼합기로 유입되는 원액의 양이 감소되어 수용액의 농도는 엷어지게 된다. 일반적으로 점도는 온도가 낮아지면 커지기 때문에 유동점만이 아니고 저온시의 특성을 알아두어야 할 필요가 있다.

점도가 특히 높은 것은 알코올형포인 Light Water ATC(상품명)로 다른 포 원액의 점도가 20 ℃에서 400 cSt 이하인 데 반하여 이는 1230 cSt 정도이다.

그러나 이 원액의 점도는 원액을 잘 교반하면 할수록 낮아지는 특이한 성질을 갖는다. 이러한 성질은 교반에 의해 겔상의 원액이 유동성이 있는 졸로 변하기 때문에 나타나며 이것을 다시 방치하면 겔상으로 환원되어 높은 점도를 나타내게 된다. 이러한 유체의 성질을 칙소트로피(thixotropy)라 부른다.

2) 부식도

구리, 황동, 알루미늄에 대한 부식 실험 결과, 포 소화약제는 금속을 부식시킨다. 약제의 저장용기로서는 스테인리스강이 바람직하지만 연강에 내식도장을 한 것도 널리 사용되고 있다.

표면 장력이 특히 작은 수성막포 소화약제에서는 도장면에 조그만 구멍(pin hole)만 있어도 이곳으로 약제가 침투되어 철을 부식시킬 수도 있기 때문에 특히 주의를 기울여야 한다.

단백포 소화약제에서는 침전물이 벽면에 고착되기 때문에 진행되고 있는 부식이 발견되지 않고 지나쳐 버리는 경우도 있다.

3) 침전과 층간 분리

단백포 소화약제는 보존중에 산화되어 침전되는 경향이 있다. 따라서 저장용기는 공극이 남지 않게 충진하여 약제가 흔들리지 않도록 하는 것이 바람직하다. 계면활성제계의 것은 성분 중에 분자량이 큰 것은 가라앉아 층간 분리가 일어나기 때문에 주의를 요한다.

4) 사용 온도 범위와 유동점

한냉지에서 사용하는 경우, 약제가 동결되면 안 되기 때문에 사용 온도 범위가 정해져 있어야 한다. 일반용은 −5 ~ 30 ℃, 내한용은 −10 ~ 30 ℃, 초내한용은 −20 ~ 30 ℃가 사용온도 범위이며, 유동점은 사용 하한 온도보다 2.5℃ 낮은 온도이므로 일반용은 −7.5℃, 내한용은 −12.5℃, 초내한용은 −22.5℃이다.

5) 수용액의 특성

포 소화약제는 다른 약제와 달리 정해진 농도의 수용액으로 사용되기 때문에 수용액의 특성을 알 필요가 있다.

수용액의 보존성, 즉 미리 혼합하는 것(premix)이 가능한지 여부를 알아둘 필요가 있다. 단백질계의 원액은 수용액으로 보존하면 변질되기 때문에 사용 직전에 희석해야 한다. 이에 반하여 계면활성제포 및 수성막포에서는 미리 혼합하여 사용하는 것이 가능하다.

포 소화약제는 담수, 해수 모두 사용할 수 있으나 premix 용으로는 담수를 사용하는 것이 좋다. 또, 알코올형포와 계면활성제포 소화약제에 해수를 사용하는 경우는 일반적으로 사용 직전에 희석하지 않으면 그 성능을 발휘할 수 없다.

포 소화약제에는 한냉지용으로 내한용이 있고, 그 사용 온도 범위가 규정되어 있지만 이것은 원액의 사용 온도 범위를 나타내기 때문에 희석된 수용액에 대해서는 사용 온도에 맞게 부동액을 넣어야 한다.

2. 포의 특성

1) 발포 배율 (팽창비)

포의 체적(V_f)와 그 포를 만드는 데 필요한 포 수용액의 체적 (V_l)과의 비(V_f / V_l)로 팽창률(expansion ratio)이라고도 한다. 수용액의 비중은 물의 비중과 거의 같으므로 팽창률의 역인 V_l/V_f는 포의 비중이 된다. 이 값은 포 원액에 따라 달라지지만 사용된 발포기 및 발포기의 입구, 출구의 압력에 의해서도 좌우된다.

최적의 포를 제조하기 위해서는 4 ~ 38 ℃ 범위의 물을 사용하는 것이 바람직하며 이보다 더 높은 온도나 더 낮은 온도의 물은 발포 배율을 감소시킨다.

발포 배율에 의한 포의 분류는 나라마다 약간의 차이는 있지만 우리나라는 앞의 표 5.1과 같이 분류한다.

일반적으로 발포 배율이 낮은 포(저팽창포)는 가연성 액체의 화재 시 주로 사용된다. 포 수용액은 최고 20배까지 팽창하지만 대개 4 ~ 12배 범위에서 사용된다. 이에 반해 발포 배율이 큰 포(고팽창포)는 주로 지하실, 선창, 탄광 등 소방대원이 진입하기 어려운 장소의 A급 화재에 사용된다. 고팽창포는 수분이 매우 적어서 증기 밀폐성, 재연 방지성, 유류에 대한 내성 및 바람에 대한 저항력 등이 좋지 않기 때문에 가연성 액체의 화재에는 적당하지 않다.

발포 배율의 측정 방법은 "5-7 포의 물리적 성질 측정"에 나타내었다.

2) 환원 시간(drainage time)

포의 보수성(water retention ability)을 나타내는 것으로 포가 깨져서 원래의 포 수용액으로 되돌아가는 데 걸리는 시간을 의미한다. 포 중량의 몇 %가 원래의 수용액으로 되돌아갔느냐에 따라서 25 %의 경우는 25 % 환원 시간(foam 25 % drainage time), 50 %의 경우는 50 % 환원 시간, 100 %의 경우는 100 % 환원 시간이라고 한다.

이 값은 측정 기구에 따라 달라진다. NFPA의 기준에 의하면 측정 방법은 포 소화약제의 종류에 따라 크게 두 가지로 나누어진다. 자세한 측정 방법은 "5-7 포의 물리적 성질 측정"에 나타내었다.

일반적으로 25 % 환원 시간이 단백포와 수성막포는 60초 이상, 합성 계면활성제포는 30초 이상이면 양호한 것으로 본다.

3) 내열성

포를 일반화재(A급 화재)에 사용하는 경우는 물의 냉각 효과에 의존하기 때문에 내열성은 크게 문제가 되지 않지만 연소하는 기름면을 포로 덮어서 소화하는 경우는 내열성이 매우 중요한 요소가 된다.

포로 유류화재를 소화하는 데는 일반적으로 포층을 유면의 한쪽으로부터 순차적으로 전개시켜 유면 전체를 덮어 버리는 방법이 사용되기 때문에 전개되는 포층의 앞부분은 항상 화염에 노출된다. 따라서 포는 내열성이 있어야 한다. 포의 내열성은 소화약제의 성질에 의해 크게 좌우되지만 사용하는 발포기에 따른 배율, 환원 시간에 의해서도 좌우된다.

일반적으로 발포 배율이 작고, 환원 시간이 긴 포가 내열성이 우수하며 단백포는 다른 포에 비해서 내열성이 큰 것이 장점이다.

4) 유동성

기름 표면에 포층을 전개시켜 표면을 빠르게 포로 덮어 버리기 위해서는 유동성이 좋은 포가 바람직하다. 포의 유동성은 포 소화약제의 특성에 좌우되지만 발포 배율, 환원 시간, 내열성과 밀접한 관계가 있다.

환원 시간이 길고 내열성이 큰 포는 대개 유동성이 부족하다. 일반적으로 유동성과 내열성은 상반되는 성질이다. 탱크화재에는 내열성이 우수한 포를, 유출된 유류화재에는 유동성이 좋은 포를 사용하는 것이 일반적인 소화 방법이다. 어떠한 포를 사용할 것이냐 하는 것은 유동성이 좋은 포로 한 번에 소화할 것인가, 아니면 내열성이 우수한 포로 확실하게 소화할 것인가 등의 소방 전술에 의해 좌우된다.

유동성이 좋은 포라도 유면상의 전개 거리는 30 m 정도가 한계로 알려져 있다. 따라서 직경이 큰 탱크(직경이 60 m 이상인 탱크)에서는 측면에서 포를 주입하는 방법으로는 효과적인 소화가 어렵기 때문에 표면하 포주입 방식(subsurface foam injection system) 등의 다른 방법으로 포를 주입해야 한다,

유동성은 발포기의 사용 방법에 의해서도 좌우된다. 특히 단백포에 있어서는 발포기의 입구 압력을 높이면 유동성이 나쁜 포가 생성되므로 주의를 요한다.

5) 기름의 pick-up

유류 탱크의 화재 시 포를 사용하는 경우는 한쪽에서부터 조용히 주입하는 것이 바람직하다. 그 이유는 가까운 거리에서 기름 중에 포를 방사하면 포는 기름 중에 투입되어 기름과

함께 부상(fuel pick-up)하여 소화가 어려워지기 때문이다. 표면하 포주입 방식에서는 이와 같은 fuel pick-up이 작은 포가 필요하다.

3. 포 특성의 상관 관계

포의 특성은 원액에 따라 달라지는 것은 당연하지만 같은 원액으로부터도 발포 방법에 따라 특성치는 변한다.

여기서는 이들 특성 사이에 어떠한 상관 관계가 있는지 살펴보고자 한다.

1) 발포 배율과 환원 시간

발포 배율이 커지면 환원 시간은 짧아진다. 배율이 작은 포는 포의 직경이 작아서 포의 막은 두껍다. 환원이란 포 입자들 속에 들어 있는 수용액이 점차로 낙하해서 밑면에 고이는 것이기 때문에 포의 막이 두꺼울수록 환원 시간은 길어진다. 포의 입자가 균일하고 진득진득한 포가 환원 시간이 긴 양호한 포이다.

2) 발포 배율과 유동성

동일한 발포 배율에서도 포 원액의 종류에 따라 유동성은 크게 좌우되지만 동일한 원액에서도 발포 배율이 커지면 유동성은 증가한다. 즉, 진득진득한 포는 유동성이 나쁘고 배율이 큰 포는 유동성이 크다. 단백포에서는 너무 배율을 낮추면 포가 딱딱해져서 유동성이 상당히 나빠지는 데 반하여 계면활성제포 및 수성막포는 저배율에서도 유동성이 좋다.

3) 환원 시간과 내열성

같은 원액으로부터 만들어진 포에서도 환원 시간이 긴 것이 내열성이 우수하다. 보수성(保水性)이 좋은 포 즉, 환원 시간이 긴 포는 화염에 노출되어도 포가 쉽게 깨지지 않기 때문에 내열성이 우수하다.

단백포는 다른 포에 비해서 본질적으로 내열성이 우수하다. 이것이 탱크의 고정포 소화설비의 포 소화약제로 선택된 이유이다.

4) 유동성과 내열성

소화 활동에는 내열성도 있고 유동성도 좋은 포가 바람직하지만 일반적으로 유동성이 좋은 것은 내열성이 부족하다. 앞의 설명처럼 발포 배율이 작아지면 환원 시간과 내열성은 커지나 유동성은 작아진다.

5.5 소화 효과

포 소화약제의 주된 소화 효과는 포가 가연 물질의 표면을 덮기 때문에 나타나는 질식 효과와 상당량의 수분에 의한 냉각 효과이다. 이것 이외에도 고발포 포의 경우는 포가 차지하는 체적이 매우 크기 때문에 대류와 복사에 의한 열의 이동 차단, 주변 공기의 배출, 가연성 증기의 생성 억제 등의 소화 효과도 기대할 수 있다.

포는 얇은 막으로 이루어져 있지만 점착성이 좋고 내열성이 있기 때문에 이상과 같은 소화 효과를 나타내게 된다.

5.6 적응 화재

앞에서 설명한 것처럼 포 소화약제의 주된 소화 원리는 포에 의한 질식 작용과 물에 의한 냉각 작용이다. 이외에도 고체 가연물의 화재 시 합성 계면활성제 계통의 약제를 사용하면 계면활성제가 침투제(wetting agent) 역할을 하기 때문에 포가 갖는 소화 효과 이외에도 침투제가 갖는 소화 특성을 살릴 수 있다. 이와 같은 특성을 이용하여 포 소화약제는 ① 비행기 격납고, 자동차 정비공장, 차고, 주차장 등 주로 기름을 사용하는 장소, ② 특수 가연물을 저장, 취급하는 장소, ③ 위험물 시설(제1, 2, 3류 위험물의 일부와 제 4, 5, 6류 전부)에 사용되고 있다.

그러나 포 소화약제는 소화 후의 오손 정도가 심하고, 또한 감전의 우려가 있어 전기화재나 통신 기기실, 컴퓨터실 등에는 부적합하다. 이외에도 특별한 경우를 제외하고는 다음과 같은 경우에도 사용할 수 없다.

① 제5류 위험물과 같이 자체적으로 산소를 함유하고 있는 물질
② Na, K 등과 같이 물과 반응하는 금속
③ 인화성 액화가스

1. 적응 구분과 특수한 사용법

유류화재를 대별하면 ① 저장 탱크 등 유층이 깊은 경우의 화재와, ② 평면상으로 유출된 화재가 있다(압력에 의해 분출되는 유류화재는 포로 소화할 수 없기 때문에 여기서는 제외

한다). 어떠한 경우도 시간이 지나면 유류의 온도는 상승되어 화세가 격해지지만 특히 ①의 경우는 저장 탱크의 측벽이 화염에 노출되어 고온이 되기 때문에 고온에서도 파괴되지 않는 내열성 포를 사용하는 것이 바람직하다. 반면 ②의 경우는 내열성은 조금 떨어지더라도 유동성이 좋은 포를 사용하여 신속하게 화재를 억제하는 것이 바람직하다. 그러므로 화재의 형태에 따라 소화약제를 표 5.16과 같이 사용하면 소화 효과를 높일 수 있을 것이다.

표 5.16 유류화재 시 저발포 포의 사용 구분

포의 종류 / 화재의 종류	단백포	불화단백포	계면활성제포	수성막포
저장탱크 화재	○	○		
저장탱크 화재(SSI* 용)		○		○
유출화재	○	○	○	○

* Subsurface foam Injection System : 표면하포 주입 방식

고발포의 포는 소화 이외에도 제연과 증발 억제의 효과가 있다. 지하가의 화재 시 고발포의 포를 주입해서 연기를 배출시키면서 소화하기도 한다. 또한 고발포의 포에서는 사람이 질식하지 않고 활동할 수 있는 특징이 있다. 단, 발포에 사용된 공기는 신선한 공기여야 한다. 이는 사람의 호흡을 위해서만이 아니고 연소 가스를 사용하여 발포하면 포의 성능이 떨어지기 때문이다.

그리고 LNG가 저장 탱크로부터 유출된 경우 고발포의 포로 덮어서 외기로부터의 열을 차단해서 증발을 억제시켜 소화하기도 한다. 이와 같이 계면활성제포 소화약제는 다목적으로 사용할 수 있는 이점이 있다.

2. 포 소화약제의 병용성

소화 활동 시 각종 포 소화약제를 같이 사용하는 것은 일반적으로 큰 문제가 없다. 이것은 대형 화재 시 발생 현장에 설치한 포 소화약제의 양으로는 소화가 곤란한 경우 인접 지역의 약제를 보급받는 경우 중요해진다.

병용한 경우의 특성은 개개의 소화약제가 갖는 특성치의 중간이 되지만 화재의 규모나 형태에 따라 달라지기 때문에 한마디로 말할 수는 없다. 예를 들면 유출화재에서는 단백포보다 계면활성제 또는 수성막포가 소화 효과가 좋기 때문에 이들을 병용하는 것이 유리할 것이다.

보통의 포는 이처럼 병용이 가능하지만 알코올형포는 일반포와 병용하면 그 특성이 저하되기 때문에 함께 사용하지 말아야 한다.

그리고 같은 포 소화약제인 경우에도 약제의 종류가 다르면 원액 및 수용액을 혼합하여 사용해서는 안 된다. 또한 같은 원액이라도 오래된 원액에 새로운 원액을 추가·보충하는 것도 바람직하지 않다.

포 소화약제는 분말 소화약제와 함께 사용하면 분말 소화약제의 소포(消泡) 작용 때문에 좋지 않다. 포층에 분말 소화약제를 살포해 놓으면 포층의 형성이 매우 어려워진다. 단, 수성막포 소화약제의 포는 소포되지 않기 때문에 분말 소화약제와의 병용이 가능하다. 포 소화약제와 병용할 수 있는 분말 소화약제로는 CDC(Compatible Dry Chemical)가 개발되어 있으며 이에 대한 내용은 분말 소화약제편에 자세히 설명하였다.

5.7 포의 물리적 성질 측정

NFPA 11-1983(Standard for Low Expansion Foam and Combined Agent Systems)에 수록되어 있는 저팽창포의 발포 배율, 환원 시간, 농도의 측정 방법은 다음과 같다.

발포 배율은 단백포와 불화단백포, 수성막포의 두 가지로 구분하여 측정한다.

물의 온도가 낮아질수록 발포 배율은 낮아지고 환원 시간은 길어지기 때문에 물의 온도가 15.5 ~ 26.7℃ 범위에서 측정하는 것이 바람직하다. 그리고 결과치에는 반드시 물과 공기 및 포의 온도를 명시해야 한다.

포의 물리적 성질 측정에는 저팽창포의 경우와 고팽창포의 경우가 약간 다르나 일반적으로 저팽창포를 주로 사용하기 때문에 여기서는 저팽창포에 대하여 설명하고자 한다.

1. 발포 배율

1) 단백포와 불화단백포 소화약제의 경우

(1) 필요한 기구

① 포 시료 채집기(foam sample collector) (그림 5.13) : 1개

② 1400 mL 용량의 알루미늄제 포 시료용기(foam sample container) (그림 5.14) : 2개

③ 저울 : 1개

(2) 시료 채취

① 포 노즐의 경우 : 시료 채취는 포가 직선으로 방사되면서 완전히 분산된 위치에서 행하는 것이 바람직하다. 시료의 채취 순서는 다음과 같다(포 노즐은 움직일 수 있음).

㉠ 1400 mL의 시료 용기 2개를 얹어 놓은 포 시료 채집기를 발포 낙하 지점의 중앙에 놓는다.

㉡ 소화 시설이 정상적으로 작동되면 채집기의 중앙 위에서 노즐을 좌우로 흔든다.

㉢ 시료 용기에 충분한 양의 포가 채집되면 즉각 채집기로부터 노즐을 치우고 동시에 초시계를 눌러 각 용기마다 시간을 측정한다(시간 측정은 환원 시간 측정에 필요한 0 시간을 구하기 위한 것임).

㉣ 포가 충만된 시료 용기를 다른 곳에 옮겨 놓고 반듯한 날로 용기 윗면을 편평하게 깎아낸다.

㉤ 이외에도 용기의 외부에 묻어 있는 모든 포를 깨끗이 제거하면 측정을 위한 시료의 준비가 끝나게 된다.

② 포 헤드의 경우 : 포를 방출하기 전에 이상적인 포가 생성되리라고 예상되는 방출 지역 내에 채집기(두 개의 시료 용기를 때어 놓은 채집기)를 놓는다.

㉠ 포 설비의 작동이 정상 상태에 도달되면 채집자는 적당한 옷을 입고 시료 용기를 들고 바로 포 방출 지역으로 들어간다.

㉡ 시료 용기를 채집판(collector board)에 올려 놓고 시료를 채취한다.

㉢ 시료 용기에 충분한 양의 시료가 채집되면 초시계를 눌러 각 용기마다 시간을 측정한다(시간 측정은 환원 시간 측정에 필요한 0 시간을 구하기 위한 것임).

㉣ 채집자가 시료 용기를 가지고 포 방출 지역에 들어가고 나올 때 시료 용기가 다른 포의 영향을 받지 않도록 해야 한다.

㉤ 즉각 포가 충만된 시료 용기를 다른 곳에 옮겨 놓고 반듯한 날로 용기의 위면을 편평하게 깎아낸다.

㉥ 이외에도 용기 주변에 묻어 있는 모든 포를 깨끗이 제거하면 측정을 위한 시료의 준비가 끝나게 된다.

③ 포 챔버의 경우 : 탱크의 윗부분에 설치되어 있는 포 챔버의 경우는 위와 같은 방법으로는 시료를 채취할 수가 없다. 이러한 경우에는 가능한 최상의 방법으로 시료를 채취해야 하며 측정 결과치에 시료의 채취 과정 및 조건을 명시해야 한다.

채취 가능한 방법은 흘러나오는 포 줄기의 가장자리에 시료 용기를 삽입하거나 표면에 이미 형성된 포층에서 떠내거나 해서 시료를 채취하는 것이다. 이미 형성된 포층으로부터 시료를 채취하는 경우는 포층의 밑부분에 있는 기름이 시료에 들어가지 않도록 주의해야 한다. 또한 시료를 떠낼 정도의 포층이 형성되려면 보통의 상태에서 수분 정도 걸리기 때문에 시간이 지체되어 측정 결과에 큰 영향을 미치게 된다. 오차는 포의 종류에 크게 좌우되지만 그 정도는 0 ~ 수백 % 까지 변할 수 있다. 어떠한 방법으로 채취했든 간에 시료 용기에 포가 충만된 후의 준비 과정은 포 노즐이나 포 헤드에서의 방법과 동일하다.

(3) **측정 방법**

① 측정하기 전에 배수 호스와 클램프가 달려 있는 빈 시료 용기의 중량을 측정한다(모든 용기는 취급시의 혼란을 방지하기 위해 빈 용기의 중량을 같게 조절하는 것이 좋다).

② 포 시료가 담겨 있는 용기의 중량(전체 중량)을 g 단위(중량의 단위는 g 로 함)까지 측정한 후 다음과 같이 계산한다.

$$\text{발포 배율} = \frac{1,400\ \text{mL}}{\text{전체 중량} - \text{빈 시료 용기의 중량}}$$

③ 이상과 같은 측정을 두 번하여 평균값을 구한다.

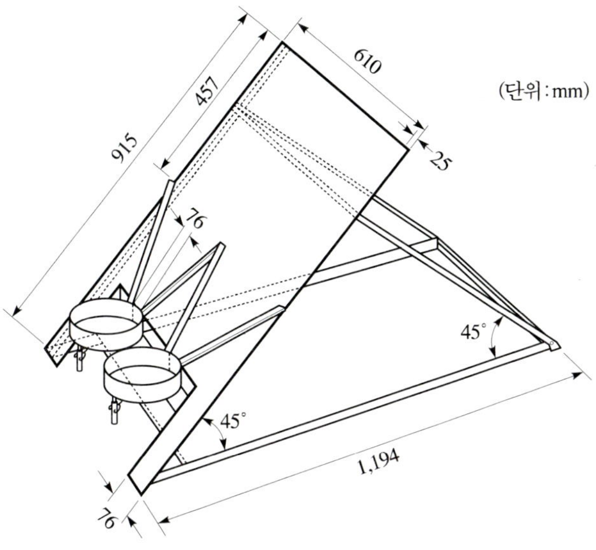

그림 5.13 **포 시료 채집기(foam sample collector)**

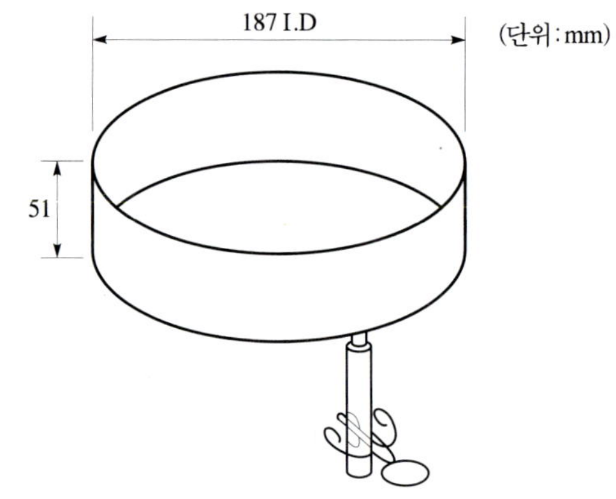

그림 5.14 포 시료 용기(foam sample container)

2) 수성막포 소화약제의 경우

(1) 필요한 기구

① 1 L 용량의 눈금실린더 : 2 개

② 포 시료 채집기(foam sample collector)(그림 5.15) : 1개

③ 저울(1000 g 용량) : 1개

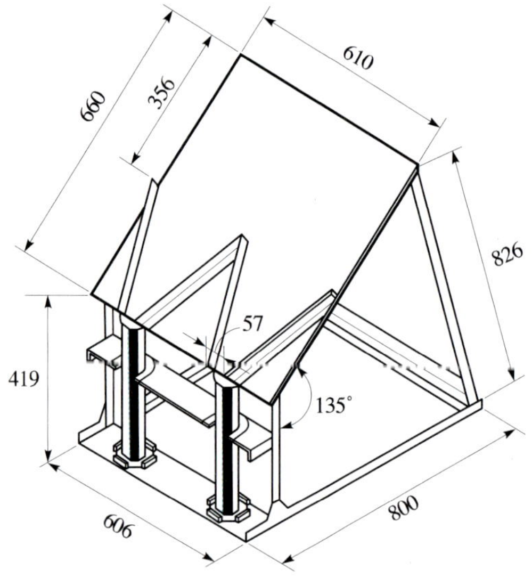

그림 5.15 수성막포 소화약제용 시료 채집기

(2) 시료 채취

시료의 채취 방법은 앞의 "(1) 단백포와 불화단백포 소화약제의 경우"와 동일하다. 이때 사용되는 포 시료 채집기는 그림 5.15와 같으며 그림 5.14의 시료 용기 대신에 1,000 mL 용량의 눈금실린더를 사용한다. 이 시료 용기는 1 L 용량으로 투명한 플라스틱이나 유리로 제조한다.

(3) 측정 방법

① 측정 전에 미리 빈 눈금실린더의 중량을 g 단위까지 측정한다.

② 시료가 담겨 있는 눈금실린더의 중량(전체 중량)을 g 단위까지 측정한 후 다음 식에 의해 계산한다.

$$\text{발포 배율} = \frac{1{,}000\ \text{mL}}{\text{전체 중량} - \text{빈 눈금실린더의 중량}}$$

2. 25 % 환원 시간

1) 단백포와 불화단백포 소화약제의 경우

(1) 필요한 기구

① 초시계 : 2개

② 포 시료 용기대(foam sample container stand)(그림 5.16) : 1개

③ 눈금이 새겨진 100 mL 용량의 플라스틱 용기 : 4개

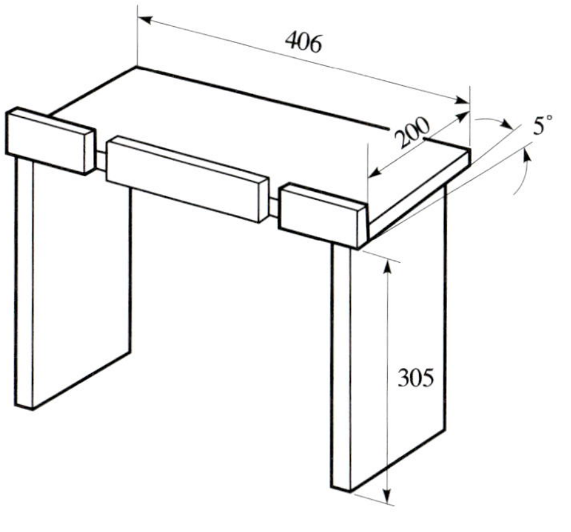

그림 5.16 포 시료 용기대(foam sample container stand)

(2) **시료 채취**

발포 배율에서의 시료 채취법과 동일하다(발포 배율 측정 시 사용한 시료를 사용).

(3) **측정 방법**

① 포 시료의 중량(발포 배율 측정 시 측정)을 4로 나누어 포 수용액의 25 %에 해당하는 체적(mL)을 구한다(단, 포 용액 1 g 이 차지하는 부피를 1 mL로 한다).

② 25 % 에 해당되는 체적의 포 수용액이 배출되는 데 걸리는 시간을 구하기 위해 포 시료 용기대에 시료 용기를 올려놓는다.

③ 포 시료 용기의 바닥에 고여 있는 수용액을 일정한 시간 간격마다 플라스틱 용기에 받는다. 수용액을 받는 시간 간격은 발포 배율에 좌우된다. 일반적으로 발포 배율이 4 ~ 10인 경우에는 30초 간격으로, 발포 배율이 10 이상인 경우에는 2분 간격으로 받는다.

④ 이상과 같은 방법으로 시간 대 환원 체적과의 관계를 구하여 데이터를 내삽하여 25 % 환원 시간을 구한다.

[측정 예]

채집한 포 시료(단백포나 불화단백포의 경우)의 중량이 180 g(180 mL)인 경우

① 발포 배율

- 1400 mL / 180 mL = 7.8

② 25 % 환원 시간

- 25 % 체적 = 180 mL/4 = 45 mL
- 시간 대 환원 체적(배출된 수용액의 체적)의 데이터가 다음과 같으면 25 %에 해당되는 체적(45 mL)은 2분과 2.5분 사이에 있다.

시간 (분)	환원 체적 (mL)
0.0	0
0.5	10
1.0	20
1.5	30
2.0	40
2.5	50
3.0	60

내삽에 의해 정확한 시간을 구해 보면

$$\frac{45\,\text{mL}(25\,\%\ \text{환원 체적}) - 40\,\text{mL}(2.0\text{분일 때의 환원 체적})}{50\,\text{mL}(2.5\text{분일 때의 환원 체적}) - 40\,\text{mL}(2.0\text{분일 때의 환원 체적})}$$

$$= \frac{5}{10} = \frac{1}{2}$$

따라서 25 % 환원 시간은 2.25분이다.

[측정 시 주의 사항]

환원 시간이 짧은 포의 경우에는 시간이 촉박하기 때문에 발포 배율을 가능한 한 빨리 측정해야 25 % 환원 시간의 측정 오차를 최소화할 수 있다. 이러한 어려움을 해결하기 위해 시간 대 환원 체적의 데이터를 구한 다음에 발포 배율을 구하는 방법도 권장할 만하다.

시간은 시료 용기에 포가 가득 찼을 때부터 측정하여야 하기 때문에 시료의 무게를 측정하는 동안에도 계속해서 시간을 측정해야 한다(시간 측정은 시간 대 환원 체적의 데이터를 구할 때까지 계속).

2) 수성막포 소화약제의 경우

(1) 필요한 기구

① 초시계 : 1개

② 1 L 용량의 눈금실린더 : 2개

(2) 시료 채취

발포 배율 측정 시 사용한 시료를 사용한다.

(3) 측정 방법

① 포 시료의 중량(발포 배율 측정 시 측정)을 4로 나누어 포 수용액의 25 %에 해당하는 체적(mL)을 구한다(단, 포 용액 1 g 이 차지하는 부피를 1 mL로 한다).

② 시료 용기(눈금실린더)를 적당한 높이의 편평한 면에 놓는다.

③ 1분 간격으로 실린더의 바닥에 고여 있는 용액의 높이를 측정하여 기록한다(용액과 포 사이의 계면은 쉽게 구별되기 때문에 높이를 쉽게 읽을 수 있다).

④ 이상의 방법으로 시간 대 환원 체적의 관계를 구한 후 내삽에 의해 25 % 환원 시간을 구한다.

[측정 예]

채집한 포 시료(수성막포 소화약제의 경우)의 중량이 200 g(200 mL)인 경우

① 발포 배율

- 1,000 mL / 200 mL = 5

② 25 % 환원 시간

- 25 % 체적 = 200 mL / 4 = 50 mL

시간 대 환원 체적의 데이터가 다음과 같으면 25 %에 해당되는 체적(50 mL)은 2.0분과 3.0분 사이에 있다.

시간(분)	환원 체적(mL)
0.0	0
1.0	20
2.0	40
3.0	60

내삽에 의해 정확한 시간을 구해 보면

$$\frac{50\,\text{mL}(25\ \%\ \text{환원 시간}) - 40\,\text{mL}(2.0\text{분일 때의 환원 체적})}{60\,\text{mL}(3.0\text{분일 때의 환원 체적}) - 40\,\text{mL}(2.0\text{분일 때의 환원 체적})}$$

$$= \frac{10}{20} = \frac{1}{2}$$

따라서 25 % 환원 시간은 2.5분이다.

[측정 시 주의 사항]

앞의 단백포와 불화단백포 소화약제의 경우와 동일하다.

[고팽창포인 경우의 측정 방법]

이상의 발포 배율, 환원 시간의 측정 방법은 대개 저팽창포에 적용되며 고팽창포의 경우는 발포 배율은 일반적으로 벽 또는 네트로 칸막이한 곳에 발포해서 측정하고, 환원 시간은 앞의 방법에 준해서 측정한다.

3. 농도(혼합률)

포 수용액의 농도는 물과 포 원액의 혼합 비율로 농도를 측정하면 비례 혼합 장치의 정확한

작동 여부 등을 알 수 있다.

포 수용액의 농도는 포의 발포 배율과 환원 시간에 영향을 미치기 때문에 규정된 농도로 방사하는 것이 중요하다.

농도의 측정에는 굴절계, 비색계, 전기 저항 측정 장치 등을 사용하나 일반적으로는 굴절계에 의한 방법(농도에 따라 굴절률이 변하는 것을 이용한 방법)을 가장 많이 사용하고 있다. 다음은 굴절계를 이용하여 농도를 측정하는 방법이다.

1) 필요한 기구

① 100 mL 용량의 눈금 용기 : 3개

② 10 mL 용량의 피펫 : 1개

③ 100 mL 용량의 비커 : 1개

④ 500 mL 용량의 비커 : 1개

⑤ 굴절계(범위 : 1.3330 ~ 1.3723) : 1대

2) 측정 방법

① 농도에 따른 굴절률의 관계를 나타내는 보정 곡선(calibration curve)을 만든다.

② 환원 시간 측정 시 생성된 용액의 일부를 채취하여 굴절률을 측정한다.

③ 보정 곡선으로부터 측정된 굴절률에 해당되는 농도를 읽는다.

[보정 곡선 작도법]

① 포 수용액이 6 %형인 경우는 측정에 사용된 것과 동일한 물과 포 원액으로 3 %, 6 %, 9 %의 표준 용액(표준 용액은 100 mL의 눈금 용기에 포 원액을 피펫으로 3 mL, 6 mL, 9 mL를 넣고 물을 100 mL 눈금까지 채운 뒤 잘 교반하여 제조한다)을 만든다.

② 3 %형인 경우는 1.5 %, 3.0 %, 4.5 %의 표준 용액을 앞과 동일한 방법으로 제조한다.

③ 각 표준 용액의 굴절률을 측정하여 그래프 용지에 보정 곡선(농도 대 굴절률의 관계)을 그린다.

[측정 시 주의 사항]

① 표준 용액과 시료의 굴절률은 동일 온도에서 측정해야 한다.

② 분석 시료는 밀폐된 용기에 보관하고 가능한 한 즉시 측정하는 것이 바람직하다.

5.8 소화약제의 혼합 방식

1. 화학포 소화약제의 혼합 방식

화학포에는 탄산수소나트륨과 황산알루미늄이 분말 상태로 저장되어 있는 것을 혼합하는 건식 혼합 설비와 두 약제를 수용액으로 하여 혼합하는 습식 혼합설비가 있다.

1) 1 약제식 건식 설비

탄산수소나트륨과 황산알루미늄을 1개의 저장 탱크에 저장하였다가 필요 시 물을 주입하여 방출시키는 설비(그림 5.17 참고)

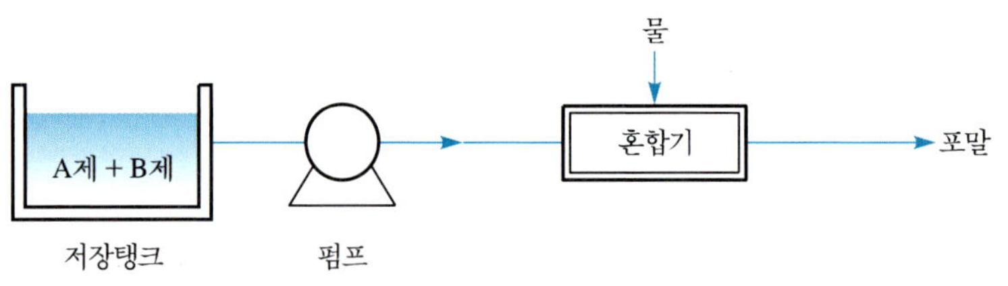

그림 5.17 화학포 소화약제의 혼합 방식(1약제식 건식 설비)

2) 2 약제식 건식 설비

탄산수소나트륨과 황산알루미늄을 분리하여 저장 탱크에 저장한 후 필요 시 두 약제를 혼합한 후 물을 주입시켜 방출하는 설비(그림 5.18 참고)

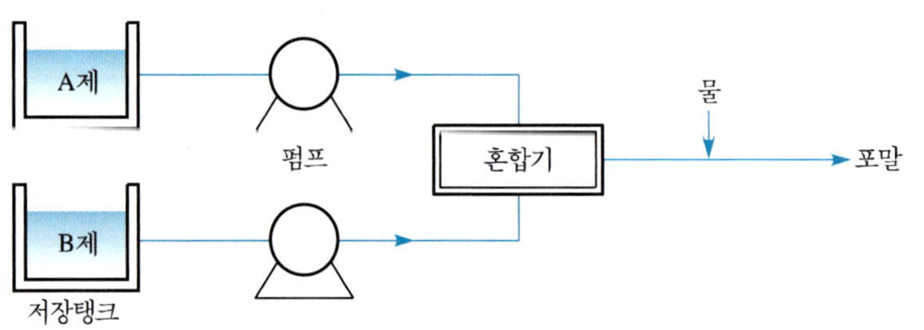

그림 5.18 화학포 소화약제의 혼합 방식(2약제식 건식 설비)

3) 2 약제식 습식 설비

탄산수소나트륨과 황산알루미늄의 수용액을 각각의 탱크에 저장해 두었다가 필요 시 두 액체의 수용액을 혼합하여 방출시키는 설비(그림 5.19 참고)

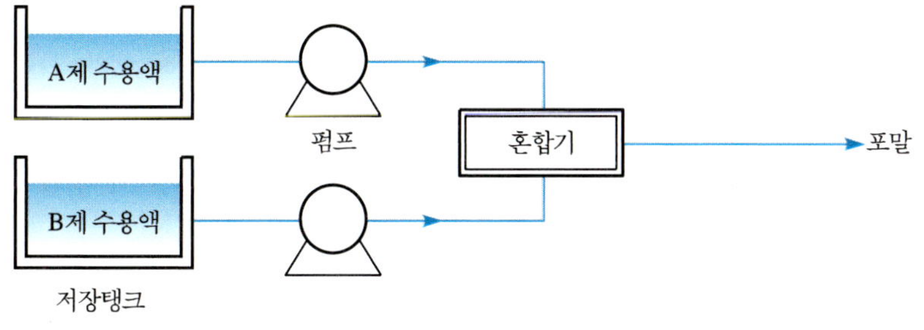

그림 5.19 화학포 소화약제의 혼합 방식(2약제식 습식 설비)

2. 공기포 소화약제의 혼합 방식

물과 포 소화약제를 비례 혼합 장치로 혼합하여 지정 농도의 수용액을 만드는 방식에는 다음과 같은 것들이 있다.

1) 펌프 프로포셔너 방식(pump proportioner type)

펌프의 토출관과 흡입관 사이의 배관 도중에 설치된 흡입기에 펌프에서 토출된 물의 일부를 보내고 농도 조절 밸브에서 조정된 포 소화약제의 필요량을 포 소화약제 탱크에서 펌프 흡입측으로 보내어 이를 혼합하는 방식이다(그림 5.20 참고).

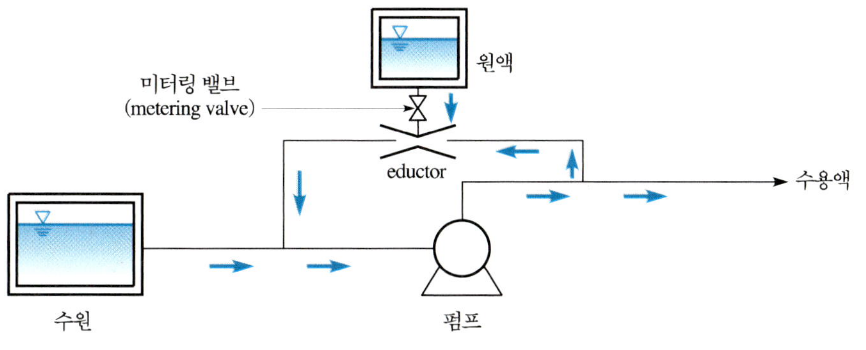

그림 5.20 공기포 소화약제의 혼합 방식(펌프 프로포셔너 방식)

이 방식은 펌프 속으로 포 수용액이 들어가기 때문에 펌프는 포 소화설비의 전용이어야 한다. 구조가 비교적 간단하기 때문에 소용량의 저장 탱크용으로 적합하다.

2) 프레셔 프로포셔너 방식(pressure proportioner type)

펌프와 발포기의 중간에 설치된 벤투리관의 벤투리 작용과 펌프 가압수의 포 소화약제 저장 탱크에 대한 압력에 의하여 포 소화약제를 흡입・혼합하는 방식이다(그림 5.21 참고).

원액 탱크를 방호대상물 가까이에 분산 배치하는 것이 가능하고 소화 주관은 소화전이나 살수 배관과 함께 사용할 수 있기 때문에 공장, 화학 plant, 일반 빌딩 등에 많이 사용된다.

원액 탱크는 항상 소화 주관으로부터의 수압이 가해지기 때문에 압력 용기를 사용해야 한다. 따라서 대용량의 원액 탱크는 고가인 단점이 있다.

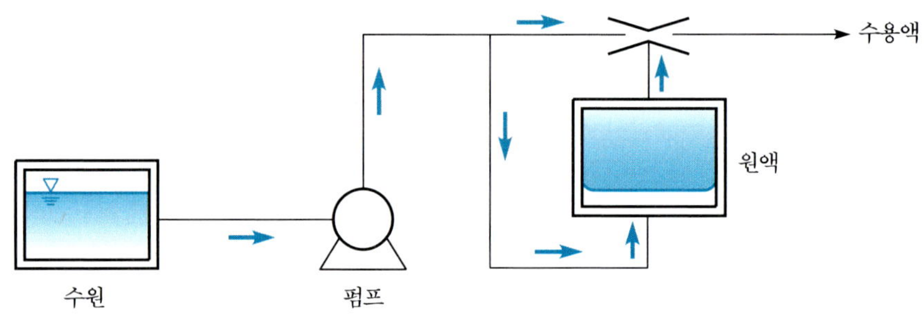

그림 5.21 공기포 소화약제의 혼합 방식(프레셔 프로포셔너 방식)

3) 라인 프로포셔너 방식(line proportioner type)

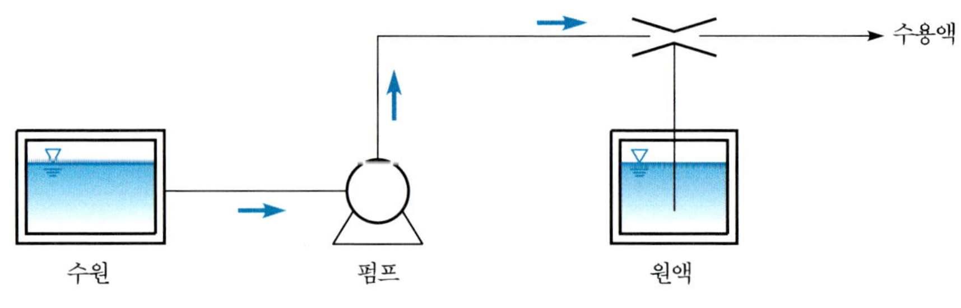

그림 5.22 공기포 소화약제의 혼합 방식(라인 프로포셔너 방식)

펌프와 발포기의 중간에 설치된 벤투리관의 벤투리 작용에 의하여 포 소화약제를 흡입·혼합하는 방식이다(그림 5.22 참고).

구조는 간편하지만 압력 강하가 큰 단점이 있다.

4) 프레셔 사이드 프로포셔너 방식(pressure side proportioner type)

펌프의 토출관에 압입기를 설치하여 포 소화약제 압입용 펌프로 포 소화약제를 압입시켜 혼합하는 방식이다(그림 5.23 참고).

원액 저장 탱크에는 압력이 가해지지 않기 때문에 고가의 압력 탱크가 필요하지 않아서 대용량의 것에는 이 방식이 채용된다. 또 원액 탱크를 적재하는 화학소방차에는 이 방식이 채용된다.

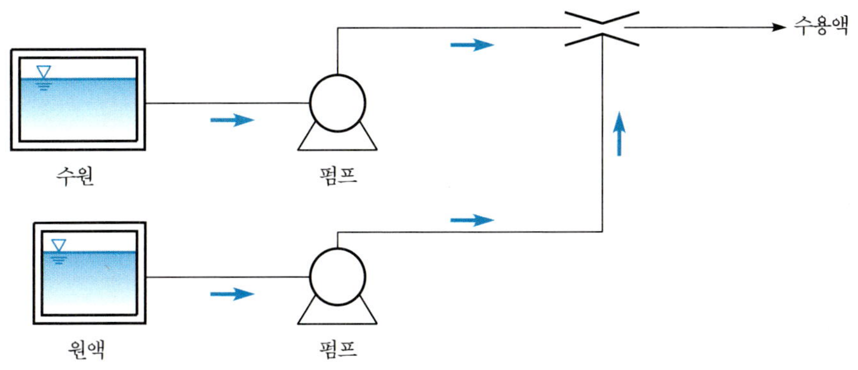

그림 5.23 공기포 소화약제의 혼합 방식(프레셔 사이드 프로포셔너 방식)

5) 압축공기포 믹싱챔버 방식(compressed air form-generating type)

압축공기 또는 압축질소를 일정 비율로 포수용액에 강제 주입 혼합하는 방식이다.

5.9 저 장

포 소화약제의 저장용기로서는 정치식(定置式)의 것과 화학 소방차에 탑재하는 약제 탱크, 포 원액 운송차에 탑재하는 탱크와 같은 이동식이 있다.

이들 탱크의 재질은 철에 내식 도장한 것과 스테인리스강제가 있다. 한편, 구미에서는 강화 플라스틱(FRP, Fiber Reinforced Plastic)제의 탱크도 많이 사용되고 있다. 이것은 내식성이 좋고 반투명하기 때문에 내용물의 수위를 쉽게 알 수 있는 이점이 있다.

탱크의 형식은 정치식에는 직립 원통형 및 횡치식이 있고, 혼합기의 방식에 따라 가압형과 가압하지 않는 형이 있다. pressure proportioner 방식의 저장용기가 가압형이다. 이동식의 것에는 이러한 형 이외에도 차체의 형태에 맞춘 각형(角型)도 있지만 혼합기는 pressure side proportioner 방식이기 때문에 가압하지 않는 형태의 탱크를 사용한다.

저장 탱크는 통상 실외에 설치되기 때문에 여름에는 고온에 노출되어 액온이 상승하는 것을 막기 위하여 단열해야 하며, 소화약제의 산화를 막기 위해 탱크 내의 공기를 질소 가스로 치환하기도 한다.

탱크의 구조는 점검에 대비하여 시료 채취가 용이하도록 설계해야 하며, 용량이 큰 경우는 사용 후의 보충을 생각하여 두 개 이상의 실로 나누는 것도 고려해야 한다.

5.10 저장량

포 소화약제의 저장량은 다음 각 호의 기준에 따른다.

1. 고정포 방출구 방식

다음 각 목의 양을 합한 양 이상으로 할 것

1) 고정포 방출구에서 방출하기 위하여 필요한 양

$$Q = A \times Q_1 \times T \times S$$

여기서, Q : 포 소화약제의 양 (L)

A : 탱크의 액표면적 (m^2)

Q_1 : 단위 포소화수용액의 양 ($L/m^2 \cdot min$)

T : 방출시간 (min)

S : 포 소화약제의 사용농도 (%)

2) 보조 소화전에서 방출하기 위하여 필요한 양

$$Q = N \times S \times 8{,}000\ L$$

여기서, Q : 포 소화약제의 양 (L)

N : 호스 접결구 개수 (3개 이상의 경우는 3개)

S : 포 소화약제의 사용농도 (%)

3) 배관 보정량

가장 먼 탱크까지의 송액관(내경 75 mm 이하의 송액관을 제외한다)에 충전하기 위하여 필요한 양

$$Q = V \times S \times 1{,}000\ L/m^3$$

여기서, Q : 포소화약제의 양 (L)

V : 송액관 내부의 체적 (m^3)

S : 포 소화약제의 사용농도 (%)

2. 옥내 포 소화전 방식 또는 호스릴 방식

다음의 식에 의하여 산출한 양 이상으로 할 것, 다만 바닥 면적이 200 m^2 미만인 건축물에 있어서는 그 75 %로 할 수 있다.

$$Q = N \times S \times 6{,}000\ L$$

여기서, Q : 포 소화약제의 양 (L)

N : 호스 접결구 개수 (5개 이상의 경우는 5개)

S : 포 소화약제의 사용농도 (%)

3. 포 헤드 방식 및 압축공기포 소화설비

포 헤드 방식에 있어서는 하나의 방사 구역 안에 설치된 포 헤드를 동시에 개방하여 표준 방사량으로 10분간 방사할 수 있는 양 이상으로 할 것

5.11 취급상의 주의 및 점검

1. 주 의

1) 사용 온도

포 소화약제에는 사용 온도 범위가 표시되어 있다. 이는 저장 장소의 기온과 밀접한 관계가 있다. 일반용 포 소화약제의 사용 온도 범위는 −5 ~ 30 ℃이기 때문에 기온이 이 범위 내에 들어가는 장소에서 사용해야 한다.

포 원액의 유동점은 사용 온도 범위의 하한가보다 2.5 ℃ 이상 낮은 값을 갖는다. 즉, 유동점은 일반용이 −7.5 ℃, 내한용이 −12.5 ℃, 초내한용이 −22.5 ℃이다.

포 원액은 동결되지 않더라도 온도가 떨어지면 점도가 높아지기 때문에 비례 혼합기에 포 원액의 투입이 원활하지 못하여 규정의 수용액 농도를 유지하지 못하게 된다. 따라서 반드시 사용 장소의 기온을 고려하여 포 원액을 선정해야 한다. 또한 동일한 포 원액을 동일한 발포기를 사용해서 발포해도 발포 배율은 온도에 따라 달라진다.

2. 점 검

포 소화설비는 다른 소화설비와 마찬가지로 연 1회 이상의 작동 기능 점검과 규모에 따라 연 1회 이상의 종합 정밀 점검을 받아야 한다. 이 경우 점검의 실시 시기는 연중 균등한 간격이 되도록 하여야 한다.

1) 작동 기능 점검

포 소화약제의 작동 기능 점검 항목은 약제의 양, 변질 및 오염의 유무로 저장 탱크에 설치되어 있는 배액구의 밸브를 열고 소화약제를 비커 또는 메스실린더에 채액하여(상, 중, 하의 3위치에서 채액하는 것이 바람직하다) 눈으로 판정한다. 현저한 침전이나 분리 현상이

없으면 양호한 것으로 판정하나 판정이 곤란한 경우는 전문 기관에 의뢰하여 판정한다. 소화약제의 양은 액면계 등에 의해 확인한다.

2) 종합 정밀 점검

종합 정밀 점검 항목은 약제의 양, 변질 및 오염 여부, 발포 배율, 농도(혼합률)이며 발포 배율과 농도(혼합률)는 "5-7 포의 물리적 성질 측정"에서 설명한 방법으로 측정한다.

농도(희석 용량 농도)는 주로 굴절계(당도계라고도 함)를 이용하여 측정하나 비색계나 전기 저항 측정 장치를 이용하기도 한다. 이와 같은 측정 방법은 용액의 농도에 따라 빛의 굴절률, 색조, 전기 저항이 달라지는 것을 이용한 것으로 측정치는 표준액의 수치와 비교한다.

CHAPTER 06

이산화탄소 소화약제

CHAPTER

06 이산화탄소 소화약제

6.1 개 요

이산화탄소는 탄소의 최종 산화물로 더 이상 연소 반응을 일으키지 않기 때문에 질소, 수증기, 아르곤, 할론 등의 불활성 기체와 함께 가스계 소화약제로 널리 이용되고 있다.

이산화탄소는 유기물의 연소에 의해 생기는 가스로 공기보다 약 1.5배 정도 무거운 기체이다. 상온에서는 기체이지만 압력을 가하면 액화되기 때문에 고압 가스 용기 속에 액화시켜 보관한다.

방출 시에는 배관 내를 액상으로 흐르지만 분사 헤드에서는 기화되어 분사된다. 가장 큰 소화 효과는 질식 효과이며 약간의 냉각 효과도 있다.

이산화탄소는 사용 후에 오염의 영향이 거의 없다는 큰 장점이 있다. 보통 유류화재(B급 화재), 전기화재(C급 화재)에 주로 사용되며 밀폐된 실내에서 방출되는 경우는 일반화재(A급 화재)에도 사용이 가능하다.

또한 액체 이산화탄소는 자체 증기압이 21 ℃에서 57.8 $kg/cm^2 \cdot G$(−18 ℃에서 20.4 $kg/cm^2 \cdot G$) 정도로 매우 높기 때문에 다른 가압원의 도움 없이 자체 압력으로도 방사가 가능하다.

6.2 일반적 성질

① 무색, 무취이며 전기적으로 비전도성이고 공기보다 1.5배 정도 무거운 기체이다.

② 공기 중에 약 0.03 vol % 존재하며 동・식물의 호흡 및 유기물의 연소에 의해서도 발생되고 천연 가스, 광천수 등에도 함유되어 있다.

③ 이산화탄소의 물성은 표 6.1과 같다.

표 6.1 이산화탄소의 물성

명 칭	물성치	명 칭	물성치
증기비중	1.529 (공기=1)	열전도도 (20 ℃)	3.60×10^{-5}cal/cm·s·℃
기체밀도 (0 ℃, 1 atm)	1.976 g/L	굴절률	1.000449
승화점 (1 atm)	−78.50 ℃	정압비열(C_p) (0 ℃, 1 atm)	0.199 cal/g·℃
임계 온도 (T_c)	31.35 ℃	정적비열(C_v) (0 ℃, 1 atm)	0.153 cal/g·℃
임계 압력 (P_c)	72.9 kg/cm^2	증발잠열 (0 ℃, 35.54 kg/cm^2)	56.13 cal/g
삼중점	5.1 kg/cm^2, −56.7 ℃	액체밀도 (0 ℃, 50 kg/cm^2)	1.066 g/cc

6.3 열역학적 성질

이산화탄소의 압력(P)과 온도(T) 사이의 상태도는 그림 6.1과 같다.

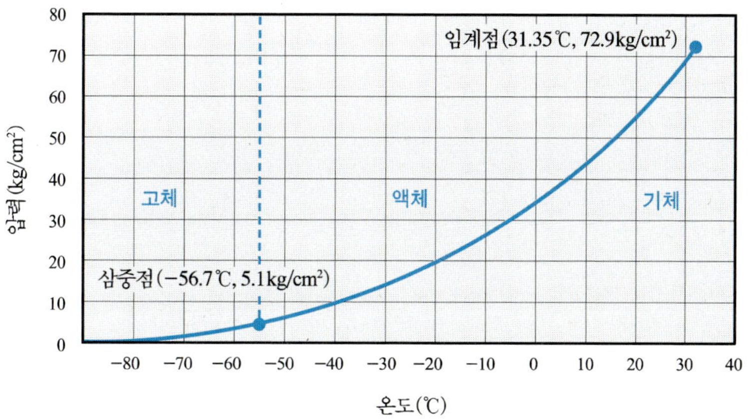

그림 6.1 이산화탄소의 P–T 상태도

이산화탄소는 상온, 상압에서는 기체 상태로 존재한다.

임계 온도는 31.35 ℃, 임계 압력은 72.9 kg/cm2(7.38 MPa)로 상온에서 고압으로 용기에 저장하면 액화되어 액체 상태로 존재한다.

임계점에서는 액체와 증기가 동일한 밀도를 갖게 되며 임계 온도 이상에서는 기상으로만 존재하기 때문에 임계 온도는 이산화탄소가 액체로 존재할 수 있는 가장 높은 온도이다. 또한 기체, 액체, 고체(dry ice)가 동시에 존재하는 삼중점(triple point)은 5.1 kg/cm^2(0.5 MPa), −56.7 ℃이다. 따라서 5.1 kg/cm^2 이하의 압력에서는 액체 상태로 존재할 수 없고 온도에 따라 기체 또는 고체 상태로 존재한다.

고압 용기 속의 액체 이산화탄소는 방출되면 용기 내의 증기압이 감소되고 액체의 일부가 증발하면서 단열 팽창 효과에 의해 잔존 액체는 점점 더 냉각된다. 이어서 잔존 액체가 삼중점에 이르게 되면 이산화탄소는 드라이아이스로 변하게 된다.

드라이아이스는 압력을 저하시켜 대기압에까지 이르게 하면 −79 ℃까지 냉각된다. 따라서 고압의 액체 이산화탄소를 노즐을 통해 대기 중에 방출하면 액체의 상당 부분은 즉각적으로 증기 상태로 변하지만 일부는 −79 ℃ 정도의 극히 미소한 드라이아이스 입자로 변하여 주위 공간에 하얀 운무의 모습을 띠게 된다. 이와 같이 저온의 드라이아이스 입자가 공기 중에 떠다니면 공기 중의 수증기를 냉각시켜 하얀 운무 현상이 더욱 두드러지게 나타난다.

이산화탄소는 임계 온도가 31.35 ℃로 상온에 가깝기 때문에 하절기의 경우 용기의 온도가 임계점을 넘으면 용기 내의 압력이 급격히 상승되어 위험하므로 충전비를 크게(1.5 L/kg) 하여 안전성을 높여 주어야 한다. 또한 액체 이산화탄소는 압축가스와 달리 기화 팽창률이 커서 이들이 대기 중에 방출되면 큰 체적의 기체 이산화탄소(액상 체적의 약 500배 정도 팽창)로 변하게 된다.

예제 6.1

액체 이산화탄소 1 kg이 1 atm, 15 ℃의 대기 중에 방출되면 몇 L의 가스로 변하겠는가?

풀이 $PV = nRT = \frac{w}{M}RT \qquad V = \frac{w}{PM}RT$

[데이터]

- P = 1 atm
- T = 15 ℃ = (273 + 15) K = 288 K

- $M = 44$ g/mole
- $w = 1$ kg $= 1000$ g
- $R = 0.082$ L · atm/mole · K

$$V = \frac{1000\ \text{g}}{1\ \text{atm} \times 44\ \text{g/mole}} \times 0.082\ \text{L} \cdot \text{atm/mole} \cdot \text{K} \times 288\ \text{K} = 536.7\ \text{L}$$

위의 데이터에서 $w = 995$ g(CO_2의 순도를 99.5 %로 하는 경우)으로 하여 계산하면 V = 534 L가 된다.

6.4 소화 효과

1. 질식 효과

이산화탄소의 가장 큰 소화 효과는 질식 효과이다. 질식 효과는 앞에 설명한 것처럼 대기 중의 산소 농도가 일정 농도 이하로 떨어지면 소화되는 효과로 소화에 필요한 이산화탄소의 농도는 가연물의 종류에 따라 달라진다(표 6.2 참고).

일반적으로 소화를 위한 이산화탄소의 농도는 대개 34 vol % 이상으로 설계한다.

2. 냉각 효과

냉각 효과는 유류탱크 화재처럼 불타는 물질에 직접 방출하는 경우에 가장 효과적이다. 산소 농도 저하에 따른 질식 효과가 사라진 후에도 냉각된 액체(유류)는 연소에 필요한 가연성 기체를 증발시키지 못하기 때문에 재연소를 방지할 수 있다. 특히 방출되는 이산화탄소에 미세한 드라이아이스 입자가 존재하는 경우에는 냉각 효과가 한층 더 커지게 된다.

6.5 소화 농도

이산화탄소의 주된 소화 효과는 산소 농도 저하에 의한 질식 효과이다. 소화에 필요한 이산화탄소의 농도는 가연성 기체와 액체는 종류에 따라 표 6.2와 같이 나타낼 수 있다. 그러나 가연성 고체에 대한 소화 농도는 복사와 대류에 의한 열손실 속도가 가연물의 물리적 상태에 따라 크게 변하기 때문에 가연성 기체나 액체와 같이 나타내기는 어렵다.

최소 설계 농도(minimum design CO_2 concentration)는 이론적으로 구한 최소 소화 농도(theoretical minimum CO_2 concentration)에 일정량의 여유분(표 6.2에서는 최소 소화 농도의 20 %)을 더한 값이다.

이산화탄소의 최소 설계 농도는 보통 34 vol % 이상으로 설계하기 때문에 위와 같이 구한 최소 설계 농도가 34 vol % 이하일 때에도 34 vol % 로 설계해야 한다.

이론적인 최소 소화 농도는 보통 실험이나 공인된 자료 등을 통하여 구하지만 소화에 필요한 산소의 농도를 알 수 있는 경우는 다음 공식으로부터 계산에 의해서 구할 수 있다.

$$\%CO_2 = \frac{(21 - \%O_2)}{21} \times 100$$

공기 중에는 산소가 21 vol % 존재하지만 이것이 희석되어 농도가 개략적으로 15 vol % 이하가 되면 연소는 중단된다(가연 물질에 따라 산소 농도가 15 vol % 이하가 되어도 소화되지 않는 경우도 있음). 이산화탄소의 최소 설계 농도를 34 vol %로 하는 경우 산소의 농도를 위 식으로부터 구해 보면 약 14 vol %가 된다.

표 6.2 가연 물질에 따른 CO_2의 최소 소화 농도와 최소 설계 농도

물 질 명	최소 소화 농도 (vol %)	최소 설계 농도 (vol %)
Acetylene	55	66
Acetone	27	34
Benzol, Benzene	31	37
Butadiene	34	41
Butane	28	34
Carbon Disulfide	60	72
Carbon Monoxide	53	64
Coal or Natural gas	31	37
Cyclopropane	31	37
Diethyl Ether	33	40
Dimethyl Ether	33	40
Ethane	33	40
Ethyl Alcohol	36	43
Ethyl Ether	38	46
Ethylene	41	49
Ethylene Dichloride	21	34
Ethylene Oxide	44	53
Gasoline	28	34
Hexane	29	35
Hydrogen	62	75
Hydrogen Sulfide	30	36
Isobutane	30	36
Isobutylene	26	34
Isobutyl Formate	26	34
JP-4	30	36
Kerosene	28	34
Methane	25	34
Methyl Acetate	29	35
Methyl Alcohol	33	40
Methyl Ethyl Ketone	33	40
Methyl Formate	32	39
Pentane	29	35
Propane	30	36
Propylene	30	36

예제 6.2

화재 시 CO_2를 방출하여 산소의 농도를 12 vol %로 낮추어 소화하려면 공기 중의 CO_2 농도는 얼마가 되어야 하는가?

풀이

$$\%CO_2 = \frac{(21 - \%O_2)}{21} \times 100$$을 이용

$$\%CO_2 = \frac{(21 - 12)}{21} \times 100 = 42.86 \ [vol\%]$$

즉, CO_2 의 농도가 42.86 vol %가 되어야 산소의 농도는 12 vol % 로 떨어진다.

6.6 소화약제로 사용되는 이산화탄소

소화약제로 사용되는 이산화탄소는 액화 이산화탄소 제2종과 제3종을 말하며 이들의 순도 및 특성은 표 6.3과 같다.

표 6.3 이산화탄소의 순도 및 특성

종별	CO_2 순도 (vol %)	수분 (wt %)	특성
1 종	99.0 이상	–	무색, 무취
2 종	99.5 이상	0.05 이하	무색, 무취
3 종	99.5 이상	0.005 이하	무색, 무취

6.7 적응 화재

이산화탄소는 연소물 주변의 산소 농도를 저하시켜서 소화하기 때문에 자체적으로 산소를 가지고 있거나, 연소 시에 공기 중의 산소를 필요로 하지 않는 가연물 이외에는 전부 사용할 수 있다.

따라서 일반화재(A급 화재), 유류화재(B급 화재), 전기화재(C급 화재)(이산화탄소는 전기절연성)에 모두 적응이 가능하나 주로 B, C급 화재에 사용되고 A급은 밀폐된 경우에 유효하

다. 밀폐되지 않은 경우에는 이산화탄소가 쉽게 분산되고 가연물에 침투되기가 어렵기 때문에 효과가 아주 미약하다. 따라서 이산화탄소는 표면 화재에는 우수한 효과를 나타내나 심부 화재에 사용하는 경우에는 재발화의 위험성이 있다. 그러므로 심부 화재의 경우에는 고농도의 이산화탄소를 방출시켜 소요 농도의 분위기를 비교적 장시간 유지시켜 줌으로써 일차적인 소화는 물론 재발화의 가능성도 제거해 줄 필요가 있다.

이산화탄소는 사용 후 소화제에 의한 오손이 없기 때문에 통신 기기실, 전산 기기실, 변전실 등의 전기 설비, 물에 의한 오손이 걱정되는 도서관이나 미술관, 소화 활동이 곤란한 선박 등에 유용하다. 그리고 주차장 등에도 사용되나 인명에 대한 위험 때문에 무인의 기계식 주차탑 이외에는 사용하지 않는 것이 바람직하다. 이외에도 제4류 위험물, 특수 가연물 등에도 사용된다.

6.8 사용 제한

이산화탄소 소화약제는 ① 소화 후 소화약제에 의한 오손이 없고, ② 한냉지에서도 동결될 염려가 없고, ③ 전기 절연성이고, ④ 장시간 저장해도 변화가 없고, ⑤ 자체 압력으로 방출되기 때문에 방출용 동력이 필요하지 않는 등의 장점 때문에 오래 전부터 사용되어져 왔으나 다음과 같은 경우에는 사용을 제한하고 있다.

① 제 5 류 위험물(자기 반응성 물질)과 같이 자체적으로 산소를 가지고 있는 물질
② CO_2를 분해시키는 반응성이 큰 금속(Na, K, Mg, Ti, Zr 등)과 금속의 수소화물(LiH, NaH, CaH_2)
③ 방출 시 인명 피해가 우려되는 밀폐된 지역

6.9 독 성

이산화탄소는 자체의 유독성은 매우 적으나 다량 발생 시 공기 중의 산소량을 저하시켜 질식의 위험이 있다.

이산화탄소가 인체에 미치는 영향은 표 6.4와 같다.

전역 방출 방식으로 CO_2 소화설비를 작동시킬 경우 실내의 CO_2 농도는 약 1분 후에 20 %(공기 중에 이산화탄소의 농도가 20 vol %이면 산소의 농도는 16.8 vol %로 떨어짐)를 초과하여 치사량에 도달한다. 따라서 방출 전에 음향경보 등에 의한 피난 경보를 발하여 인원을 피난시키고 또 방출과 동시에 출입 금지의 표시를 하여야 한다. 소화 후에도 환기 장치를 이용하여 이산화탄소를 외부로 방출시켜야 한다.

표 6.4 이산화탄소가 인체에 미치는 영향

CO_2의 농도 (vol %)	증상	처치
1.0(20.79)*	공중 위생상의 허용 농도	무해
2.0(20.58)	수 시간의 흡입으로도 큰 증상은 없다. 불쾌감이 있다.	무해
3.0(20.37)	호흡수가 늘어나고 호흡이 깊어진다.	장시간 흡입하는 것은 바람직하지 않다. 환기를 필요로 한다.
4.0(20.16)	눈, 목의 점막에 자극이 있다. 두통, 귀울림, 어지러움, 혈압 상승 등이 일어난다.	빨리 신선한 공기를 호흡할 것
6.0(19.74)	호흡수가 현저히 증가한다.	빨리 신선한 공기를 호흡할 것
8.0(19.32)	호흡이 곤란해진다.	빨리 신선한 공기를 호흡할 것
10.0(18.90)	시력 장애, 몸이 떨리며 2 ~ 3분 이내에 의식을 잃으며 그대로 방치하면 사망한다.	30 분 이내에 인공 호흡, 의사의 조치 필요
20.0(16.80)	중추 신경이 마비되어 사망한다.	즉시 인공 호흡, 의사의 조치 필요

* ( ) 안의 숫자는 공기 중의 산소의 농도(vol %)를 나타냄

이산화탄소의 경우 독성을 나타내는 수치의 하나인 TLV(Threshold Limit Value, 평균적인 성인 남자가 매일 8시간씩 주 5일을 연속해서 이 농도의 가스(증기)를 함유하고 있는 공기 중에서 작업을 해도 건강에는 영향이 없다고 생각되는 한계 농도)는 5,000 ppm으로 일산화탄소의 50 ppm, 시안화수소의 10 ppm, 포스겐의 0.1 ppm에 비하면 상대적으로 덜 유독한 기체임을 알 수 있다.

6.10 저 장

이산화탄소는 고압 가스 용기에 액상으로 저장되는 고압 가스[1]로 저장 방식은 충전비(저장용기의 체적과 소화약제 중량과의 비율로 1 kg의 소화약제를 충전하는 데 필요한 용기 등의 내용적을 의미한다. 단위는 L/kg 이다)에 따라 고압식과 저압식으로 나누어진다.

1. 저장 방식

1) 고압식

액체 이산화탄소를 상온에서 저장용기에 저장하여 소화설비에 사용하는 방식을 말한다.

① 저장용기의 충전비는 1.5 이상 1.9 이하로 내용적이 68 L인 저장용기(직경 27 cm, 높이 약 160 cm)에 충전할 경우 충전할 수 있는 이산화탄소의 양은 35.8 kg 이상 45 kg 이하이다.

② 저장용기 내의 압력은 설치 장소의 온도에 따라 변한다.
그림 6.2로부터 알 수 있듯이 압력은 온도가 상승하면 높아지나 그 정도는 충전비에 따라 다르다. 충전비가 1.5인 경우 15 ℃에서 약 53 kg/cm^{2}의 압력을 나타낸다.

③ 저장용기는 25 MPa 이상의 내압 시험에 합격한 것이어야 한다.

---

1. 고압 가스 : 고압가스란 압축 등에 의하여 대기압 이상의 일정압력을 가지고 용기 등에 담겨 있는가스로서 「고압가스 안전관리법」에 의하면 다음과 같이 압축가스, 액화가스 등으로 분류된다.
   ① 압축 가스 : 일정한 압력에 의하여 압축되어 있는 가스로 상용(常用)의 온도에서 압력(게이지압력을 말한다. 이하 같다)이 1 MPa 이상이 되는 압축가스로서 실제로 그 압력이 1 MPa 이상이 되는 것 또는 35 ℃의 온도에서 압력이 1 MPa 이상이 되는 압축가스(아세틸렌가스는 제외한다)를 말한다.
   ② 15 ℃의 온도에서 압력이 0 Pa을 초과하는 아세틸렌가스
   ③ 액화 가스 : 상용의 온도에서 압력이 0.2 MPa 이상이 되는 액화가스로서 실제로 그 압력이 0.2 MPa 이상이 되는 것 또는 압력이 0.2 MPa이 되는 경우의 온도가 35 ℃ 이하인 액화가스로 이산화탄소, LP가스, 암모니아 등이 여기에 속한다.
   ④ 35 ℃의 온도에서 압력이 0 Pa을 초과하는 액화가스 중 액화시안화수소・액화브롬화메탄 및 액화산화에틸렌가스
   이상에 의하면 압축가스는 1 MPa 이상, 액화 가스는 0.2 MPa 이상의 압력이 되면 고압가스 안전관리법상 고압가스에 해당되기 때문에 반드시 규정된 고압 가스 용기에 보관해야 한다. 액화 이산화탄소는 상온에서 0.2 MPa 이상의 압력이 되기 때문에 반드시 고압가스 용기에 보관해야 한다.

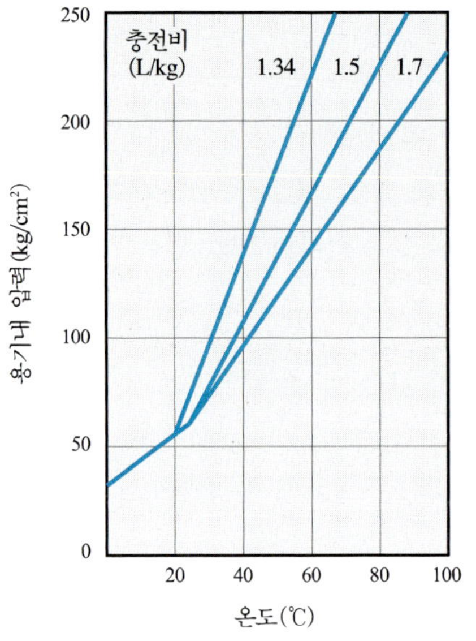

그림 6.2 이산화탄소 용기 내의 충전비에 따른 온도 – 압력 관계

2) 저압식

저압식은 액체 이산화탄소를 자동 냉동기가 장착된 단열 구조의 저장용기에 저장해서 사용하는 방식을 말한다.

일반적으로 거의 대부분이 고압식을 사용하나 특별히 일정한 내용적에 다량의 액화 가스를 충전할 필요가 있을 경우는 저압식이 유리하다. 설치는 다음 각 호의 기준에 따라야 한다.

① 저장용기의 충전비는 1.1 이상 1.4 이하이다.

② 저장용기는 3.5 MPa 이상의 내압 시험에 합격한 것이어야 한다.

③ 저장용기에는 내압 시험 압력의 0.64 ~ 0.8배의 압력에서 작동하는 안전 밸브와 내압 시험 압력의 0.8배부터 내압 시험 압력에서 작동하는 봉판(파열판)을 설치해야 한다.

④ 저장용기에는 액면계 및 압력계와 2.3 MPa 이상 1.9 MPa 이하의 압력에서 작동하는 압력경보 장치를 설치한다.

⑤ 저장용기에는 용기의 내부 온도가 −18 ℃ 이하에서 2.1 MPa 압력을 유지할 수 있는 자동 냉동 장치를 설치해야 한다.

2. 용기의 설치 장소

① 방호구역 외의 장소에 설치할 것. 다만, 방호구역 내에 설치할 경우에는 피난 및 조작이 용이하도록 피난구 부근에 설치하여야 한다.

② 온도가 40 ℃ 이하이고 온도 변화가 작은 곳에 설치할 것

③ 직사 광선 및 빗물이 침투할 우려가 없는 곳에 설치할 것

④ 방화문으로 구획된 실에 설치할 것

⑤ 용기의 설치 장소에는 당해 용기가 설치된 곳임을 표시하는 표지를 할 것

⑥ 용기간의 간격은 점검에 지장이 없도록 3 cm 이상의 간격을 유지할 것

⑦ 저장용기와 집합관을 연결하는 연결배관에는 체크밸브를 설치할 것. 다만, 저장용기가 하나의 방호구역만을 담당하는 경우에는 그렇지 않다.

6.11 방출 방식

이산화탄소 소화설비는 그 방출 방식에 따라 전역 방출 방식, 국소 방출 방식, 호스릴 방식의 3가지로 나누어진다.

1. 전역 방출 방식

고정식 이산화탄소 공급장치에 배관 및 분사헤드를 고정 설치하여 밀폐 방호구역 내에 이산화탄소를 방출하는 설비를 말한다.

불연성의 벽, 천장, 마루 등으로 둘러싸여 밀폐되어 있거나 또는 그와 비슷한 상태인 구역 전역에 가스를 방출하여 소화하는 방식이다.

2. 국소 방출 방식

고정식 이산화탄소 공급장치에 배관 및 분사헤드를 설치하여 직접 화점에 이산화탄소를 방출하는 설비로 화재발생부분에만 집중적으로 소화약제를 방출하도록 설치하는 방식을 말한다.

화재 시 방호대상물 주위에 고정 설치된 배관, 분사 헤드에서 저장된 규정량의 이산화탄

소 가스를 국소 연소 부분에 직접 분사해서 효과적으로 연소 부분을 덮어 산소의 공급을 차단하여 소화하는 방식이다.

이 방식은 방호대상물에 큰 개구부가 설치되어 있어서 소화약제 방출 시 이의 폐쇄가 불가능하거나, 방호대상물이 너무 커서 전역 방출 방식으로는 방대한 소화약제가 필요하거나, 가스 방출 시 인명 피해의 우려가 있는 경우에 채용되는 방식이다.

3. 호스릴 방식(이동식)

분사헤드가 배관에 고정되어 있지 않고 소화약제 저장용기에 호스를 연결하여 사람이 직접 화점에 소화약제를 방출하는 이동식 소화설비를 말한다.

이동식은 릴에 감겨 있는 호스의 선단에 방출관을 부착하여 호스를 따라 이산화탄소를 수동으로 직접 연소 부분에 분사하여 소화를 하는 방식으로 원리는 국소 방출 방식과 같다.

호스릴 방식은 이동식으로서 조작하는 사람이 화점에 접근하여 소화해야 하기 때문에 그 설치 장소가 한정되어 있다. 일반적으로 소규모의 위험물 취급 장소, 주차장 등에 설치된다.

6.12 방출 시간

이산화탄소 소화설비는 소화약제를 단시간 내에 방출한다. 보통 표면 화재는 1분 이내, 심부 화재는 약간 천천히 방출한다. 노즐로부터 고압 가스가 분사되기 때문에 가스압에 의해 연소물(특히, 기름 등)이 비산되지 않도록 주의해야 한다. 방출 방식에 따른 방출 시간의 제한은 다음과 같다.

1. 전역 방출 방식

이산화탄소 소요량은 표 6.5의 기준에 의한 시간 이내에 방사할 것

표 6.5 전역 방출 방식의 CO_2 방출 시간

소방 대상물 또는 그 부분	방출 시간의 제한
가연성 액체 또는 가연성 가스 등 표면 화재의 방호대상물	1분 이내
종이, 목재, 석탄, 석유류, 합성 수지류 등 심부 화재의 방호대상물	7분 이내*

* 이 경우 2분 이내에 설계 농도의 30 %에 도달해야 한다.

2. 국소 방출 방식

소화약제의 소요량은 30초 이내에 방사할 것

6.13 저장량

이산화탄소 소화약제의 저장량은 다음 각 호의 기준에 따른 양으로 한다. 이 경우 동일한 소방대상물 또는 그 부분에 둘 이상의 방호구역이나 방호대상물이 있는 경우에는 각 방호구역 또는 방호대상물에 대하여 다음 각 호의 기준에 의하여 산출한 저장량 중 최대의 것으로 할 수 있다.

1. 전역 방출 방식(가연성 액체 또는 가연성 가스 등 표면 화재 방호대상물)

① 방호구역의 체적(불연 재료나 내열성의 재료로 밀폐된 구조물이 있는 경우에는 그 체적을 감한 체적) 1 m^3에 대하여 표 6.6에 의한 양으로 한다. 다만 표 6.6에 의하여 산출한 양이 동 표에 의한 저장량의 최저한도 미만일 경우에는 그 최저 한도의 양으로 한다.

표 6.6 전역 방출 방식(가연성 액체 또는 가연성 가스 등 표면 화재 방호대상물)의 저장량

방호구역의 체적	방호구역의 체적 1 m^3에 대한 소화약제의 양	소화약제 저장량의 최저 한도의 양
45 m^3 미만	1.00 kg	45 kg
45 m^3 이상 150 m^3 미만	0.90 kg	
150 m^3 이상 1,450 m^3 미만	0.80 kg	135 kg
1,450 m^3 이상	0.75 kg	1,125 kg

② 별표 6의 2 [2]에 의한 설계 농도가 34 vol % 이상인 방호대상물의 소화약제량은 표 6.6의 기준에 의하여 산출한 기본 소화약제량에 그림 6.3에 의한 보정 계수를 곱하여 산출한다.

③ 방호구역의 개구부에 자동폐쇄장치를 설치하지 아니한 경우에는 ①목 및 ②목의 기준에 의하여 산출한 양에 개구부 면적 1 m^2 당 5 kg을 가산하여야 한다. 이 경우 개구부의 면적은 방호구역 전체 표면적의 3 % 이하로 하여야 한다.

---

2. 별표 6의 2

가연성 액체 또는 가연성 가스의 소화에 필요한 설계 농도

방호대상물	설계 농도(vol %)
수소(Hydrogen)	75
아세틸렌(Acetylene)	66
이황화탄소(Carbon disulphide)	66
일산화탄소(Carbon monoxide)	64
산화에틸렌(Ethylene oxide)	53
에틸렌(Ethylene)	49
에틸에테르(Ethyl ether)	46
에틸알코올(Ethyl alcohol)	43
부타디엔(Butadine)	41
에탄(Ethane)	40
벤젠(Benzene)	37
석탄가스, 천연가스(Coal, Natural gas)	37
시클로프로판(Cyclopropane)	37
이소부탄(Isobutane)	36
프로판(Propane)	36
프로필렌(Propylene)	36
헥산(Hexane)	35
펜탄(Pentane)	35
부탄(Butane)	34
가솔린(Gasoline)	34
석유(Kerosene)	34
소입유, 윤활유(Quenching oil, Lube oil)	34
메탄(Methane)	34

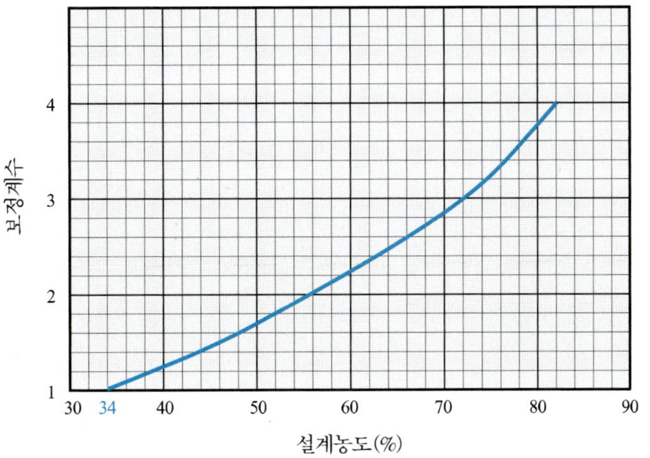

그림 6.3 이산화탄소의 설계 농도에 따른 보정 계수

2. 전역 방출 방식(종이, 목재, 석탄, 섬유류, 합성 수지 등 심부 화재 방호대상물)

① 방호구역의 체적(불연 재료나 내열성의 재료로 밀폐된 구조물이 있는 경우에는 그 체적을 감한 체적) 1 m^3에 대하여 표 6.7에 의한 양 이상으로 하여야 한다.

표 6.7 전역 방출 방식(종이, 목재, 석탄, 섬유류, 합성 수지 등 심부 화재 방호대상물)의 저장량

방호대상물	방호구역의 체적 1 m^3에 대한 소화약제의 양	설계 농도 (vol %)
유압 기기를 제외한 전기 설비, 케이블실	1.3 kg	50
체적 55 m^3 미만의 전기 설비	1.6 kg	50
서고, 전자 제품 창고, 목재 가공품 창고, 박물관	2.0 kg	65
고무류, 면화류 창고, 모피 창고, 석탄 창고, 집진 설비	2.7 kg	75

② 방호구역의 개구부에 자동 폐쇄 장치를 설치하지 아니한 경우 ① 목의 기준에 의하여 산출한 양에 개구부 면적 1 m^2당 10 kg을 가산해야 한다. 이 경우 개구부의 면적은 방호구역 전체 표면적의 3% 이하로 한다.

3. 국소 방출 방식

다음의 기준에 의하여 산출한 양에 고압식의 것에 있어서는 1.4, 저압식의 것에 있어서는 1.1을 각각 곱하여 얻은 양 이상으로 할 것

① 윗면이 개방된 용기에 저장하는 경우와 화재 시 연소면이 한정되고 가연물이 비산할 우려가 없는 경우에는 방호대상물의 표면적 1 m^2에 대하여 13 kg

② ①목 외의 경우에는 방호공간[3]의 체적 1 m^3에 대하여 다음의 식에 의하여 산출한 양

$$Q = 8 - 6\frac{a}{A}$$

Q : 방호공간 1 m^3에 대한 이산화탄소 소화약제의 양 (kg/m^3)

a : 빙호대상물 주위에 설치된 벽의 면적의 합계 (m^2)

A : 방호공간의 벽면적(벽이 없는 경우에는 벽이 있는 것으로 가정한 당해 부분의 면적)의 합계 (m^2)

---

3. 방호공간

국소 방출 방식에서 입면(立面)화재의 경우는 약제를 방사하는 체적이 방호대상물 자체의 체적이 아니라 방호공간의 체적으로 적용하여야 한다. 방호공간이란 입면화재에서 아래 그림과 같이 방호하고자 하는 방호대상물의 각 변에서 0.6 m를 연장하여 둘러싸인 부분의 공간을 말한다. 이는 구획을 하지 않는 국소 방출 방식의 특성상 여유율을 감안하여 방호대상물 보다 0.6 m의 여유가 있는 여유공간의 체적에다 필요한 약제를 방사하고 일부 약제가 주변으로 비산되어도 유효하게 소화를 하기 위한 것이다.

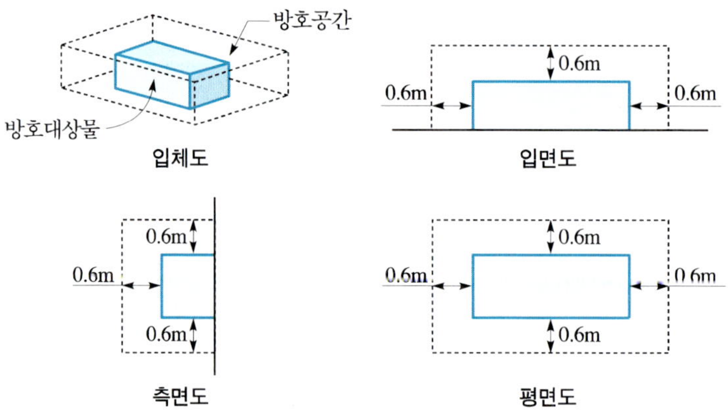

위와 같이 장치물 주변에 여유 공간을 만든 후 이러한 가상의 여유공간 체적에 약제량을 방사하도록 하는 가상의 여유공간을 방호공간(Assumed enclosure)이라 한다. 방호공간의 경우 바닥은 밀폐된 것을 원칙으로 하며 별도의 규정이 없는 한 바닥으로는 0.6 m 연장을 적용하여서는 안된다. 또한 0.6 m 이내 부분에 기둥이나 칸막이가 있어 더 이상 연장할 수 없는 상황이라면 해당부분까지만 연장하여야 한다.

4. 호스릴 방식(이동식)

호스릴 이산화탄소 소화설비에 있어서는 하나의 노즐에 대하여 90 kg 이상으로 할 것

6.14 취급상의 주의 및 점검

1. 주 의

이산화탄소는 호흡 중이나 유기물의 연소에 의해 생성되고 대기 중에도 일정량 존재한다. 낮은 농도에서는 인체에 해가 없고 오히려 어느 정도의 이산화탄소가 존재하는 것은 호흡 운동을 촉진시킨다. 그러나 소화약제로 사용되는 경우는 보통 30 vol % 이상의 고농도를 유지해야 하기 때문에 질식의 위험이 있어 주위의 환경을 충분히 검토해야 한다.

이산화탄소는 밀폐실의 전역 방출 방식에서 소화약제로서의 높은 효력을 발휘하기 때문에 원칙적으로 불특정인이 거주하는 지역에서는 질식의 위험이 있기 때문에 사용을 가급적 피하는 것이 좋다.

일반적인 적응화재는 어디까지나 소화의 유효성만을 고려하여 정한 것이기 때문에 인명에 대한 위험이 예상되는 장소에는 다른 소화설비를 설치하는 것이 바람직하다. 다른 소화설비로 대체할 수 없는 경우에는 경보 장치 등 안전 대책에 만전을 기해야 한다.

2. 점 검

이산화탄소 소화설비도 다른 소화설비와 마찬가지로 연 1회 이상의 작동 기능 점검과 규모에 따라 연 1회 이상의 종합 정밀 점검을 받아야 한다.

이산화탄소 소화약제는 변질되지 않기 때문에 작동 기능 점검은 약제의 누출에 의한 감량 유무 확인(소화약제량 확인)이 중요하며 종합 정밀 점검은 저울이나 액화 가스 레벨 메타 등을 이용하여 약제 저장량을 점검한다.

1) 작동 기능 점검(소화약제량)

(1) 고압식

① 간평식 측정기에 의한 방법(그림 6.4 참고)

㉠ 용기 밸브에 설치되어 있는 용기 밸브 개방 장치, 연결관, 조작관 및 용기누름 등을 떼어 낸다.

㉡ 측정기 지지부의 고리를 용기 지지구의 행거에 부착한 다음 측정기 선단의 고리를 용기 밸브에 확실하게 부착시킨다.

㉢ 측정기의 손잡이를 쥐고 천천히 끌어내려 측정기의 막대가 수평이 되었을 때의 중량을 측정한다.

㉣ 약제량은 측정한 중량에서 용기 밸브 및 용기의 중량을 뺀 값이다.

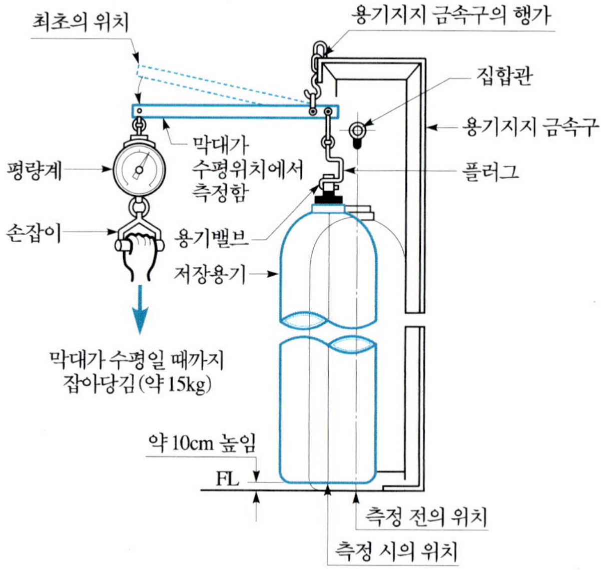

그림 6.4 이산화탄소 저장용기(고압식)의 약제량 측정 방법(간평식)

② 액화 가스 레벨 메타(액면계)에 의한 방법

㉠ 액면계의 전원 스위치를 넣고 전압을 측정한다.

㉡ 용기는 통상의 상태 그대로 하고 액면계 프로브(probe)와 방사 선원(코발트 60) 사이에 용기를 끼워 넣듯이 삽입한다.

㉢ 액면계 검출부를 천천히 위 아래로 움직여서 메타 지침의 흔들림이 아주 다른 위치를 발견하여 그 위치가 용기의 바닥에서 얼마만큼의 높이인가를 측정한다.

㉣ 액면의 높이와 약제량과의 관계는 전용의 환산척을 이용한다.

이상과 같이 약제량을 측정한 결과가 중량표, 도면, 시방서 등과 비교하여 그 차이가 10 % 이내에 들어야 한다.

(2) **저압식**

저압식에는 액면계가 부착되어 있으므로 액면계를 보고 규정량의 약제가 충전되어 있는가를 확인한다.

2) 종합 정밀 점검 (방사 시험)

(1) **전역 방출 방식과 국소 방출 방식**

비상 전원으로 절환된 상태에서 다음에 의해 점검을 행할 것. 또한 방사 구획이 2 이상인 경우는 점검 때마다 동일 구획의 반복 점검이 아니라 방사 구획을 순차 변경하여 점검을 할 것

① 고압식

방사에 사용되는 약제량은 점검을 행하는 방사 구획의 필요 저장용기 본 수의 10 % (소숫점 이하는 반올림) 이상으로 기존에 설치되어 있는 저장용기를 사용하여 다음과 같이 점검한다.

㉠ 제어반 등의 설비 전원을 필히 일시적으로 차단할 것

㉡ 방사에 사용하는 저장용기에 용기 밸브 개방 장치 및 조작관을 접속할 것

㉢ 방사 저장용기 이외의 것은 연결관을 떼어 내고 집합관부를 캡 등으로 밀폐하든지 또는 용기 밸브 개방 장치를 떼어 내어 용기 밸브를 플러그로 밀폐할 것

㉣ 조작관에서는 방사용 이외의 부분을 밀폐할 것

㉤ 저장용기부 이외에는 통상의 설비 상태로 되어 있는지 여부를 확인할 것

㉥ 기동 조작은 수동식은 수동으로, 자동식은 자동으로 하여 방사 상황의 정상 여부를 확인할 것

㉦ 점검 종료 후에는 확실히 본래의 상태대로 환원시킬 것

② 저압식

저장용기의 방출 밸브 또는 스톱 밸브 및 선택 밸브를 수동으로 조작하여 방사 약제

량을 액면계로 확인하고 방호 구획 또는 방호대상물에 방사하여 방사 계통을 확인, 가스압 작동의 자동 폐쇄 장치 및 방출 표시 등의 작동 상황을 확인할 것

(2) 이동식

① 소화약제 방사용 유닛 5 개 이내마다 임의의 유닛에서 저장용기 1개로 방사할 것

② 방사에 사용하는 저장용기는 평상시대로 하고 다른 용기는 용기 밸브를 막는 등의 조치를 할 것

③ 수동으로 조작하여 호스를 끌어 내고 방사 상황의 정상 여부를 확인할 것

④ 점검 후에는 원래의 상태대로 확실히 환원시킬 것

주 점검 시의 준비 사항

① 점검 후 소화약제 재충전 기간의 대체용 저장용기를 방사 저장용기와 같은 사양의 것으로 같은 수만큼 준비할 것

② 기동용 가스 용기를 사용하는 설비에 있어서는 위와 같은 양의 가스 용기를 준비할 것

③ 집합관부 또는 용기 밸브 및 조작관부의 밀폐용 캡 또는 플러그를 필요 수량 준비할 것

주 점검 시의 유의 사항

① 점검 종료 후 점검 시 사용했던 저장용기는 대체 용기로 교체하고 재충전할 것. 이 경우 당해 설비의 저장용기 검사(또는 재검사)를 받은 후 3년 이상 경과된 경우에는 용기의 재검사를 받고 검사에 합격한 것에 재충전할 것

② 소화약제를 방사하는 경우는 바람이 부는 쪽에서 행하되 바람받이쪽의 안전을 충분히 고려할 것

③ 부득이 하여 실내에서 실시하는 경우에는 창 등의 개방, 필요 시 귀마개의 사용 등 안전에 유의할 것

④ 점검 종료 후에는 확실히 본래 상태로 환원시킬 것

CHAPTER

07

할론 소화약제

CHAPTER

07 할론 소화약제

7.1 개 요

할론(Halon) 소화약제는 지방족 탄화수소인 메탄, 에탄 등의 수소 일부 또는 전부가 할로겐 원소(F, Cl, Br, I 등)로 치환된 화합물을 말하며 Halon은 Halogenated Hydrocarbon의 줄임 말이다.

이 소화약제는 다른 소화약제와는 달리 연소의 4요소 중의 하나인 연쇄 반응을 차단시켜 화재를 소화한다. 이러한 소화를 부촉매 소화 또는 억제 소화라 하며 이는 화학적 소화에 해당된다(제2장 2-2의 "4. 억제 소화" 참고).

각종 Halon 은 상온, 상압에서 기체 또는 액체 상태로 존재하나 저장하는 경우는 액화시켜 저장한다. 일반적으로 유류화재 (B급 화재), 전기화재 (C급 화재)에 적합하나 전역 방출과 같은 밀폐 상태에서는 일반화재 (A급 화재)에도 사용할 수 있다.

7.2 명명법

할로겐화합물인 $C_2F_4Br_2$ 는 dibromotetrafluoroethane이란 긴 명칭으로 불리고 있다. 이와 같은 불편을 해소하기 위하여 미 육군에서 숫자를 사용한 짧은 명명법을 제안하여 현재 널리 사용하고 있다. 이 명명법을 소개하면 다음과 같다.

① 제일 앞에 Halon이란 명칭을 쓴다.

② 그 뒤에 구성 원소들의 개수를 C, F, Cl, Br, I의 순서대로 쓰되 해당 원소가 없는 경우는 0으로 표시한다.

③ 맨 끝의 숫자가 0으로 끝나면 0을 생략한다(즉, I의 경우는 없어도 0을 표시하지 않는다).

이상과 같은 방법으로 명명한 할론 소화약제의 몇 가지 예를 표 7.1에 나타내었다.

이와 같은 명명법으로는 할로겐 원소로 치환되지 않은 수소 원자의 개수를 알 수 없다는 단점이 있다. 이상의 Halon No.로부터 남아 있는 수소 원자의 개수는 다음과 같이 계산한다.

수소 원자의 수 = (첫 번째 숫자 × 2) + 2 − 나머지 숫자의 합

예를 들면 Halon 1001(CH_3Br)의 경우에 치환되지 않은 수소 원자의 수는 (1×2)+2−1=3이다.

표 7.1 대표적인 할론 소화약제와 Halon 번호

명 칭	분 자 식	Halon No.
Methylbromide	CH_3Br	1001
Methyliodide	CH_3I	10001
Bromochloromethane	CH_2BrCl	1011
Dibromodifluoromethane	CF_2Br_2	1202
Bromochlorodifluoromethane	CF_2BrCl	1211
Bromotrifluoromethane	CF_3Br	1301
Carbontetrachloride	CCl_4	104
Dibromotetrafluoroethane	$C_2F_4Br_2$	2402

7.3 구조

Halon 소화약제는 지방족 탄화수소인 메탄(CH_4)이나 에탄(C_2H_6) 등의 수소 원자 일부 또는 전부가 할로겐 원소(F, Cl, Br, I 등)로 치환된 화합물로 이들의 물리, 화학적 성질은 메탄이나 에탄과는 판이하게 다르다.

예를 들면 메탄은 가볍고, 인화성이 강한 기체이지만 4 불화탄소(CF_4)는 기체이면서 화학적으로 불활성이고 인화성이 없으며 독성도 아주 낮은 물질이다. 또한 사염화탄소(CCl_4)는 증발성 액체로 인화성이 없어 그의 독성에도 불구하고 오랫동안 소화약제로 사용되었다.

대부분의 Halon 소화약제는 탄소를 중심으로 단일 공유 결합을 하고 있으며 이들의 구조식을 살펴보면 그림 7.1과 같다.

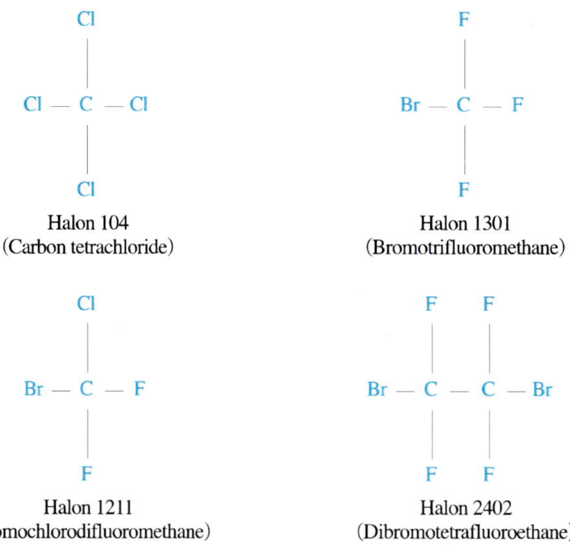

Halon 104 (Carbon tetrachloride)

Halon 1301 (Bromotrifluoromethane)

Halon 1211 (Bromochlorodifluoromethane)

Halon 2402 (Dibromotetrafluoroethane)

그림 7.1 **대표적인 할론 소화약제의 구조식**

불소는 주기율표상 오른쪽 상단에 위치하며 가장 전기 음성도[1]가 큰 물질이다. 따라서 이 물질이 다른 물질과 결합할 경우 결합에 관여한 전자를 강하게 잡아당기기 때문에 결합 길이도 짧고 결합력도 강해진다.

전기 음성도가 크다는 것은 다른 원소를 산화시키는 힘이 크다는 것을 의미한다. 따라서 불소는 모든 원소 중에서 산화력이 가장 크다. 그러므로 불소가 함유되어 있는 Halon 소화약제는 연료로 사용되는 메탄과는 정반대로 중심 탄소가 산화되어 있는 상태이기 때문에 불연성이며 대기 중에서도 잘 분해되지 않는 안정한 물질이다.

또, Halon 소화약제의 중요한 특징 중의 하나는 독성이 없다는 것인데 이는 탄소-불소 사이의 결합력이 강해 다른 물질과의 상호 작용이 적어지기 때문이다. 그러나 염소나 브롬이 이 분자 내에 들어오면 탄소-염소, 탄소-브롬 사이의 결합력은 그다지 크지 않지만 불소의 강한 힘이 염소와 브롬을 끌어당겨 이 분자의 독성을 작게 한다.

1. 전기 음성도 : 원자가 화학 결합을 만들 때 전자를 잡아당기는 능력을 말한다. 다른 종류의 두 원자로 이루어진 화학 결합 A-B에서 A와 B 사이의 전기 음성도의 차이가 크면 클수록 전자는 한쪽 원자의 주변으로 몰리게 되어 AB 화합물의 이온성이 커지게 된다.

일반적으로 할로겐화합물 중에 불소는 불활성과 안전성을 높여 주고 브롬은 소화 효과를 높여 준다. 또한, Halon 소화약제는 분자 내의 결합력은 강한 반면, 분자간의 결합력은 약하기 때문에 쉽게 기화되어 소화 후 잔사가 남지 않는 장점도 지니고 있다.

할로겐화합물에서 할로겐 원소의 역할을 요약해 보면 표 7.2와 같다. 염소와 브롬은 거의 같은 역할을 하나 브롬이 염소보다 효과가 더 강하다.

표 7.2 할로겐화합물에서 할로겐 원소의 역할

할로겐 원소 / 특징	불소	염소	브롬
안정성	강화	–	–
독성	감소	강화	강화
비점	감소	강화	강화
열안정성	강화	감소	감소
소화 효과	–	강화	강화

7.4 종류 및 특성

표 7.1에 나타낸 것처럼 할론 소화약제의 종류는 매우 다양하나 현재는 Halon 1301, Halon 1211, Halon 2402가 가장 많이 사용되고 있다.

이들 소화약제는 1908년 증발성 액체인 사염화탄소(Halon 104)가 최초로 휴대용 소화기에 사용된 이래 발전을 거듭하여 1954년에는 유류화재와 전기화재에 사용할 목적으로 압축 가스 소화기에 Halon 1301을 사용하였고, 1973년에는 Halon 1211을 사용한 소화기가 실용화되었으며 1974년에는 상온, 상압에서 액체인 Halon 2402를 사용한 소화기가 등장하게 되었다. 이들 4가지 할론 소화약제의 개략적인 물성을 살펴보면 표 7.3과 같으며 이들의 특성을 좀 더 자세히 살펴보면 다음과 같다.

표 7.3 할론 소화약제의 개략적인 물성

특성 \ 종류	Halon 1301	Halon 1211	Halon 2402	Halon 104
분자식	CF_3Br	CF_2BrCl	$C_2F_4Br_2$	CCl_4
분자량	148.9	165.4	259.8	153.8
비점(℃, 1 atm)	-57.8	-3.4	47.3	76.8
빙점(℃)	-168.0	-160.5	-110.5	-
임계 온도(℃)	67.0	153.8	214.5	283.1
임계 압력(atm)	39.1	41.8	34.0	44.5
증발잠열(cal/g, 비점)	28.4	32.3	25.0	46.3
액체 점도(cP, 25 ℃)	0.16	0.34	0.72	0.90
액체 비열(cal/g · ℃, 25 ℃)	0.19	0.18	0.18	0.19
액체 비중(20 ℃)	1.57	1.83	2.18	-
기체 비중(공기 = 1)	5.1	5.7	9.0	5.3
상태(상온, 상압)	기체	기체	액체	액체

1. Halon 1301

1) 일반적 성질

① 상온, 상압에서 기체로 존재하며 무색, 무취, 비전기 전도성의 기체로 공기보다 약 5.1배 무겁다.

② Bromotrifluoromethane(CF_3Br)이라 부르며 줄여서 BT라고도 한다.

③ 상온에서 압력을 가하여 액화시켜서 고압용의 용기 내에 액체 상태로 보존한다(25 ℃에서 약 15 $kg/cm^2 \cdot G$의 압력을 가하면 액화된다).

④ 임계 온도가 67 ℃이기 때문에 이 이상의 온도에서는 아무리 압력을 가해도 액화되지 않는다(임계 온도 이하에서는 온도가 낮아질수록 더 낮은 압력으로도 액화가 가능하다).

⑤ 이 약제는 소화약제의 용도 이외에도 저온 냉매 또는 저온 유체로도 사용된다.

⑥ 방사 후에는 바로 가스 상태로 변하기 때문에 소화기의 경우는 방사 거리가 1 ~ 3 m로 짧아 2 m 이내에서 사용하는 것이 좋다.

2) 소화 기구(extinguishing mechanism)

Halon의 소화 효과는 크게 물리적 효과와 화학적 효과로 나누어진다.

물리적 효과로는 기체 및 액상 Halon의 열흡수, 액상 Halon의 기화 등에 의한 냉각 효과와 공기중의 산소 농도 저하에 따른 질식 효과가 있다. 그러나 이러한 물리적 효과는 화학적 효과에 비하면 매우 작은 편이다. Halon의 주된 소화 효과는 화학적 소화 효과로 이에 대한 소화 기구는 아직까지 정확하게 알려져 있지 않다.

현재까지 정설로 여기고 있는 Halon의 화학적 소화 기구는 다음과 같다.

Halon 1301이 연소의 연쇄 반응(chain reaction)을 차단시키거나 방해 또는 억제하는 반응 기구에는 자유활성기 이론(free radical theory)과 이온 이론(ionic theory)의 두 가지가 있다.

(1) 자유활성기 이론(free radical theory)

① Halon 1301은 화염 속에서 다음 식과 같이 열분해되어 두 개의 활성기로 나누어진다.

$$CF_3Br \rightarrow CF_3^* + Br^*$$

② 분리된 Br*은 가연 물질(R-H)과 다음과 같이 반응한다(R은 알킬기).

$$(R-H) + Br^* \rightarrow R^* + HBr$$

③ HBr은 반응 영역에서 활성화된 수산기(OH*)와 반응한다.

$$HBr + OH^* \rightarrow H_2O + Br^*$$

④ 활성화된 Br*은 다시 다른 가연 물질과 반응을 계속한다.

이상과 같은 반응을 통해 활성화된 H*, OH* 등이 활성을 잃게 되고 반응성이 적은 알킬 활성기(alkyl radical)가 남게 된다.

(2) 이온 이론(ionic theory)

무제한적인 연소 공정 중에서 산소 분자들이 탄화수소 분자의 이온화에 의해 생성된 전자들을 포획하여 산소 이온으로 되는 단계가 있다.

Halon 1301의 열분해에 의해 생성된 브롬 원자는 산소보다 단면이 커서 많은 전자를 포획한다. 이 결과 산소의 활성화에 필요한 전자가 부족하게 되어 연소의 연쇄 반응이 억제된다.

3) 적응화재

주로 유류화재(B급 화재), 전기화재(C급 화재)에 유효하며 밀폐된 장소에서 방출하는 전역 방출 방식의 경우는 일반화재(A급 화재)에도 유효하다.

사용 가능한 소화 대상물은 다음과 같다.

① 기상, 액상의 인화성 물질
② 변압기, oil switch 등과 같은 전기 위험물
③ 가솔린 또는 다른 인화성 연료를 사용하는 기계
④ 종이, 목재, 섬유 같은 일반적인 가연 물질
⑤ 위험성 고체
⑥ 컴퓨터실, 통신 기기실, control room 등
⑦ 도서관, 자료실, 박물관 등

Halon은 사용 후에도 화재 현장을 오염시키지 않기 때문에 특히 통신 기기실, 전자계산기실, 변전실 등 전기 기기가 있는 장소나 도서관, 자료실, 박물관 등에 적합하다. 또한 화학적 억제 효과에 의해 소화가 이루어지기 때문에 이산화탄소보다는 심부 화재에 더 효과적이다.

한편, 사용이 제한되는 소화 대상물은 다음과 같다.

① 니트로셀룰로오스 등과 같은 자기 반응성 물질 또는 이들의 혼합물
② Na, K, Mg, Ti(티타늄), Zr(지르코늄), U(우라늄), Pu(플루토늄) 같은 반응성이 큰 금속
③ 금속의 수소 화합물(LiH, NaH, CaH_2, $LiAlH_4$ 등)
④ 유기과산화물, 히드라진(N_2H_4)과 같이 스스로 발열 분해하는 화학 제품

4) 소화 농도

이산화탄소는 질식 효과에 의해 소화하기 때문에 소화에 필요한 농도가 매우 높은 편이니(소화에 필요한 CO_2의 설계 농도 : 34 ~ 75 vol % 정도) Halon의 경우는 화학적 억제효과에 의해 소화하기 때문에 소화에 필요한 최소 농도는 CO_2에 비해 상당히 작은 편이다.

표 7.4에 나타낸 것처럼 불꽃 소화에 필요한 Halon 1301의 실험적 최소 소화 농도(experimental threshold concentration)는 개략적으로 10 vol % 이하이다. 예외적으로 수소와 같이 높은 경우도 있다.

따라서 산소 결핍에 의한 질식 위험은 아주 적다. 예를 들어 공기 중의 Halon 농도를 10 vol %로 하면 공기 중의 산소 농도는 약 18.9 vol %(21 vol % × 0.9 = 18.9 vol %)가 된다.

통상 가연물의 한계 산소 농도(MOC, Minimum Oxygen for Combustion)를 15 vol % 이하로 본다면 산소 농도 저하에 의한 질식 효과는 기대하기 어렵다.

표 7.4 불꽃 소화를 위한 Halon 1301의 실험적 최소 소화 농도 (25 ℃, 1 atm의 공기 중, 전역 방출 방식)

가연물질	최소 소화 농도 (vol %)	가연물질	최소 소화 농도 (vol %)
Acetone	3.3	Methane	3.1
Benzene	3.3	n-Heptane	4.1
Ethanol	3.8	Propane	4.3
Ethylene	6.8	Hydrogen	20.0

표 7.4로부터 알 수 있듯이 최소 소화 농도가 대부분 3 ~ 4 vol %로 매우 낮다. 실질적인 화재의 소화에는 이 값보다 약간 큰 최소 설계 농도(minimum design concentration)를 사용하고 있다.

최소 설계 농도는 실험적으로 구한 최소 소화 농도에 일정한 크기의 안전율(safety factor, 최소 소화 농도의 일정 %)을 더해 준 값으로 표 7.5와 같으며 이와 같이 해서 구한 농도가 5 vol % 미만이면 최소 설계 농도는 5 vol % 로 한다.

표 7.5 불꽃 소화를 위한 Halon 1301의 최소 설계 농도 (25 ℃, 1 atm의 공기 중)

가연 물질	최소 소화 농도(A) (vol %)	안전율* (B) (B=A×0.2)	계 (A)+(B)	최소 설계 농도 (vol %)
Acetone	3.3	0.7	4.0	5.0
Benzene	3.3	0.7	4.0	5.0
Ethanol	3.8	0.8	4.6	5.0
Ethylene	6.8	1.4	8.2	8.2
Methane	3.1	0.7	3.8	5.0
n-Heptane	4.1	0.8	4.9	5.0
Propane	4.3	0.9	5.2	5.2

* 안전율 : 20 %

2. Halon 1211

1) 일반적 성질

① 무색, 비전기 전도성, 약간의 달콤한 냄새를 가지고 상온, 상압에서 기체로 존재하며 공기보다 5.7배 무겁다.

② bromochlorodifluoromethane(CF_2BrCl)이라 부르며 줄여서 BCF 라고도 한다.

③ 상온에서 약간의 압력을 가하면 쉽게 액화된다(25 ℃에서 약 2 kg/cm^2 · G의 압력을 가하면 액화된다).

④ 자체의 증기압이 낮다(소화 시 원활한 방출을 위하여 질소 가스로 가압한다).

⑤ 액체 상태로 방사되므로 소화기의 경우는 방사 거리가 4 ~ 7 m로 Halon 1301 보다 길다.

2) 소화 기구(extinguishing mechanism)

대부분의 소화약제는 물리적인 효과(냉각 효과, 질식 효과 등)에 의해 소화하지만 Halon의 경우는 앞에서 설명한 것처럼 화학적인 효과(억제 효과)에 의해 소화하는 것으로 알려져 있다.

모든 할로겐 원소들은 이와 같은 억제 효과에 우수한 성능을 나타낸다. 이 중에서도 브롬은 염소나 불소에 비해 좀 더 탁월한 소화 효과를 갖는 것으로 알려져 있다.

연소 반응과 억제 소화에 대한 정확한 반응 기구는 아직 밝혀지지 않았지만 브롬에 의한 억제 효과의 소화 기구를 살펴보면 다음과 같다.

① Halon 1211의 열분해에 의해 생성된 브롬의 활성기(Br*)는 가연 물질(R-H)과 함께 다음과 같이 반응한다.

$$(R\text{-}H) + Br^* \rightarrow R^* + HBr$$

② 이때 생성된 HBr 은 가연 물질에서 생긴 활성종(active specie)인 O*, H*, OH* 등이 다음과 같이 반응한다.

$$H^* + HBr \rightarrow H_2 + Br^*$$

$$OH^* + HBr \rightarrow H_2O + Br^*$$

③ 위 반응에서 생성된 Br*들은 다시 가연 물질과 반응하여 HBr을 생성한다.

이상과 같은 반응을 통하여 연소의 연쇄 반응을 주도하는 활성기들은 제거되고 HBr은 재

생산되어 화재를 소화한다.

3) 적응화재

Halon 1301과 동일

4) 소화 농도

Halon 1301과 같이 최소 소화 농도는 아주 낮은 편이다.

표 7.6에 Halon 1211의 최소 소화 농도와 최소 설계 농도를 나타내었다. 이들 사이의 관계와 계산은 Halon 1301의 경우와 동일하다.

표 7.6 불꽃 소화를 위한 Halon 1211의 최소 소화 농도 및 최소 설계 농도 (25 ℃, 1 atm의 공기 중)

가연물질	최소 소화 농도(A) (vol %)	안전율*(B) (B=A×0.2)	계 (A) + (B)	최소 설계 농도 (vol %)
Acetone	3.6	0.7	4.3	5.0
Benzene	2.9	0.6	3.5	5.0
Ethanol	4.2	0.8	5.0	5.0
Ethylene	7.2	1.4	8.6	8.6
Methane	3.5	0.7	4.2	5.0
n-Heptane	4.1	0.8	4.9	5.0
Propane	4.8	1.0	5.8	5.8

* 안전율 : 20 %

3. Halon 2402

① 상온, 상압에서 액체로 존재한다. 따라서 주로 국소 방출 방식에 사용된다.

② 분해성이 작고 화학적으로 안전성이 우수한 약제이다.

③ 유일한 에탄 유도체로 dibromotetrafluoroethane($C_2F_4Br_2$)이라고 부른다.

④ 독성이 있기 때문에 매우 한정적으로 사용된다. 주로 사람이 없는 옥외저장 탱크 등 옥외의 유류 탱크에 사용되고 있다.

⑤ Halon 1211과 마찬가지로 액체 상태로 방사되기 때문에 소화기의 경우는 방사 거리가 4 ~ 7 m로 길다.

4. Halon 104

① 클로로포름 냄새가 나는 무색의 비전기 전도성 액체이다.

② carbontetrachloride(CCl_4)라고 부르며 줄여서 CTC라 한다.

③ 가장 오래된 소화약제 중의 하나로 증기의 경우 공기보다 약 5배 정도 무겁다.

④ 자체가 독성을 가지며 열분해될 때 독성이 강한 포스겐($COCl_2$) 가스나 염화수소(HCl) 가스가 발생되기 때문에 현재는 사용이 금지되어 있다.

7.5 저장

소화약제는 액상으로 저장되며 최대 사용 온도에서의 압력(약제의 증기압 + 질소 가스의 분압)에 견딜 수 있는 고압용 철제 용기(Halon 2402의 경우는 내식성이 강한 스테인리스강이나 내부가 특수 코팅된 철제 용기)를 주로 사용한다.

Halon 1301, Halon 1211은 저장용기에 Halon 2402는 저장 탱크에 각각 저장한다.

Halon 1301과 Halon 1211은 35 ℃에서 각각 20 kg/cm^2, 4.3 kg/cm^2의 증기압을 갖기 때문에 「고압 가스 안전 관리법」에 규제를 받아 고압 가스 용기에 보관해야 한다. Halon 2402는 항상 가압되어 있지 않고 사용 시 가압용 가스를 도입하거나 10 kg/cm^2 미만으로 축압하므로 압력 용기 규격에 준하는 저장 탱크에 저장한다.

1. 용기의 설치 장소

① 방호구역 외의 장소에 설치할 것. 다만, 방호구역 내에 설치할 경우에는 피난 및 조작이 용이하도록 피난구 부근에 설치하여야 한다.

② 온도가 40 ℃ 이하이고 온도 변화가 적은 곳에 설치할 것

③ 직사 광선 및 빗물이 침투할 우려가 없는 곳에 설치할 것

④ 방화문으로 구획된 실에 설치할 것

⑤ 용기의 설치 장소에는 해당 용기가 설치된 곳임을 표시하는 표지를 할 것

⑥ 용기간의 간격은 점검에 지장이 없도록 3 cm 이상의 간격을 유지할 것

⑦ 저장용기와 집합관을 연결하는 연결배관에는 체크밸브를 설치할 것.

다만, 저장용기가 하나의 방호구역만을 담당하는 경우에는 그러하지 아니하다.

2. 충전비

충전비(저장용기의 체적과 소화약제 중량과의 비율로 1 kg의 소화약제를 충전하는 데 필요한 용기 등의 내용적을 의미하므로 단위는 L/kg이다)는 약제의 종류에 따라 표 7.7과 같다.

표 7.7 할론 소화약제의 충전비

Halon의 종류	충전비 (L/kg)	
	축압식	가압식
Halon 1301	0.9 이상 1.6 이하	–
Halon 1211	0.7 이상 1.4 이하	–
Halon 2402	0.67 이상 2.75 이하	0.51 이상 0.67 미만

3. 질소 가압(nitrogen superpressurization)

표 7.8에서 알 수 있듯이 Halon 1211은 상온 부근에서 자체의 증기압이 낮은 편이기 때문에 저장용기 내의 압력은 온도가 낮아지면 급격히 감소하게 된다. 이와 같은 압력 감소에 따른 방출의 어려움을 해결하기 위하여 질소 가스를 사용하여 용기 내의 약제를 가압(superpressurization)하여 내압을 높여야 한다.

표 7.8 Halon 1301, Halon 1211의 온도에 따른 증기압 변화

온도 (℃)	증기압 (MPa)	
	Halon 1301	Halon 1211
−40	0.22	–
−20	0.45	0.025
0	0.83	0.125
20	1.42	0.267
40	2.27	0.48

가압용 가스로 질소 가스를 사용하는 것은 질소 가스가 화학적으로 안정하고 할로겐화합물과는 반응하지 않으며 쉽게 가압할 수 있기 때문이다.

질소 가스의 가압은 압력에 따라 고압식과 저압식으로 나누어지며, 압축방식에 따라 축압식과 가압식으로 나누어진다.

축압식은 가장 일반적인 시스템으로서 저장용기에 소화약제와 질소를 축압하고 방사 시에 약제 및 축압된 질소 압력을 이용하여 소화약제를 방사하는 방법으로 그림 7.2와 같다.

축압식 저장용기의 압력은 20 ℃에서 약제의 증기압과 질소의 분압을 더한 용기 내의 저장압력은 표 7.9와 같다.

가압식은 약제 저장용기 외부에 별도의 가압용 가스용기를 부설하고, 방사 시에 외부의 가압용 질소를 이용하여 소화약제를 방사하는 방법으로 그림 7.2와 같다.

표 7.9 축압식 Halon 소화설비의 용기 내 저장 압력 기준 (20 ℃에서)

압 력 / 종 류	저장압력 (MPa)	
	고압식	저압식
Halon 1301	4.2	2.5
Halon 1211	2.5	1.1

Halon 2402의 경우 상온에서 액상으로 존재하기 때문에 자체 증기압으로 방사할 수 없으므로 별도의 가압원이 필요하며, 가압원인 질소를 대형저장탱크에 저장하여 사용한다. 가압원인 질소용기는 15 MPa의 압력으로 저장한 후 사용 시에는 압력조절장치에 의해 2 MPa 이하의 압력으로 감압되어 방사한다.

가압용 가스용기는 질소가스가 충전된 것으로 하고, 그 압력은 21 ℃에서 2.5 MPa 또는 4.2 MPa이 되도록 하여야 한다.

이와 같이 저장 압력을 두 가지로 표시한 것은 일반적으로 두 종류의 규격이 있기 때문이며 그 중 어느 것을 사용해도 무방하다. 일반적으로 고압식이 배관이 가늘어지는 장점 외에도 긴 배관이 가능하므로 고압식을 많이 사용하고 있다.

Halon 1301, Halon 1211은 자체 증기압이 낮기 때문에(특히 Halon 1211이 더 낮음) 질소 가압에 의해 방사 압력을 유지한다. 이때 액상의 Halon 약제에 가압한 질소 가스의 일부가 용해되어 약간의 압력 변화를 일으킨다.

Halon 약제에 대한 질소 가스의 용해도는 가압한 압력과 온도에 의해 좌우된다. 일반적으로 Halon 1301은 Halon 1211에 비해 증기압이 높고 인체에 미치는 독성이 매우 낮기 때문에 건물의 전역방출방식에 주로 사용되고 있으며 Halon 1211, Halon 2402는 증기압이 상대적으로 낮아 휴대용 소형 소화기에 주로 사용되고 있다.

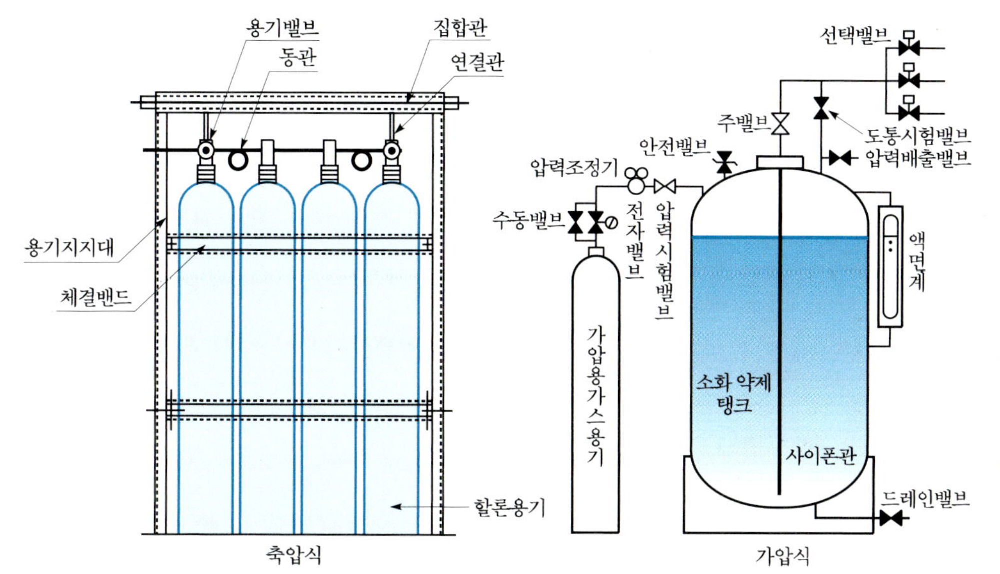

그림 7.2 Halon 소화설비의 저장용기

7.6 독성

Halon 소화약제는 그 자체가 약간의 독성을 가지고 있으나 이들이 화염에 접촉될 때 발생하는 열분해 생성물은 원래의 소화약제보다 더 큰 독성을 나타낸다. 약제 자체에 대한 위험성 이외에도 약제 방출 시 나타날 수 있는 위험성으로는 방출 소음, 거친 기류 형성, 급속한 기화로 온도 저하에 의한 동상 등이 있을 수 있다.

여기서는 여러 가지 위험 중에서 약제 자체와 이들의 열분해 생성물이 인체나 동물에 미치는 영향에 대해 알아보고자 한다.

먼저 미국의 UL(Underwriter's Laboratory)기준에 의한 각종 Halon 소화약제의 독성 위험 등급을 알아보면 표 7.10과 같다.

Halon 1301은 가장 안전한 6등급에 속하고 Halon 1211과 Halon 2402는 CO_2와 함께 5등급에 속한다.

표 7.10 각종 Halon 소화약제의 독성 위험 등급 (미국 UL 기준)

등급	정 의	해 당 약 제
6	적어도 20 vol %의 농도에서 2시간 정도 노출되어도 해가 없는 가스 또는 증기	Halon 1301, Halon 114, Halon 12
5	등급 4보다는 훨씬 독성이 작고 등급 6보다는 독성이 큰 가스 또는 증기	Halon 1211, Halon 2402, CO_2
4	2 ~ 2.5 vol %의 농도에서 2시간 정도 노출된 경우 사망하든지 커다란 해를 끼치는 가스 또는 증기	Halon 101, Halon 1202, Halon 2001
3	2 ~ 2.5 vol %의 농도에서 1시간 정도 노출된 경우 사망하든지 커다란 해를 끼치는 가스 또는 증기	Halon 1011, Halon 104, Halon 103
2	0.5 ~ 1.0 vol %의 농도에서 30분 정도 노출된 경우 사망하든지 커다란 해를 끼치는 가스 또는 증기	Halon 1011, NH_3
1	0.5 ~ 1.0 vol %의 농도에서 5분 정도 노출된 경우 사망하든지 커다란 해를 끼치는 가스 또는 증기	SO_2

1. Halon 소화약제의 독성 비교

각종 Halon 소화약제의 독성을 ALC(Approximate Lethal Concentration, 실험 쥐의 반수가 15분 이내에 사망하는 허용 농도)로 비교하여 표 7.11에 나타내었다. 현재 사용되고 있는 약제 중에서는 ALC 값만으로는 Halon 1301이 독성이 가장 작으며 다음이 Halon 1211, Halon 2402의 순임을 알 수 있다.

표 7.11 Halon 소화약제의 독성 비교

종류	ALC*
Halon 1301	834,000 ppm (5,070 mg/L)
Halon 1211	326,000 ppm (2,200 mg/L)
Halon 2402	132,000 ppm (1,340 mg/L)
Halon 1202	55,000 ppm (470 mg/L)
Halon 1011	64,000 ppm (340 mg/L)
Halon 104	29,000 ppm (180 mg/L)
이산화탄소	656,000 ppm (1,180 mg/L)

* ALC(Approximate Lethal Concentration) : 실험 쥐의 반수가 15분 이내에 사망하는 허용 농도

2. Halon 소화약제가 인체에 미치는 영향

표 7.11에서도 알 수 있듯이 현재 사용되고 있는 Halon 소화약제 중에서는 Halon 1301이 가장 독성이 작은 것으로 알려져 있다.

표 7.12에 Halon 1301의 농도 및 노출 시간에 따른 인체에의 영향을 나타내었다. Halon 1301의 소화 농도는 낮은 편이기 때문에(표 7.5 참고) 이 정도의 농도에서는 장시간 노출이 아니라면 인체에 그다지 큰 영향을 미치지 않을 것이다. 그러나 대부분의 Halon 소화약제가 공기보다 무겁기 때문에 밀폐된 곳에서 방출하는 경우는 잘 교반되지 않으면 하부의 농도가 높아지기 때문에 주의를 해야 한다.

표 7.12 Halon 1301의 농도에 따른 인체에의 영향

농도	영향
7 vol % 이하	약 5분 정도 노출된 경우라면 중추 신경계에는 영향이 없고 만약 있어도 극히 미약한 정도
7 ~ 10 vol %	수분간 노출로 현기증, 조절 장해, 지각 저하 등의 현상이 나타난다. 그러나 1분 이내의 단시간에서는 아주 경미한 정도
10 ~ 15 vol %	30초 정도의 노출이라면 거의 영향이 없지만 그것을 넘으면 견디기가 힘들어진다. 실제로 실명한 경우는 없음
15 ~ 20 vol %	시간이 길어지면 실신의 위험이 있고 사망할 가능성도 있음

표 7.13 각종 Halon 소화약제의 농도에 따른 허용 노출 시간

종류	농도 (vol %)	허용 노출 시간 (min)
Halon 1301	7 미만	15
	7 ~ 10 미만	1
	10 ~ 15	0.5
	15 초과	노출 금지
Halon 1211	4 미만	5
	4 ~ 5	1
	5 초과	노출 금지
Halon 2402	0.05	10
	0.10	1

표 7.13은 각종 Halon 소화약제의 농도에 따른 허용 노출 시간을 나타내었다. Halon 소화약제는 대부분이 무색, 무취이기 때문에 노출된 경우에도 이를 인지하지 못하는 경우가 있어서 항상 주의를 기울여야 한다.

3. Halon 소화약제의 열분해 생성물

Halon 소화약제 자체는 독성이 매우 적어도 이들의 분해 생성물은 큰 독성을 나타낸다. 열분해는 소화약제가 화염에 노출되거나 약 500 ℃ 정도의 고온표면에 노출된 경우에 일어난다.

주변에 수소 가스(주변의 수증기나 연소 반응 자체에서 발생된 수소 가스)가 존재할 경우 열분해 생성물로는 주로 할로겐산(HF, HCl, HBr)과 유리 할로겐(F_2, Cl_2, Br_2)이 생성되며, 이외에도 미량의 카르보닐 할로겐화합물(COF_2, $COCl_2$, $COBr_2$)이 생성된다. 이와 같은 열분해 생성물을 줄이기 위해서는 가능한 한 소화 시간을 단축시켜 소화약제가 화염이나 고온 표면에 오랫동안 노출되지 않도록 해야 한다.

열분해 생성물의 농도는 화재가 발생한 방의 크기(체적), 혼합의 정도, 환기 등에 의해 좌우된다. 71 m^3 크기의 방에서 n-Heptane을 0.23 m^2의 접시에 놓고 불을 붙여서 10초 이내에 Halon 1211로 소화한 경우 생성된 열분해 생성물의 농도는 다음과 같다.

- HCl + HBr : 50 ppm
- HF : 10 ppm
- Cl_2 + Br_2 : 2.5 ppm
- $COCl_2$: 검출되지 않음(즉, 0.25 ppm 이하)

표 7.14 Halon 1301의 열분해 생성물과 그의 독성

분해 생성물	ALC* (ppm by vol)	TLV** (ppm by vol)
Hydrogen bromide (HBr)	4,700	3
Hydrogen fluoride (HF)	2,500	3
Bromine (Br_2)	500	0.1
Carbonyl fluoride (COF_2)	1,500	–
Carbonyl bromide ($COBr_2$)	–	–

* ALC(Approximate Lethal Concentration) : 실험 쥐의 반수가 15분 이내에 사망하는 허용 농도

** TLV(Threshold Limit Value) : 평균적인 성인 남자가 매일 8시간씩 주 5일을 연속해서 이 농도의 가스 또는 증기를 함유하고 있는 공기중에서 작업해도 작업자의 건강에는 영향이 없다고 생각되는 한계 농도

표 7.15 Halon 1211의 열분해 생성물과 그의 독성

분해 생성물	ALC* (ppm by vol)	TLV** (ppm by vol)
Hydrogen bromide (HBr)	4,750	3
Hydrogen chloride (HCl)	4,750	5
Hydrogen fluoride (HF)	2,500	3
Bromine (Br_2)	550	0.1
Chlorine (Cl_2)	350	0.5
Fluorine (F_2)	375	1
Carbonyl bromide ($COBr_2$)	–	–
Carbonyl chloride ($COCl_2$)	100 ~ 150	0.1
Carbonyl fluoride (COF_2)	1,500	–

* ALC(Approximate Lethal Concentration) : 실험 쥐의 반수가 15 분 이내에 사망하는 허용 농도

** TLV(Threshold Limit Value) : 평균적인 성인 남자가 매일 8시간씩 주 5일을 연속해서 이 농도의 가스 또는 증기를 함유하고 있는 공기중에서 작업해도 작업자의 건강에는 영향이 없다고 생각되는 한계 농도

표 7.14, 표 7.15는 Halon 1301, Halon 1211의 열분해 생성물의 독성을 나타낸 것이다. 열분해 생성물 중에서는 $COCl_2$(carbonyl chloride, 일명 phosgene이라고도 함)의 독성이 가장 큰 것을 알 수 있다. 이 포스겐은 제 1차 세계대전에서 독일군이 사용한 독가스이다.

이 가스는 Halon 104(사염화탄소, CCl_4)의 열분해 시 다량 발생하기 때문에 현재 Halon 104는 소화약제로서의 사용을 금지하고 있다.

7.7 저장량

할론 소화약제의 저장량은 다음 각 호의 기준에 따라야 한다. 이 경우 동일한 특정 소방 대상물 또는 그 부분에 둘 이상의 방호구역이나 방호대상물이 있는 경우에는 각 방호구역 또는 방호대상물에 대하여 다음 각 호의 기준에 의하여 산출한 저장량 중 최대의 것에 의할 수 있다.

1. 전역 방출 방식

다음의 기준에 따라 산출한 양 이상으로 할 것

① 방호구역의 체적(불연 재료나 내열성의 재료로 밀폐된 구조물이 있는 경우에는 그 체적을 제외한다) 1 m^3에 대하여 표 7.16에 따른 양

표 7.16 소방 대상물 및 소화약제 종류에 따른 소화약제의 양

<table>
<tr><th colspan="2">소방 대상물 또는 그 부분</th><th>소화약제의 종별</th><th>방호구역의 체적 1 m³당 소화약제의 양</th></tr>
<tr><td colspan="2">차고, 주차장, 전기실, 통신 기기실, 전산실 기타 이와 유사한 전기 설비가 설치되어 있는 부분</td><td>Halon 1301</td><td>0.32 kg 이상 ~ 0.64 kg 이하</td></tr>
<tr><td rowspan="3">「화재의 예방 및 안전관리에 관한 법률 시행령」 별표 2의 특수 가연물을 저장・취급하는 소방 대상물 또는 그 부분</td><td>가연성고체류・가연성액체류</td><td>Halon 2402
Halon 1211
Halon 1301</td><td>0.40 kg 이상 ~ 1.10 kg 이하
0.36 kg 이상 ~ 0.71 kg 이하
0.32 kg 이상 ~ 0.64 kg 이하</td></tr>
<tr><td>면화류・나무껍질 및 대팻밥・넝마 및 종이부스러기・사류・볏짚류・목재가공품 및 나무부스러기를 저장・취급하는 것</td><td>Halon 1211
Halon 1301</td><td>0.60 kg 이상 ~ 0.71 kg 이하
0.52 kg 이상 ~ 0.64 kg 이하</td></tr>
<tr><td>합성수지류를 저장・취급하는 것</td><td>Halon 1211
Halon 1301</td><td>0.36 kg 이상 ~ 0.71 kg 이하
0.32 kg 이상 ~ 0.64 kg 이하</td></tr>
</table>

② 방호구역의 개구부에 자동폐쇄장치를 설치하지 아니한 경우에는 ①목에 따라 산출한 양에 표 7.17에 따라 산출한 양을 가산한 양

표 7.17 소방 대상물 및 소화약제 종류에 따른 개구부 가산량

<table>
<tr><th colspan="2">소방 대상물 또는 그 부분</th><th>소화약제의 종별</th><th>가산량(개구부의 면적 1 m²당 소화약제의 양)</th></tr>
<tr><td colspan="2">차고, 주차장, 전기실, 통신 기기실, 전산실 기타 이와 유사한 전기 설비가 설치되어 있는 부분</td><td>Halon 1301</td><td>2.4 kg</td></tr>
<tr><td rowspan="3">「화재의 예방 및 안전관리에 관한 법률 시행령」 별표 2의 특수 가연물을 저장・취급하는 소방 대상물 또는 그 부분</td><td>가연성고체류・가연성액체류</td><td>Halon 2402
Halon 1211
Halon 1301</td><td>3.0 kg
2.7 kg
2.4 kg</td></tr>
<tr><td>면화류・나무껍질 및 대팻밥・넝마 및 종이부스러기・사류・볏짚류・목재가공품 및 나무부스러기를 저장・취급하는 것</td><td>Halon 1211
Halon 1301</td><td>4.5 kg
3.9 kg</td></tr>
<tr><td>합성수지류를 저장・취급하는 것</td><td>Halon 1211
Halon 1301</td><td>2.7 kg
2.4 kg</td></tr>
</table>

2. 국소 방출 방식

다음의 기준 따라 산출한 양에 Halon 2402 또는 Halon 1211은 1.1을 Halon 1301은 1.25를 각각 곱하여 얻은 양 이상으로 할 것

① 윗면이 개방된 용기에 저장하는 경우와 화재 시 연소면이 한 면에 한정되고 가연물이 비산할 우려가 없는 경우에는 표 7.18에 의한 양

표 7.18 개방용기 및 가연물의 비산우려가 없는 경우의 소화약제 종류에 따른 소화약제의 양

소화약제의 종별	방호대상물의 표면적 1 m²에 대한 소화약제의 양
Halon 2402	8.8 kg
Halon 1211	7.6 kg
Halon 1301	6.8 kg

② ①목 외의 경우에는 방호공간(방호대상물의 각 부분으로부터 0.6m의 거리에 따라 둘러싸인 공간)의 체적 1 m^3에 대하여 다음 식에 따라 산출한 양

$$Q = X - Y\frac{a}{A}$$

Q : 방호공간 1 m^3에 대한 할론 소화약제의 양 (kg/m^3)

a : 방호대상물 주위에 설치된 벽 면적의 합계 (m^2)

A : 방호공간의 벽면적(벽이 없는 경우에는 벽이 있는 것으로 가 정한 당해 부분의 면적)의 합계 (m^2)

X 및 Y : 다음 표 7.19의 수치

표 7.19 소화약제별 상수 X 및 Y의 수치

소화약제의 종별	X의 수치	Y의 수치
Halon 2402	5.2	3.9
Halon 1211	4.4	3.3
Halon 1301	4.0	3.0

3. 호스릴 방식(이동식)

하나의 노즐에 대하여 표 7.20에 따른 양 이상으로 할 것

표 7.20 호스릴 할론소화설비의 소화약제 종류에 따른 소화약제의 양

소화약제의 종별	소화약제의 양
Halon 2402 또는 Halon 1211	50 kg
Halon 1301	45 kg

7.8 취급상의 주의 및 점검

1. 주 의

현재 사용되고 있는 할론 소화약제(Halon 1301, Halon 1211, Halon 2402)는 자체 독성은 작지만 분해 생성물은 앞에서 설명한 것처럼 독성을 가지고 있다.

분해 생성물들은 아주 자극적인 냄새를 가지고 있기 때문에 전역 방출 방식의 경우에는 방출 전에 경보를 발해서 사람이 대피할 수 있도록 해야 한다.

미국의 NFPA기준은 방안에 사람이 갇혀 있을 경우를 대비하여 탈출 용기구나 마스크 등의 준비를 의무화하고 있다. 또한 현재 사용되고 있는 Halon 소화약제들의 증기 비중은 5 이상으로 공기보다 상당히 무겁기 때문에 방출 후 환기에 대해서도 주의를 기울여야 한다.

2. 점 검

할론 소화약제는 다른 소화설비와 마찬가지로 연 1회 이상의 작동기능 점검과 규모에 따라 연 1회 이상의 종합 정밀 점검을 받아야 한다.

할론 소화약제는 변질되지 않기 때문에 작동 기능 점검에서는 소화약제량 측정, 종합 정밀 점검에서는 방사 시험을 하는 것이 가장 중요하다.

이산화탄소 소화설비의 방사 시험에서는 기존의 이산화탄소를 사용하나 할론 소화설비에서는 Halon이 비싸기 때문에 Halon 대신에 공기, 질소 가스, 이산화탄소 등을 사용하여 방사 시험을 한다.

1) 작동 기능 점검(소화약제량)

(1) 축압식

소화약제량의 측정 방법은 이산화탄소 소화약제의 고압식과 동일하나 축압식의 경우는 질소 가스로 가압되어 있기 때문에 추가로 내부 압력을 측정해야 한다.

(2) 가압식

① 액면계의 액면을 육안으로 확인하고 청결한 시험관 등에 소량의 소화약제를 채취하여 변질의 유무 등을 확인한다.

② 확인 결과 액면은 적정의 위치에 있어야 하며 침전물, 부유물이 없고 무색 투명하여야 한다.

2) 종합 정밀 점검 (방사 시험)

(1) 전역 방출 방식과 국소 방출 방식(Halon 1301, Halon 1211 소화설비)

비상 전원으로 절환된 상태에서 다음에 따라 점검을 할 것. 또한 방사 구획이 2 이상인 경우에는 점검 때마다 동일 구획의 반복 점검이 아니라 방사 구획을 순차적으로 변경하여 점검을 할 것.

① 방사에 사용되는 시험용 가스량은 소화약제 종별에 따라 점검을 행하는 방사 구획의 소화약제 필요 저장량 1 kg 당 9 ~ 16 L로 산정한 양의 공기 또는 질소 가스로 할 것. 다만, Halon 1301 소화설비로서 전 압력을 42 kg/cm^2로 하는 경우에는 소화약제 필요 저장량 1 kg 당 약 0.1 kg의 이산화탄소로 할 수 있다.

② 이하의 방사 시험 순서는 이산화탄소의 고압식의 경우와 동일하다.

(2) 이동식

① 방사에 사용하는 시험용 가스량은 유닛 5개 이내마다 임의의 유닛으로 저장용기 1개 상당의 시험용 가스로 행한다.

② 저장용기를 호스릴로부터 떼어 내고 시험용 가스 용기를 부착한다.

③ 수동으로 조작하여 호스를 끌어 내고 방사 상황의 정상 여부를 확인한다.

④ 점검 후에는 원래의 상태대로 확실히 환원시켜야 한다.

주 점검 시의 준비 사항

이산화탄소의 경우와 동일

CHAPTER 08

할로겐화합물 및 불활성기체 소화약제

CHAPTER 08

할로겐화합물 및 불활성기체 소화약제

8.1 개 요

할론 소화약제는 유류화재 및 전기화재에 대한 소화 효과가 우수하며 독성이 낮고 소화 후 오염도가 적은 관계로 20세기 후반까지 소화약제로 널리 사용되어 왔으나 오존층을 파괴하고 지구 온난화의 원인 물질로 판명됨에 따라 선진국을 중심으로 사용을 규제하게 되었다. 이와 같은 할로겐원소를 함유한 소화약제가 환경에 많은 영향을 미치고 있음이 밝혀짐에 따라 이를 대체할 수 있는 할로겐화합물 및 불활성기체 소화약제가 개발되었다. 할로겐화합물 및 불활성기체 소화약제는 할로겐화합물(할론 1301, 할론 2402, 할론 1211 제외) 및 불활성기체로서 전기적으로 비전도성이며 휘발성이 있거나 증발 후 잔여물을 남기지 않는 소화약제를 말하며, 할로겐화합물 소화약제와 불활성기체 소화약제로 분류된다.

할로겐화합물 소화약제란 불소, 염소, 브롬 또는 요오드 중 하나 이상의 원소를 포함하고 있는 유기화합물을 기본 성분으로 하는 소화약제를 말하며, 불활성기체 소화약제란 헬륨, 네온, 아르곤 또는 질소가스 중 하나 이상의 원소를 기본 성분으로 하는 소화약제를 말한다.

8.2 Halon의 오존층 파괴

할로겐화합물은 할로겐 원소의 독특한 특성 때문에 독성이 없는 안정된 화합물을 형성한다.

이러한 장점 때문에 할로겐화합물은 냉매, 세정제, 발포제, 분사 추진제, 용제, 소화제 등으로 널리 사용되어 과학 기술의 발전에 크게 기여한 물질의 하나로 평가받고 있다. 그러나 1980년대 이후 일부 할로겐화합물이 오존층을 파괴하고 지구 온난화를 일으키는 온실 효과(green house effect) 물질로 판명되면서 지구 환경을 보호하려는 국제 협약에 의해 규제받게 되었다.

이와 같은 협약 중 "오존층 파괴 물질에 대한 몬트리올 의정서(The Montreal protocol on substances that deplete the ozene layer)"가 1989년 1월 발효되었으며, "기후변화에 대한 국제연합 기본협약(United Nations Framework Convention on Climate Change)"이 1992년 6월에 체결되었고, 기후변화협약(UNFCCC)을 이행하기 위해 1997년 만들어진 "교토기후협약(Kyoto Protocol to the United Nations Framework Convention on Climate Change)"은 2005년 2월 16일 공식발효 되었다.

몬트리올의정서는 오존층을 파괴하는 할로겐화합물로 알려진 CFCs(chlorofluorocarbons, 일명 freon 가스라고도 함), Halon 소화약제, 사염화탄소, 메틸클로로포름 등 지구대기권 오존층을 파괴하는 물질에 대한 사용금지 및 규제를 통해 오존층 파괴로부터 초래되는 인체 및 동식물에 대한 피해를 최소화하기 위한 목적으로 1987년 9월 채택되어 1989년 1월 발효되었다.

우리나라는 1992년 5월에 76번째로 몬트리올 의정서에 가입하여 활동하고 있다. 이 중 Halon 소화약제에 대한 생산량 규제 일정은 다음과 같다.

1992년 1월부터 1986 년 수준으로 동결하고 1995년 1월부터는 1986년의 50 % 수준으로 동결하며 2003년 이후부터는 사용을 금지하기로 되어 있다. 그러나 1992년 11월 23일 덴마크의 코펜하겐에서 열린 제4차 몬트리올 의정서에서는 현행 규제 일정이 오존층 파괴의 심각성에 비추어 볼 때 충분하지 못하다고 판단되어 규제 일정을 앞당기게 되었다.

선진국의 경우는 1994년 1월 1일부터 생산 및 사용을 완전 중단하기로 합의하였다. 단, 필수적인 경우는 예외로 하며 개발도상국 조항에 적용받을 경우는 규제 시기가 2010년까지 늦추어지게 되며 우리나라도 2010년까지만 생산 및 소비가 가능하게 되었다.

1. 오존층

대기권이란 지구의 인력에 의해 외계로 날아가지 못하는 각종 기체(N_2, O_2, CO_2, 소량의 희소기체)가 존재하는 층을 말하며 고도에 따라 대류권(troposphere), 성층권(stratosphere), 중간권(mesosphere), 열권(thermosphere)으로 나누어진다.

대류권은 지표면으로부터 고도 10 ~ 15 km에 걸쳐 위치하며 대류권의 두께는 위도와 계절에 따라 변한다.

대류권에서는 대기의 온도가 위로 1 km 올라갈 때마다 약 5 ℃ 정도 떨어지며 기체의 대류 운동이 활발하게 일어난다.

성층권은 대류권의 상부로부터 고도 약 50 km에 이르는 영역을 말하며 상하 방향의 대류가 거의 일어나지 않고 고도가 높아짐에 따라 온도가 약간씩 상승한다.

중간권은 고도 약 50 ~ 80 km 영역을 말하며 고도 80 km 이상을 열권이라 한다. 특히 성층권 중 고도 15 ~ 35 km 영역에 고농도의 오존이 존재하는데 이 층을 오존층(ozone layer)이라 한다.

세 개의 산소 원자로 이루어진 오존(O_3)은 엷은 청색 기체로 강한 산화성을 갖고 있어 보통 살균제, 표백제, 소독제 등으로 사용되고 있다.

성층권의 오존은 산소 분자가 태양으로부터 나오는 강력한 자외선(240 nm 이하의 파장이 짧은 자외선)을 받아서 다음 식과 같이 두 개의 산소 원자로 분해되면서 다른 산소 분자와 결합하여 생성된다.

$$O_2\,(g) \rightarrow 2O\,(g)$$

$$O\,(g) + O_2\,(g) \rightarrow O_3\,(g)$$

이렇게 생성된 오존은 가시 광선이나 파장이 긴 자외선에 의해 다시 분해되어 오존의 양은 평형을 유지하게 된다. 이러한 광화학 반응 때문에 오존의 수명은 성층권 상부에서는 수시간 정도이고 성층권 하부에서는 수개월 정도이다.

지구 대기중에 존재한 오존량은 약 33억 톤 정도로 추정되며 이것이 대기 중에 균일하게 분포되어 있다고 가정하면 0.3 ppm에 지나지 않으며 이들을 전부 표준 상태(0 ℃, 1 atm)에서 포개면 약 3 mm 정도의 두께로 지구를 둘러쌀 정도이다.

이러한 성층권 중의 오존은 태양으로부터 오는 유해한 자외선(자외선은 파장에 따라 UV-A, UV-B, UV-C로 나누어지나 오존층에 흡수되는 자외선은 주로 파장이 280 ~ 320 nm 정도인 UV-B이다)을 흡수 차단해 주기 때문에 지구상의 동·식물이 성장할 수 있는 여건을 마련해 준다.

만일 유해 자외선이 오존층에 차단되지 않고 지구 표면에 도달하게 되면 인간에게는 각종 피부암이나 백내장 등을 유발하게 할 뿐만 아니라 질병에 대한 면역성을 저하시킨다. 또한 농작물에는 광합성 작용에 영향을 주어 수확을 감소시키며 해양 생물에는 플랑크톤을 감소시켜 어패류의 수획을 크게 떨어뜨리게 된다.

2. 오존층 파괴 이론

인류의 문명과 산업의 발전에 따라서 대기중에 다량 방출되는 할로겐화합물(CFC, Halon 등)에 의해 파괴되는 오존층이 1970 년대 초부터 우려할 만한 수준에 이르게 되었다.

1974년에는 미국 캘리포니아 대학교의 M. J. Molina 와 F. S. Rowland 가 CFC, Halon 등에 의해 오존층이 파괴되는 과정을 연구하여 발표하였다. 이들이 발표한 오존층의 파괴 기구(mechanism)는 다음과 같다.

$$X + O_3 \rightarrow XO + O_2$$

$$XO + O \rightarrow X + O_2 \text{ (여기서, X는 Cl, Br)}$$

대기 중에 방출된 CFC나 Halon이 성층권까지 상승되면 성층권의 강력한 자외선(200 nm 정도의 파장을 갖는 자외선)에 의해 이들 분자들이 분해되어 염소나 브롬 원자들이 생성된다. 이렇게 생성된 염소나 브롬은 오존과 반응하여 산소를 만들며 반응 후 염소나 브롬은 위의 두 번째 반응을 통하여 재생산되어 다시 다른 오존을 공격한다. 위의 반응에서 염소와 브롬은 촉매 역할을 한다.

표 8.1 각종 할로겐화합물의 오존 파괴 지수

품 명	오존 파괴 지수	품명	오존 파괴 지수
Halon 1211	3.0	CFC 11	1.0
Halon 1301	10.0	CFC 12	1.0
Halon 2402	6.0	CFC 113	0.8
사염화탄소	1.1	CFC 114	1.0

대개 한 개의 염소 원자는 성층권에서 그의 수명 동안에 약 십만 개의 오존 분자를 파괴하는 것으로 알려져 있으며 브롬도 반응 속도만 염소보다 빠를 뿐 염소와 유사한 반응을 한다.

불소의 경우는 거의 오존층을 파괴하지 않는 것으로 알려져 있다.

표 8.1에는 오존층을 파괴하는 각종 할로겐화합물의 오존 파괴 지수[1]를 나타내었다. 오존 파괴 지수로부터 각종 Halon 소화약제들이 CFC에 비해 오존층을 파괴하는 능력이 3 ~ 10배 정도 큰 것을 알 수 있다.

---

1. 오존 파괴 지수(ODP, Ozone Depletion Potential) : 오존 파괴 능력을 상대적으로 나타내는 지표로 CFC 11을 기준으로 하여 다음과 같이 구한다.

$$ODP = \frac{\text{어떤 물질 1kg이 파괴하는 오존량}}{\text{CFC11의 1kg이 파괴하는 오존량}}$$

8.3 할로겐화합물 및 불활성기체 소화약제의 조건

앞에서 설명한 것처럼 Halon 소화약제가 오존층을 파괴하고 지구 온난화를 일으키는 물질로 판명됨에 따라 몬트리올 의정서에 의해 사용 및 생산이 금지되었다. 이에 따라 지난 수 년간 전역 방출 방식으로 사용되는 Halon 1301에 대한 여러 가지 대체물질이 상용화되고 있고, 그 외에도 추가적으로 개발이 이루어지고 있다.

할로겐화합물 및 불활성기체 소화약제는 다음과 같은 사항을 만족시키도록 개발 및 평가되어 왔다.

1. 소화 성능

소화 성능은 크게 절대적 소화 성능과 상대적 소화 성능으로 나누어진다. 절대적 소화 성능이란 어떤 소화제나 소화 시스템이 한 특정 화재를 진압할 수 있는지의 여부를 뜻하는 것이고 상대적 소화 성능이란 기준이 되는 소화제나 소화 시스템에 비해 상대적으로 소화 효율이 높은지 또는 낮은지를 나타내는 말이다.

절대적 소화 성능을 측정하는 것은 실질적으로 매우 어렵기 때문에 어떤 소화제의 소화 성능은 대개 상대적 소화 성능을 측정한다.

상대적 소화 성능의 실험적 측정 방법에는 다음의 두 가지 방법이 있다.

① **불활성화법(inerting test)** : 공기와 연료가 섞여 있는 가연성 혼합물을 불연성 혼합물로 만드는데 필요한 소화제의 양을 측정하는 방법

② **불꽃 소화법(flame extinguishment test)** : 불꽃에 소화제가 확산되어 소화되는데 필요한 소화제의 농도를 측정하는 방법

이 중 현재 가장 많이 사용되고 있는 측정 방법은 시험 장치가 간단하고 조작이 간편하며 소화제의 사용량이 작은 불꽃 소화법으로 최소 소화 농도가 작을수록 우수한 소화 성능을 갖게 되는 것을 의미한다.

n-Heptane을 연료로 하여 25 ℃, 1 atm의 공기 중에서 불꽃 소화법으로 Halon의 최소 소화 농도를 측정한 결과 Halon 1301은 4.1 vol %, Halon 1211은 4.1 vol %, Halon 2402가 2.1 vol %이다. 따라서 대체되는 소화약제도 이와 유사한 소화 농도를 가져야 한다.

2. 오존 파괴 지수(ODP, Ozone Depletion Potential)

오존 파괴 지수는 어떤 물질의 오존 파괴 능력을 상대적으로 나타내는 지표로 기준 물질인 CFC 11($CFCl_3$)의 ODP를 1로 하여 다음과 같이 구한다.

Halon 1301의 ODP는 10.0, Halon 1211은 3.0, Halon 2402는 6.0으로 CFC 11에 비해 매우 높은 편이다.

$$\mathrm{ODP} = \frac{\text{어떤 물질 1 kg이 파괴하는 오존량}}{\text{CFC 11의 1 kg이 파괴하는 오존량}}$$

미국의 대기 청정법(clean air act)에서는 ODP가 0.2 이상인 물질을 규제하기로 하였고 미공군에서는 대체 소화제의 ODP 기준을 0.05 이하로 정하고 있는 만큼 이 규정에 부합되는 물질의 선정이 바람직하다.

3. 독 성

Halon 1301은 지금까지 사용되고 있는 Halon 소화약제 중 가장 독성이 작은 물질이다. 표 7.11에도 나타냈듯이 Halon 1301의 치사 농도(ALC, 실험 쥐의 반수가 15분 이내에 사망하는 허용 농도)는 83.4 vol %, Halon 1211은 32.6 vol %, Halon 2402는 13.2 vol %, 사염화탄소는 2.9 vol %이다.

일반적으로 건물의 전역방출방식에 사용되는 Halon 1301의 대체 소화제는 밀폐된 공간에서 사용해야 하므로 독성이 낮아야 하며 휴대용 소화제로 주로 쓰이는 Halon 1211의 대체 소화제는 개방된 대기 중에서 사용되므로 상대적으로 독성이 약간 높아도 무방하다. 그러나 화재 시 발생하는 많은 양의 유독 가스의 독성에 비한다면 소화약제에 의한 독성은 그다지 큰 비중을 차지하지 않을 것이다.

1) 치사 농도 (LC_{50})

50 % Lethal Concentration의 약자로 이 농도의 가스를 일정 시간(보통 15분, 1시간, 4시간 등) 동안 흡입하였을 때 실험 동물의 반수가 일정 기간(14일) 이내에 사망하는 공기 중의 가스 또는 증기의 허용 농도로 큰 수치의 값을 갖는 것이 독성이 작은 것을 의미한다.

2) 심장 민감도 반응

인체에 미치는 영향을 알아보기 위해 다음 항목을 측정한다. 이들 항목 역시 큰 수치의 값을 갖는 것이 독성이 작은 것을 의미한다.

① NOAEL : No Observed Adverse Effect Level의 약자로 심장의 역반응(심장장애 현상)이 나타나지 않는 최고 농도
② LOAEL : Lowest Observed Adverse Effect Level의 약자로 심장의 역반응(심장장애 현상)이 나타나는 최저 농도

미국에서는 사람이 있는 곳에 방출되는 전역 방출 방식 소화약제의 소화 농도는 NOAEL보다 낮아야 한다고 규정하고 있다. 이들 농도(NOAEL, LOAEL)와 소화에 필요한 설계 농도를 비교 검토하여 전역 방출 방식에의 사용 여부를 결정하는 기준은 다음과 같다.

① 피난이 1분 이내에 이루어질 수 없는 곳에서는 소화약제를 NOAEL보다 높은 농도로 사용할 수 없다.
② 피난이 30초에서 1분 이내에 이루어지는 곳에서는 소화약제를 LOAEL보다 높은 농도로 사용할 수 없다.
③ LOAEL보다 소화약제 설계 농도가 높은 경우에는 사람이 없는 곳이나 30초 이내에 피난이 이루어질 수 있는 곳에서만 사용할 수 있다.
④ 소화 시스템의 설계시 약제가 방출된 후에도 산소 농도가 16 vol % 이상 유지되어야 한다.

3) 생리학적 체내동태 모델(Physiologically Based Pharmacokinetic Model ; PBPK 모델)

PBPK 모델은 1920년대 Haggard와 1930년대 Teorell에 의해 그 개념이 소개된 이후 컴퓨터의 발달을 통해 복잡한 수식의 계산이 가능해지면서 1980년대 이후 본격적으로 신약 개발 분야, 유해물질의 노출평가 및 위해평가 분야에 활용되어져 오고 있다.

특히, 위해평가 분야에서는 1987년 디클로로메탄(dichloromethane)의 PBPK 모델이 처음으로 제안된 이후 꾸준히 PBPK 모델의 활용도가 증가하고 있으며, 미국 및 캐나다 등의 규제기관에서 유해물질의 기준치 설정에 PBPK 모델을 이용해 오고 있다.

소방분야의 경우에도 수년 전부터 NFPA 2001(Standard of Clean Agent Fire Extinguishing System) 및 ISO 14520(Gaseous Fire Extinguishing System)에서 가스계 소화약제의 인체안전성 기준으로 사용되고 있다.

약물동태학(Pharmacokinetics)은 체내에서 시간에 따른 약물(또는 유해물질)의 흡수, 분포, 대사, 배설과정의 변화를 파악하는 분야로서 비교적 간단한 pharmacokinetic(PK) 모델을 가정하여 물질의 생체 내 이행을 정량적으로 예측하는 데 활용된다.

기존의 고전적인 구획(compartments) 모델이 인체의 고유한 체내특성을 반영하지 못한다는 문제점을 보완하여 생체의 생리·해부학적 특성을 반영하는 모델을 사용하는 생리학적 약물동태학(physiological-based pharmacokinetics, PBPK)이 제안되었다. PBPK 모델에서는 구획을 실제 조직 장기에 근거하여 나누고 생체 내에서의 물질의 이동과정 및 조직 내의 혈액 이동과 물질의 대사과정을 반영하여 확립된다.

4) 상시거주지역 내 최대허용농도

전역 방출 방식의 할로겐화합물 및 불활성기체 소화약제 설계 시 상시거주지역 내에서 허용되는 농도는 미국 방화협회의 NFPA 2001 및 우리나라의 국가화재안전기준 중 "할로겐화합물 및 불활성기체 소화설비의 화재안전기준" (NFSC 107A)에 따라 다음 표 8.2와 표 8.3과 같이 적용된다.

여기서 상시거주지역이라(Normally Occupied Area)함은 평사 시 사람이 업무 등을 위하여 상시 근무하는 곳으로서 전산실, 사무실, 방재실 등을 의미하며 변전실, 전기실, 펌프실 등 점검 및 운전을 위하여 수시로 방문하는 지역은 비거주지역으로 분리된다.

표 8.2 할로겐화합물 소화약제의 설계농도

<table>
<tr><th>지역구분</th><th>NFPA2001</th><th>NFSC 107A</th></tr>
<tr><td rowspan="2">상시거주지역</td><td>① 설계농도가 NOAEL을 초과할 수 없으며 NOAEL이하의 경우에도 5분 이상의 노출을 금함</td><td rowspan="2">설계농도가 NFSC 107A [별표 2]에서 정하는 최대허용 설계농도를 초과할 수 없음</td></tr>
<tr><td>② 설계농도가 PBPK모델에 의한 5분간의 허용농도를 초과할 수 없음</td></tr>
<tr><td rowspan="3">비거주지역</td><td>① 피난시간이 30초 초과 1분 미만인 곳에서는 설계농도가 LOAEL농도를 초과할 수 없음</td><td rowspan="3">제한 없음</td></tr>
<tr><td>② 피난시간이 30초 이내인 경우에는 설계농도가 LOAEL농도를 초과할 수 있음</td></tr>
<tr><td>③ 설계농도가 LOAEL을 초과하는 경우 PBPK모델에 의한 인체노출허용시간내로 노출되는 시간을 제한할 수 있는 장치를 하여야 함</td></tr>
</table>

표 8.3 불활성기체 소화약제의 설계농도

지역구분	NFPA 2001	NFSC 107A
상시거주지역	불활성가스에 노출되는 시간을 5분 이내로 제한 할 수 있는 경우 설계농도 43 %(산소농도 12 %) 미만 허용	설계농도가 NFSC 107A [별표 2]에서 정하는 최대허용 설계농도를 초과할 수 없음(불활성기체 소화약제의 경우 43 %)
비거주지역	① 피난시간이 3분 이내인 경우 설계농도 43 %~52 % 미만 허용	제한 없음
	② 피난시간 30초 이내인 경우 설계농도 52 %~62 %까지 허용	
	③ 인명이 노출된 우려가 없는 곳의 경우 설계농도 62 % 초과 허용	

5) 만성 독성

발암 성분, 돌연 변이 유도 성분 등을 측정

6) 열분해 생성물의 생성 여부 및 독성

소화약제 자체의 독성은 아주 미약한 경우가 많으나 이들의 열분해 생성물은 유독한 경우가 많다. 따라서 열분해 생성물의 생성 여부 및 독성은 할로겐화합물 및 불활성기체 소화약제의 독성 평가에 중요한 의미를 갖는다.

모든 할로겐화합물 및 불활성기체 소화약제는 유사한 조건 하에서 Halon 1301에 비해 상대적으로 많은 양의 열분해 생성물을 발생시킨다.

열분해생성물은 주로 불화수소(HF)와 염화수소(HCl)같은 독성가스를 발생시키고, 이러한 독성가스는 200 ppm이 초과할 경우 피난에 악영향을 미칠 수 있다는 점에서 주의해야 할 점이다.

또한 일부 소화약제 및 특정조건하에서는 수천 ppm 이상의 불화수소가 발생하여 정밀한 장비 및 기기에 부식 및 오작동을 초래할 수 있다는 점도 심각하게 고려되어야 한다.

이러한 열분해 부산물을 감소시키기 위한 가장 큰 변수는 소화약제 방출시점의 화재의 규모이며 따라서 화재의 규모가 일정수준 이상으로 성장하기 전에 신속한 감지를 통하여 소화약제를 방출함으로써 해당 소화약제와 화염의 반응으로 발생하는 열분해 생성물의 양을 최소화 할 수 있다.

4. 지구 온난화 지수(GWP, Grobal Warming Potential)

Halon은 우주 공간으로 방출될 적외선을 흡수하여 대기 중으로 다시 방출함으로써 대기의 온도를 상승시키는 온실 가스이다. 따라서 대체 소화약제는 가능한 한 GWP가 작은 것이 바람직하다.

GWP는 지구 온난화에 기여하는 정도를 나타내는 지표로 1 kg의 이산화탄소와 비교하여 어떤 온실기체 1kg이 대기 중에 방출된 후 특정기간(20년, 100년, 500년) 동안에 지구 온난화에 어느 정도 영향을 미치는가를 평가하는 척도이다. 100년을 기준으로 CO_2를 1로 볼 때 메탄은 34, CFC-11은 5350, N_2O는 298, CF_4는 7350이다(2013 IPCC 보고서 참고).

지구 온난화 지수는 국제적으로 교토의정서에 의하여 선진국(비준국)의 경우 2012년까지 1990년 배출량 대비 평균 5.2 %를 감축하도록 하고 있으며 유럽 등 선진국으로부터 한국을 포함한 선진개도국의 참여를 지속적으로 요구받고 있으므로 2013년부터는 국내의 경우에도 이산화탄소 배출량을 줄이고 있다.

현재까지는 지구 온난화 지수에 대한 국내의 관심 및 대책이 국제사회에 비하여 비교적 부족하였으나 향후 할로겐화합물 및 불활성기체 소화약제의 선택에서는 필수적으로 검토해야 할 사안이다.

5. 저장 안정성 및 부식성

할로겐화합물 및 불활성기체 소화약제는 안정하여 저장 시 분해되지 말아야 하며 저장용기인 금속을 부식시키지 말아야 한다.

6. 상용성

Halon 소화약제는 대부분의 플라스틱, 고무, 금속 등에 거의 영향을 끼치지 않는다. 따라서 이러한 물질들을 직접 소화기 제조에 사용할 수 있기 때문에 이러한 물질들로 이루어진 전기 제품이나 기기 등에 Halon 소화약제를 분사해도 거의 손상을 입지 않는다. 할로겐화합물 및 불활성기체 소화약제도 이 정도의 상용성을 가져야 한다.

7. 기 타

위의 항목 이외에도 할로겐화합물 및 불활성기체 소화약제는 전기 전도도가 낮아야 하며, 액체 및 기체의 비열이 높아야 하고 다른 가압원의 도움 없이도 자체 방출이 가능한 적당한 증기압을 가져야 한다. 이 외에도 사용 후 잔사가 없어야 한다.

8. 인증 및 시험

할로겐화합물 및 불활성기체 소화약제의 경우 기존의 할론 소화약제에 비하여 그 사용기간이 짧고 축적된 경험이 비교적 많지 않으므로 사용 전에 신뢰성 있는 시험기관 및 공인기관으로부터 철저한 인증과 시험이 이루어져야 한다.

할로겐화합물 및 불활성기체 소화약제의 국내 및 국제적인 인증 및 시험을 정리하면 표 8.4와 같다.

표 8.4 할로겐화합물 및 불활성기체 소화약제의 인증 및 시험

시험항목	해외	국내
소화약제의 인체안전성	미국환경청(U.S EPA)의 SNAP(Significant New Alternatives Policy)프로그램에 의한 평가	별도의 시험은 없으며 해외 인증현황을 참고함.
소화약제의 환경영향성	미국환경청(U.S EPA)의 SNAP(Significant New Alternatives Policy)프로그램에 의한 평가	별도의 시험은 없으며 해외 인증현황을 참고함.
소화약제의 소화 농도	각 인증기관 및 공인기관(UL, ISO, NFPA, FM등)에 의한 시험	한국소방산업기술원의 "소화약제 형식승인 및 제품검사의 기술기준"에 의한 형식 및 개별검정
소화설비의 부품시험	UL, FM등 인증기관에 의한 시험	한국소방산업기술원의 "소화약제 형식승인 및 제품검사의 기술기준"에 의한 형식 및 개별검정
소화설비 설계프로그램 시험	UL, FM등 인증기관에 의한 시험	한국소방산업기술원의 "KFI"인증시험
소화설비의 소화시험	UL, FM등 인증기관에 의한 시험	한국소방산업기술원의 "KFI"인증시험

8.4 종류

Halon이 성층권의 오존층을 파괴하고 지구 온난화를 일으키는 물질로 판명된 이래 환경 문제를 일으키지 않는 할로겐화합물 및 불활성기체 소화약제의 개발에 관한 연구가 선진국을 위주로 활발히 진행 중에 있다.

지금까지 개발된 할로겐화합물 및 불활성기체 소화약제 중에서 여러 가지 면에서 우수하다고 인정되어 국내에 사용이 가능하도록 국가화재안전기준에 등재된 할로겐화합물 및 불활성기체 소화약제는 표 8.5와 같으며 이들의 물성 및 특성은 표 8.6과 같다.

표 8.5 할로겐화합물 및 불활성기체 소화약제의 종류

소화약제		화학식
할로겐화합물 소화약제	FC-3-1-10	C_4F_{10} (Perfluorobutane)
	HCFC BLEND A	$CHCl_2CF_3$ (HCFC-123) : 4.75 wt %
		$CHClF_2$ (HCFC-22) : 82 wt %
		$CHClFCF_3$ (HCFC-124) : 9.5 wt %
		$C_{10}H_{16}$: 3.75 wt %
	HCFC-124	$CHClFCF_3$ (Chlorotetrafluoroethane)
	HFC-125	CHF_2CF_3 (Pentafluoroethane)
	HFC-227ea	CF_3CHFCF_3 (Heptafluoropropane)
	HFC-23	CHF_3 (Trifluoromethane)
	HFC-236fa	$CF_3CH_2CF_3$ (Hexafluoropropane)
	FIC-13I1	CF_3I (Trifluoroiodomethane)
	FK-5-1-12	$CF_3CF_2C(O)CF(CF_3)_2$ (Dodecafluoro-2-methylpentan-3-one)
불활성기체 소화약제	IG-01	Ar
	IG-100	N_2
	IG-541	N_2 : 52 %, Ar : 40 %, CO_2 : 8 %
	IG-55	N_2 : 50 %, Ar : 50 %

표 8.6 할로겐화합물 및 불활성기체 소화약제와 Halon 1301의 물성 및 특성

항목 \ 종류	할로겐화합물 및 불활성기체 소화약제							Halon 1301
	FC-3-1-10	HCFC BLEND A	HCFC-124	HFC-125	HFC-227ea	HFC-23	IG-541	
분자량	238.03	92.90	136.50	120.02	170.03	70.01	34.0	148.9
끓는점 (℃)	-2.0	-38.3	-11.0	-48.5	-16.4	-82.1	-19.6	-57.8
어는점 (℃)	-128.2	<-107.2	-198.9	-102.8	-131	-155.2	-78.5	-168.0
임계 온도 (℃)	118.2	124.4	122.2	66.0	101.7	25.9	-	67.0
임계 압력 (kPa)	2,323	6,647	3,614	3,595	2,912	4,836	-	4,010
임계 체적 (cc/mole)	371	162	242	210	274	133	-	-
임계 밀도 (kg/m^3)	629	577	565	571	621	525	-	745
액체 비열, 25 ℃ (kJ/kg · ℃)	1.047	1.256	1.130	1.250	1.184	1.549	-	0.870
기체 비열, 1 atm (kJ/kg · ℃)	0.084	0.670	0.741	0.800	0.808	0.787	0.574	0.468
기화열, 비점 (cal/g)	23.0	53.9	46.4	39.4	31.7	57.3	52.6	28.4
최소 소화 농도 (vol %)[1]	5.9	9.9	6.6	8.7	6.6	12.9	31	4.1
ODP[2]	0	0.04	0.02	0	0	0	0	10. 0
GWP[3]	-	1,600	1,600	2,800	2,900	11,700	0	4,900
ALC (vol %)[4]	>80	64	21	>70	>80	>65		83
NOAEL (vol %)[5]	40	10	1.0	7.5	9.0	30	43	5
LOAEL (vol %)[6]	>40	>10	2.5	10	10.5	>30	52	7.5
PBPK[7]	-	-	-	11.5	10.5	-	-	-
무게 등가 (할론 1301= 1)	2.11	1.09	-	-	1.7	1.8	-	1
대기 잔존 기간 (년)	>500	7	-	-	42	400	0	107

1) 최소 소화 농도 : Experimental threshold concentration에 해당되는 의미로 불꽃 소화에 필요한 실험적 최소 소화 농도를 말한다 (NFPA 200 2008년판 n-Heptane으로 실험한 값)
2) ODP : Ozone Depletion Potential의 약자로 오존 파괴 지수를 의미
3) GWP : Global Warming Potential의 약자로 지구 온난화 지수를 의미
4) ALC : 치사 농도(15분 노출되었을 때 실험 쥐의 반수가 사망하는 허용 농도)
5) NOAEL : No Observed Adverse Effect Level의 약자로 심장의 역반응(심장 장애 현상)이 나타나지 않는 최고 농도 (IG-541의 경우 NOAEL값은 아니나 동일수준의 농도)
6) LOAEL : Lowest Observed Adverse Effect Level의 약자로 심장의 역반응(심장 장애 현상)이 나타나는 최저 농도 (IG-541의 경우 LOAEL값은 아니나 동일수준의 농도)
7) PBPK : Physiologically Based Pharmacokinetic 모델 시험값(NFPA2001, U.S EPA기준)

1. 할로겐화합물 소화약제

할로겐화합물 소화약제란 불소, 염소, 브롬 또는 요오드 중 하나 이상의 원소를 포함하고 있는 유기화합물을 기본 성분으로 하는 소화약제를 말한다.

1) 명명법

(1) 기본 명명법

새롭게 고시된 할로겐화합물 및 불활성기체 소화약제의 대부분은 불소가 함유되어 있는 프레온 종류이며 그 명명법은 다음과 같다.

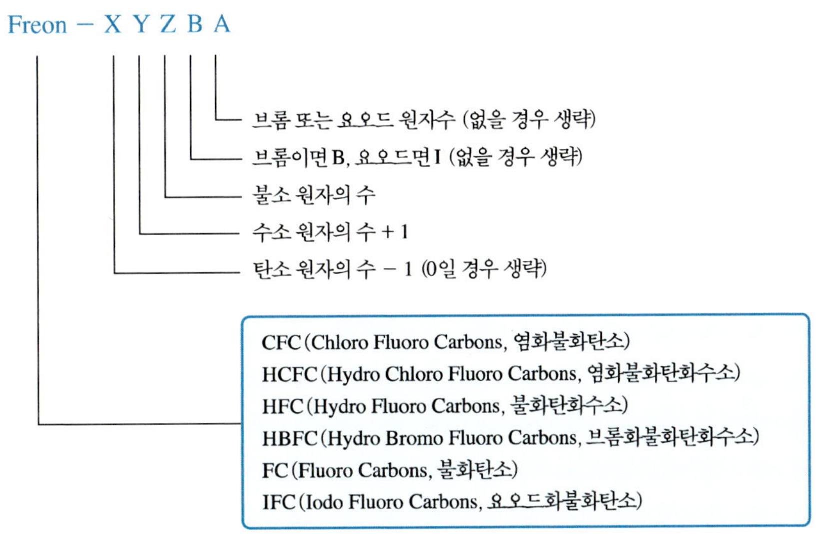

예를 들면, CF_3CHCl_2 : HCFC−123

CF_3CHClF : HCFC−124

CF_3CHF_2 : HFC−125

CHF_3 : HFC−23

C_4F_{10} : FC−3−1−10으로 명명한다.

(2) 부가 명명법

HFC−227ea나 HFC−236fa와 같이 숫자 뒤에 영문자 ea 또는 fa를 표기하는 경우가 있는데 이는 탄소가 2개 이상인 에탄계나 프로판계 할로겐화합물 및 불활성기체 소화약제의 구조 이성질체를 구분하기 위한 것이다. 첫 번째 영문자는 탄소가 3개인 물질 중에 두 번째 탄소에 결합된 원자가 무엇인가를 나타내기 위한 것으로 분자량의 크기순으로

a~f까지 표기한다. 즉 탄소와 결합할 수 있는 Cl, F, H중 분자량이 가장 큰 Cl−C−Cl이 a이고, Cl−C−F는 b, F−C−F는 c, Cl−C−H는 d, F−C−H는 e, H−C−H는 f로 표기한다.

두 번째 영문자는 좌우에 있는 탄소가 얼마만큼 대칭인가를 나타내는 것으로 극성과 비극성을 구분하기 위한 것이다. 즉 a는 결합하고 있는 분자구조가 대칭구조일 경우로서 비극성 결합을 하고 있음을 나타내고 있으며, b는 결합하고 있는 분자구조가 비대칭 구조일 경우로서 극성 결합을 하고 있음을 나타내는 것이다.

예를 들면 $CF_3-CHF-CF_3$ 구조인 HFC−227ea는 중간의 탄소는 F−C−H가 되므로 첫 번째 영문자를 e로 표기하고 양쪽의 탄소는 불소가 3개씩 결합한 구조인 CF_3이므로 대칭구조를 이루어 비극성 결합이 되므로 두 번째 영문자는 a로 표기한다. HFC−236fa는 $CF_3-CH_2-CF_3$ 구조이므로 중간의 탄소는 H−C−H가 되므로 첫 번째 영문자를 f로 표기하고 양쪽에 CF_3가 대칭구조를 이루어 비극성 결합이 되므로 두 번째 영문자는 a로 표기한다. 한편 HFC−245eb는 $CF_3-CHF-CH_2F$ 구조를 나타내어 비대칭구조이므로 극성결합을 하고 있으므로 두 번째 영문자를 b로 표기한다.

국내에 등재된 소화약제를 위의 명명법으로 분류해 보면 크게 HCFC 계열, HFC 계열, FC 계열, 혼합 소화제 계열 그리고 기타계열로 나누어진다.

이들의 특징을 좀 더 자세히 살펴보면 다음과 같다.

2) HCFC 계열

이 물질군은 오존층을 파괴하는 원소의 하나인 브롬을 함유하지 않는 염화불화탄화수소이다. 이 물질은 현재 오존층 파괴의 주범으로 여겨지고 있는 CFC에 수소를 첨가하여 이들이 대기권으로 방출되면 쉽게 분해되도록 하여 오존 파괴 능력을 낮춘 것이다.

이 물질군에서 대체 소화약제로 사용되는 것은 HCFC−123($CHCl_2CF_3$, 2,2−dichloro−1,1,1−trifluoroethane), HCFC−22($CHClF_2$, chlorodifluoromethane), HCFC−124($CHClFCF_3$, 2−chloro−1,1,1,2−tetrafluoroethane)이다.

이들 3가지 물질은 서로의 장・단점을 보완하기 위하여 일정 비율로 혼합하여 사용하기도 하고 HCFC−124의 경우는 단독으로도 사용되고 있다.

(1) HCFC−123

HCFC−123은 Du Pont사에서 FE−232라는 상품명으로 최초 개발된 소화약제이다. 이 물질은 끓는점이 28 ℃로 비교적 높아 휴대용 소화기에 적합하며 또 액체 상태로 분사되기 때문에 냉각 효과가 있어 A급 화재에도 사용될 수 있다. n−Heptane의 최소 소화

농도가 7.5 vol %로 약간 높고 ODP가 0이 아닌 단점이 있다. LC_{50}은 32 vol %로 비교적 낮은 독성을 가지고 있다.

HCFC-123의 상용성을 보면 대부분의 금속과는 함께 사용할 수 있지만 강한 용해력을 갖고 있어서 일부 탄성체를 과도하게 팽윤(swelling)[2]시키기 때문에 주의를 요한다.

(2) HCFC-124

HCFC-124는 Du Pont사에서 FE-241이라는 상품명으로 최초 개발된 소화약제이다.

HCFC-124의 경우도 HCFC-123과 거의 비슷하나 끓는점이 -11 ℃로 HCFC-123 보다는 매우 낮은 것이 특징이다. 그러나 HCFC 계열은 소화 성능에 큰 영향을 미치는 브롬 원자가 포함되어 있지 않기 때문에 화학적 소화 효과가 아주 약해져서(대부분이 물리적 소화 효과) Halon 약제만큼 소화 성능을 발휘하지 못하는 단점이 있다. n-Heptane의 최소 소화 농도는 6.4 ~ 8.2 vol %이고 독성은 LC_{50}이 23 ~ 29 vol %이며 할론 1301과 비교할 때 무게비로 1.6 배, 부피비로 2.3배 투입해야 효과적으로 소화할 수 있다.

3) HFC 계열

이 물질들은 오존을 파괴하는 원인 물질인 염소나 브롬을 함유하고 있지 않은 불화탄화수소로 대기중에 방출되어 성층권에 도달하여도 오존층을 전혀 파괴하지 않는다.

HFC 계열 중에서 대체 소화약제로 사용되는 것은 HFC-125(CHF_2CF_3), HFC- 227ea (CF_3CHFCF_3), HFC-23(CHF_3)이다.

이 물질들의 가장 큰 단점은 HCFC 계열과 마찬가지로 브롬 원소가 함유되어 있지 않기 때문에 화학적 소화 효과는 Halon 약제에 비해 떨어지나 물리적 소화 효과는 Halon 약제에 비해 큰 장점이 있다.

(1) HFC-125

미국의 Du Pont 사가 FE-25라는 상품명으로 개발한 전역 방출 방식용(비거주지역) 대체 소화약제이다.

HFC-125는 Halon 1301과 아주 유사한 물성을 지니고 있다. 다만 25 ℃에서의 액체

---

2. 팽윤(swelling) : 탄성 gel(탄성을 나타내는 gel로 한천, 젤라틴 등을 말한다)이 액체를 흡수해서 체적이 커지는 현상을 말한다. 예를 들면 젤라틴을 물에 넣거나 목제를 물에 넣은 경우 이러한 현상이 나타난다. 일반적으로 발열을 동반한다.

밀도는 1.25 g/mL로 Halon 1301의 1.54 g/mL보다 낮기 때문에 용기에 대한 소화제의 저장 비율이 약간 떨어진다.

최소 소화 농도는 8.7 vol %, NOAEL은 7.5 vol %, LOAEL은 10.0 vol % 그리고 PBPK 모델에 의한 5분간 허용노출농도는 11.5 %로 상시거주지역내에서 사용이 가능하다.

또한 물질에 대한 안전성은 높기 때문에 대부분의 금속, 고무 등과 상용성이 있다. 이 약제는 기존의 Halon에 비해 물성이 유사한 장점이 있어 기존의 전역 방출 방식 시설을 약간 보완만 하면 그대로 사용할 수 있는 장점이 있다. 다만 Halon 1301의 설계농도는 5 vol %이지만 HFC-125의 경우 설계농도를 약 8 vol %를 유지해야 하므로 더 큰 저장량이 필요하다.

(2) HFC-227ea

미국의 Great Lakes Chemical 사가 FM-200이라는 상품명으로 개발한 소화제로 ODP가 0이며 끓는점이 −16.4 ℃로 전역 방출 방식(거주 지역)에 적합하다.

최소 소화 농도는 5.8 ~ 6.6 vol %이고 NOAEL은 9.0 vol %, LOAEL은 10.5 vol %, PBPK모델에 의한 5분간의 허용노출농도가 10.5 %, 치사농도(LC_{50})가 80 vol % 이상으로 사람이 있는 곳에서도 사용이 가능하다.

소화 농도는 타 약제에 비하여 우수하나 비체적이 작아 소요약제 중량이 증가된다. 또한 비점이 −16.4 ℃로 해당 온도이하에서는 사용이 제한된다.

(3) HFC-23

FC(Fluorocarbon)계 물질에 수소가 첨가된 HFC(Hydrofluorocarbon)계의 대체 물질로 대기 중의 수명이 FC 에 비해 줄어들어 GWP도 낮아지도록 개발된 물질이다.

미국의 Du Pont 사가 FE-13이라는 상품명으로 개발한 전역 방출 방식용의 대체 소화약제이다.

NOAEL은 30 vol %, LOAEL은 > 30 vol % 이상, 치사농도(LC_{50})는 65 vol % 이상으로 독성은 낮지만 최소 소화 농도가 13 ~ 15 vol %로 Halon 약제에 비해 소화 성능이 크게 떨어지며 GWP가 약 12,000(100년 기준)으로 높은 편으로 HFC-23을 소각함으로써 이산화탄소 배출량을 감소하는 사업(CDM : Clean Development Mechanism)이 진행 중이다.

그리고 증기압이 높고 밀도가 작기 때문에 기존 Halon 1301의 시스템은 사용할 수가 없고 다만 증기압이 이산화탄소와 비슷하고 밀도는 이산화탄소보다 크기 때문에 이산화탄소의 대체 소화약제로 유망하다. 따라서 이산화탄소에 비해 낮은 소화 농도, 낮은 독성 및 기존의 장치를 이용할 수 있다는 점이 매우 매력적인 장점이다. 다시 말해 이산화탄소는 소화 농도가 작업 허용 농도보다 높아 사람이 존재하는 곳에서는 사용하기 어렵다.

HFC-23은 임계 온도가 25.9 ℃로 낮기 때문에 사용할 때 주의가 필요하다. 미국 NFPA No. 12에 의하면 이산화탄소 용기의 최대 사용 온도는 54 ℃이고 영국 BS 5306에 의하면 46 ℃이므로 25.9 ℃보다 높은 온도에서는 기체 상태로 배출되므로 시간이 많이 소요되는 단점이 있다.

금속, 고무, 플라스틱에 대한 상용성은 우수한 편이나 대기 잔존 기간은 상당히 길다.

4) FC-3-1-10

탄소 원자에 접한 모든 물질이 불소인 불화 탄소로 사용되고 있는 것은 FC-3-1-10(C_4F_{10})이다. 이 약제는 미국의 3M사에 의해 PFC-410이라는 상품명으로 개발되었다. 이 계열의 소화약제들은 모두 깨끗하고, 안정하고, 불활성이며 비전도성이다. 또한 ODP도 0이고 독성도 매우 낮은 편이다. 소화 성능을 비교한 결과, 탄소수가 많을수록 소화 성능은 좋아졌으나 독성은 증가하였다.

FC-3-1-10은 끓는점이 −2.0 ℃, 소화 농도가 5.0 ~ 5.9 vol %로 비교적 소화 성능도 우수하고 NOAEL은 40 vol %, LOAEL은 40 vol % 이상으로 독성도 낮기 때문에 전역 방출 방식(거주 지역)에 주로 사용된다. 이 약제는 Halon 1301에 비해 무게비로 약 2 배의 양을 사용해야 소화된다는 단점이 있다.

FC-3-1-10의 GWP는 18.2로 매우 높고 대기 잔존 시간도 500년 이상으로 매우 길다.

5) FK-5-1-12

FK-5-1-12는 미국의 3M사에서 NOVEC-1230® 이라는 상표명으로 새로 개발한 소화약제로 화학식은 $CF_3CF_2C(O)CF(CF_3)_2$ (Dodecafluoro-2-methylpentan-3-one)이다.

이 약제는 NFPA2001에 2004년판부터 등재되었으며 국내의 경우에도 국가화재안전기준에 2007년도부터 등재되어 상용화가 가능한 약제이다.

이 약제의 가장 큰 특징은 환경친화성으로 ODP가 0이고, GWP 1, ALT(대기 잔존 기간)가 5일 이하인 친환경적인 약제이다. 또한 NOAEL이 10 %로 거주지역 내 사용에 충분한 안전성을 가지며 상온에서 액상으로 존재하고 증기압이 0.4 bar로 별도의 충전설비가 필요 없고 운송이 편리하다는 것도 이 약제의 큰 장점이다. 소화 성능은 4 %~6 %로 Halon과 유사하나 비체적이 작아 중량기준으로는 Halon 대비 약 2배가 소요된다.

6) 혼합 소화제 계열

이상의 순수한 물질만으로는 소화약제의 모든 조건을 만족시키지 못하기 때문에 두 가지 이상의 물질을 혼합하여 사용하면 다음과 같은 장점을 얻을 수 있다.

① 혼합 소화제는 순수 성분에 비해 배합비, 배합 성분의 조성에 의한 물성, ODP, GWP, 독성, 소화 성능, 방사 성능 등을 임의로 조절할 수 있다.
② 혼합 소화제는 서로 다른 성분들의 상승 효과에 의해 예측치보다 높은 소화 성능을 낼 수 있다.
③ 혼합 소화제는 빠른 소화 성능을 가진 성분과 재발화를 억제하는 성분을 적절히 배합할 수 있다.

혼합 소화제는 많은 조합이 있을 수 있으나 현재는 HCFC, HFC 및 FC를 기초로 한 혼합물이 주로 연구되고 있다.

할로겐화합물 및 불활성기체 소화약제로 고시된 혼합 소화약제에는 HCFC BLEND A와 IG-541 등이 있다. 이들의 특성을 HCFC BLEND A를 중심으로 살펴보면 다음과 같다.

(1) HCFC BLEND A

미국의 North American Fire Guardian Technology사에서 NAF S-Ⅲ라는 상품명으로 개발된 혼합 소화약제이다.

미국의 환경보호청(EPA, Environmental Protection Agency)에 Halon 1301 후보 대체물질로 등재되어 있으나 몬트리올 의정서에 따른 규제가 강화되면서 선진국에서는 이미 사용이 금지되었고 국내의 경우에도 2012년부터 사용량 동결을 시작으로 규제가 이루어지고 있다.

① **구성물질** : NAF S-Ⅲ는 HCFC 계열의 HCFC-22($CHClF_2$, chlorodifluoromethane) 82 vol %, HCFC-123($CHCl_2CF_3$, 2,2-dichloro-1,1,1-trifluoroethane) 4.75 wt %, HCFC-124 ($CHClFCF_3$, 2-chloro-1,1,1,2-tetrafluoroethane) 9.5 wt %로 구성된 혼합물이다.

여기에 소화 시 화염에 접촉되어 열분해를 일으키면서 생성되는 독성의 열분해 생성물의 발생량을 감소시켜 주기 위해서 저독성화 첨가제인 NAF-XX($C_{10}H_{16}$, 4-isopropenyl-1-methylcyclohexane)를 3.75 wt % 첨가하였다.

② **일반적 특성** : NAF S-Ⅲ은 Halon 1301과 마찬가지로 대기압 상태에서 투명한 가스 상태이며 비전도성 매개물로서 색깔이 없고 금속에 대한 부식성이 없다. 그리고 소화 후 잔여물이 남지 않는 청정소화제이나 방출압력이 적절하지 않을 경우에는 첨가제인 NAF-XX가 잔유물로 남을 우려가 있다. 최소 소화 농도는 B급 불꽃소화농도가 9.9 vol %이고, NOAEL은 10 vol %, LOAEL은 10 vol % 이상으로 B급 화재의 경우에는 거주지역내 사용이 제한되는 소화약제이다.

A급 화재의 소화를 위한 설계 농도가 8.6 vol %로 Halon 1301의 5.0 vol %보다 높지만 비체적(m^3/kg)은 NAF S-Ⅲ가 약 2배 정도(20 ℃에서 비체적은 NAF S-Ⅲ가 0.2589 m^3/kg, Halon 1301이 0.1592 m^3/kg)되기 때문에 Halon 1301과 거의 동일한 약제량(무게비로 약 1.09)으로 교체가 가능하다. Halon 1301과 몇 가지 소화 특성을 비교해 보면 표 8.7과 같다.

표 8.7 NAF S-Ⅲ와 Halon 1301의 소화 특성 비교

물성	NAF S-Ⅲ	Halon 1301
설계 농도(vol %)	8.6	5.0
오존 파괴 지수	0.04	10
잔여물	없음	없음
전기 전도성	없음	없음
금속 부식	없음	없음
규제현황	규제물질	규제물질

③ **소화 기구(extinguishing mechanism)** : 일반적으로 할론 소화약제의 소화 기구는 아직까지 완전하게 규명되지 않았지만 NAF S-Ⅲ의 소화 효과는 물리적 소화와 화학적 소화로 나눌 수 있다.

물리적 소화에는 화염으로부터 열을 빼앗는 냉각소화와 주변의 산소의 농도를 낮추어 주는 질식소화가 있다.

NAF S-Ⅲ는 열용량이 크고, 높은 기화열을 가지고 있기 때문에 방출되면서 기화될 때나, 불길과의 접촉 시 분해를 일으킬 때에는 주위의 열을 빼앗아 냉각효과를 나타낸다. 불길은 일정 온도 이하가 되면 꺼지게 되는데 이러한 냉각 작용에 의해 방호구역 주위의 온도가 내려가면 불길은 저절로 꺼지게 된다. 한편, 산소의 질식 작용에 의한 효과는 아주 미미한 정도이다.

화학적 소화의 반응 기구는 완전히 규명된 것은 아니지만 연쇄 반응을 차단시키거나 방해 또는 억제하여 소화하는 할론 소화약제의 소화 기구와 매우 유사한 것으로 알려져 있다. Halon 1301과 마찬가지로 연쇄 반응의 차단 기구에는 자유 활성기(free radical)이론과 이온 이론이 있다(자세한 내용은 Halon 1301의 소화 기구 참고). NAF S−Ⅲ의 경우는 위의 두 가지 이론 외에도 다른 반응 기구가 있을 것으로 추측된다. NAF S−Ⅲ가 Halon 1301과 다른 점은 Halon 1301의 소화 효과는 주로 화학적 소화 효과인 데 반하여 NAF S−Ⅲ의 소화 효과는 물리적 소화 효과가 더 큰 비율을 차지한다는 것이다.

2. 불활성기체 소화약제

불활성기체 소화약제란 헬륨, 네온, 아르곤 또는 질소가스 중 하나 이상의 원소를 기본성분으로 하는 소화약제를 말한다.

1) 명명법

소화약제 명칭 중 영문명 IG는 Inert Gas의 약자로 불활성기체를 의미하며 뒤의 숫자는 소화약제의 해당 가스별 체적비(vol %)를 의미한다.

첫 번째 숫자는 질소의 농도비율, 두 번째 숫자는 아르곤의 농도비율, 세 번째 숫자는 이산화탄소의 농도비율을 각각의 숫자를 첫째자리에서 반올림하여 기재한다. 예를 들면, IG − 541은 질소 52 vol %, 아르곤 40 vol %, 이산화탄소 8 vol %을 혼합한 것이므로 질소 52 vol % = 5, 아르곤 40 vol % = 4, 이산화탄소 8 vol %(≒ 10 vol %) = 1로 기재한다.

2) IG − 541

미국의 Ansul Fire Protection사에서 Inergen이란 상품명으로 개발한 혼합 소화제이다. 구성 물질은 세 가지의 불활성 기체로 질소가 52 vol %, 아르곤이 40vol %, 이산화탄소가 8vol % 이다.

이 약제는 오존 파괴 지수가 0이고, 불꽃 소화 농도가 31 vol %이며, 독성은 비교적 낮은 전역 방출 방식용 소화약제이다. 할론이나 분말 소화약제와 같이 화학적 소화 효과를 나타내는 것이 아니고 주로 밀폐된 공간에서 산소 농도를 낮추는 것에 의해 소화한다. 다른 소화약제에 비해 가격은 저렴하나 넓은 용기 면적이 필요하다.

지난 수 년간 광범위한 불활성기체 소화약제가 소개되었고, 더 많은 종류가 가까운 장래에 상용화 될 것이다. 소화약제의 사용은 해당 환경규제요구 사항을 충족시켜야 한다. 소화약제의 선정은 해당 소화약제의 성능 특성, 소화약제 및 설비의 공간 및 중량 문제, 독성, 그리고 승인을 거친 설비 하드웨어의 가용성 여부를 통해 결정된다.

대체 소화약제의 적용은 소화약제 및 하드웨어에 대해 적용되는 제 3자의 인증/승인 규정에 따라 주의 깊게 이루어져야 한다. 이와 같은 새로운 소화약제를 적용하는 설비에 대해서는 경험이 상대적으로 부족하므로 설계, 설치, 검사, 시험, 그리고 유지보수 면에서 각별한 주의를 기울여야 한다. "할로겐화합물 및 불활성기체 소화설비의 화재안전기술기준(NFTC 107A)"과 "할로겐화합문 및 불활성기체 소화설비의 화재안전성능기준(NFPC 107A)"은 이러한 기준을 제공하며 해외의 기준 즉, NFPA, ISO등의 기준은 국내의 기준에 명기되지 않은 사항에 대한 보충적인 정보를 제공할 수 있을 것이다.

8.5 저 장

1. 저장용기

1) 용기의 설치 장소

① 방호구역 외의 장소에 설치할 것. 다만, 방호구역 내에 설치할 경우에는 피난 및 조작이 용이하도록 피난구 부근에 설치하여야 한다.
② 온도가 55 ℃ 이하이고 온도의 변화가 작은 곳에 설치하여야 한다.
③ 직사광선 및 빗물이 침투할 우려가 없는 곳에 설치하여야 한다.
④ 방화문으로 구획된 실에 설치하여야 한다.
⑤ 용기의 설치 장소에는 당해 용기가 설치된 곳임을 표시하는 표지를 하여야 한다.
⑥ 용기 간의 간격은 점검에 지장이 없도록 3 cm 이상의 간격을 유지하여야 한다.
⑦ 저장용기와 집합관을 연결하는 연결배관에는 체크밸브를 설치하여야 한다. 다만, 저장용기가 하나의 방호구역만을 담당하는 경우에는 그러하지 아니하다.

2) 저장용기의 기준

① 저장용기의 충전밀도・충전압력 및 최소사용설계압력은 표 8.8에 따를 것

② 저장용기는 약제명 · 저장용기의 자체중량과 총중량 · 충전일시 · 충전압력 및 약제의 체적을 표시할 것

③ 동일 집합관에 접속되는 저장용기는 동일한 내용적을 가진 것으로 충전량 및 충전압력이 같도록 할 것

④ 저장용기에 충전량 및 충전압력을 확인할 수 있는 장치를 하는 경우에는 해당 소화약제에 적합한 구조로 할 것

⑤ 저장용기의 약제량 손실이 5 %를 초과하거나 압력손실이 10 %를 초과할 경우에는 재충전하거나 저장용기를 교체할 것. 다만, 불활성기체 소화약제 저장용기의 경우에는 압력손실이 5 %를 초과할 경우 재충전하거나 저장용기를 교체하여야 한다.

표 8.8 할로겐화합물 및 불활성기체 소화약제 저장용기의 충전밀도 · 충전압력 및 최소사용설계압력

1. 할로겐화합물 소화약제

항목 \ 소화약제	HFC-227ea				FC-3-1-10	HCFC BLEND A	
최대충전밀도(kg/m^3)	1,265	1,201.4	1,153.3	1,153.3	1,281.4	900.2	900.2
21 ℃ 충전압력(kPa)	303**	1,034*	2,482*	4,137*	2,482*	4,137*	2,482*
최소사용 설계압력(kPa)	2,868	1,379	2,868	5,654	2,482	4,689	2,979

항목 \ 소화약제	HFC-23						HCFC-124	
최대충전밀도(kg/m^3)	865	768.9	720.8	640.7	560.6	480.6	1,185.4	1,185.4
21 ℃ 충전압력(kPa)	4,198**	4,198**	4,198**	4,198**	4,198**	4,198**	1,655*	2,482*
최소사용 설계압력(kPa)	12,038	9,453	8,605	7,626	6,943	6,392	1,951	3,199

항목 \ 소화약제	HFC-125		HFC-236fa			FK-5-1-12					
최대충전밀도 (kg/m^3)	865	897	1,185.4	1,201.4	1,185.4	1,441.7	1,441.7	1,441.7	1,201	1,441.7	1,121
21 ℃ 충전압력 (kPa)	2,482*	4,137*	1,655*	2,482*	4,137*	1,034*	1,344*	2,482*	3,447*	4,206*	6,000*
최소사용 설계압력 (kPa)	3,392	5,764	1,931	3,310	6,068	1,034	1,344	2,482	3,447	4,206	6,000

[비고] 1. "*" 표시는 질소로 축압한 경우를 표시한다.
2. "**" 표시는 질소로 축압하지 아니한 경우를 표시한다.
3. 소화약제 방출을 위해 별도의 용기로 질소를 공급하는 경우 배관의 최소사용설계압력은 충전된 질소압력에 따른다. 다만, 다음 각 목에 해당하는 경우에는 조정된 질소의 공급압력을 최소사용압력으로 적용할 수 있다.

가. 질소의 공급압력을 조정하기 위해 감압장치를 설치할 것

나. 폐쇄할 우려가 있는 배관 구간에는 배관의 최대허용압력 이하에서 작동하는 안전장치를 설치할 것

2. 불활성기체 소화약제

항목 \ 소화약제		IG-01			IG-541			IG-55			IG-100		
21 ℃ 충전압력 (kPa)		16,341	20,436	31,097	14,997	19,996	31,125	15,320	20,423	30,634	16,575	22,312	28,000
최소사용 설계압력 (kPa)	1차 측	16,341	20,436	31,097	14,997	19,996	31,125	15,320	20,423	30,634	16,575	22,312	28,000
	2차 측	"[비고] 2" 참조											

[비고] 1. 1차 측과 2차 측은 감압장치를 기준으로 한다.

2. 2차 측의 최소사용설계압력은 제조사의 설계프로그램에 의한 압력 값에 따른다.

3. 저장용기에 소화약제가 21℃ 충전압력보다 낮은 압력으로 충전되어 있는 경우에는 실제 저장용기에 충전되어있는 압력 값을 1차 측 최소사용설계압력으로 적용할 수 있다.

3) 하나의 방호구역을 담당하는 저장용기의 소화약제의 체적합계보다 소화약제의 방출 시 방출경로가 되는 배관(집합관을 포함한다)의 내용적의 비율이 할로겐화합물 및 불활성기체 소화약제 제조업체(이하 "제조업체"라 한다)의 설계 기준에서 정한 값 이상일 경우에는 당해 방호구역에 대한 설비는 별도 독립방식으로 하여야 한다.

2. 소화약제량의 산정

1) 소화약제의 저장량은 다음 각 호의 기준에 따른다.

① 할로겐화합물 소화약제의 경우, 방호구역의 체적, 소화약제별 선형상수, 소화약제의 설계농도 등을 고려하여 다음 공식에 따라 산출한 양 이상으로 할 것

$$W = V/S \cdot [C\ /\ (100 - C)]$$

W : 소화약제의 무게(kg)

V : 방호구역의 체적(m^3)

S : 소화약제별 선형상수($K_1 + K_2 \cdot t$)(m^3/kg)

C : 체적에 따른 소화약제의 설계농도(%)

t : 방호구역의 최소예상온도(℃)

소화약제	K_1	K_2
FC-3-1-10	0.094104	0.00034455
HCFC BLEND A	0.2413	0.00088
HCFC-124	0.1575	0.0006
HFC-125	0.1825	0.0007
HFC-227ea	0.1269	0.0005
HFC-23	0.3164	0.0012
HFC-236fa	0.1413	0.0006
FIC-1311	0.1138	0.0005
FK-5-1-12	0.0664	0.0002741

② 불활성기체 소화약제의 경우, 비체적, 소화약제별 선형상수, 소화약제의 설계농도 등을 고려하여 다음 공식에 따라 산출한 양 이상으로 할 것

$$X = 2.303(Vs/S) \cdot \text{Log}_{10}[100 / (100 - C)]$$

X : 공간체적당 더해진 소화약제의 부피(m^3/m^3)
S : 소화약제별 선형상수($K_1 + K_2 \cdot t$)(m^3/kg)
C : 체적에 따른 소화약제의 설계농도(%)
Vs : 20 ℃에서 소화약제의 비체적(m^3/kg)
t : 방호구역의 최소예상온도(℃)

소화약제	K_1	K_2
IG-01	0.5685	0.00208
IG-100	0.7997	0.00293
IG-541	0.65799	0.00293
IG-55	0.6598	0.00242

③ 체적에 따른 소화약제의 설계농도(%)는 상온에서 제조업체의 설계기준에서 정한 실험수치를 적용한다. 이 경우 설계농도는 소화 농도(%)에 안전계수(A · C급 화재 1.2, B급 화재 1.3)를 곱한 값으로 할 것

2) 제1항의 기준에 의해 산출한 소화약제량은 사람이 상주하는 곳에서는 표 8.9에 따른 최대 허용 설계농도를 초과할 수 없다.

표 8.9 할로겐화합물 및 불활성기체 소화약제 최대허용 설계농도

소 화 약 제	최대허용 설계농도(%)
FC-3-1-10	40
HCFC BLEND A	10
HCFC-124	1.0
HFC-125	11.5
HFC-227ea	10.5
HFC-23	30
HFC-236fa	12.5
FIC-13I1	0.3
FK-5-1-12	10
IG-01	43
IG-100	43
IG-541	43
IG-55	43

3) 방호구역이 둘 이상인 장소의 소화설비가 "1. 저장용기의 3)항"의 기준에 해당하지 않는 경우에 한하여 가장 큰 방호구역에 대하여 1)의 기준에 의해 산출한 양 이상이 되도록 하여야 한다.

CHAPTER 09

분말 소화약제

CHAPTER

09 분말 소화약제

9.1 개 요

고체 물질의 미세한 분말은 정도의 차이는 있으나 소화 능력을 가지고 있으며, 분말이 미세하면 미세할수록 이 능력은 커진다. 이러한 특성을 이용한 것이 분말 소화약제이다.

분말 소화약제는 탄산수소나트륨, 탄산수소칼륨, 제1인산암모늄 등의 물질을 미세한 분말로 만들어 유동성을 높인 후 이를 가스압(주로 N_2, 또는 CO_2의 압력)으로 분출시켜 소화하는 약제이다.

사용되는 분말의 입도는 10 ~ 70 μm 범위이며 최적의 소화 효과를 나타내는 입도는 20 ~ 25 μm 이다.

분말 소화약제는 습기와 반응하여 고화되기 때문에 이를 방지하기 위하여 금속의 스테아린산염이나 실리콘 수지 등(현재는 대부분 실리콘 수지를 사용)으로 방습 가공을 해야 한다.

분말 소화설비는 가압 가스의 충전 상태에 따라 축압식과 가압식으로 구분된다. 축압식은 약제 저장 탱크에 분말 소화약제를 충전한 후 가압용 가스를 함께 충전한 방식이고 가압식은 약제 저장 탱크와는 별도로 가압용 가스용기를 설치하여 이를 약제 저장 탱크에 주입시켜 약제를 외부로 방출시키는 방식이다.

이 약제의 주된 소화 효과는 분말 운무에 의한 방사열의 차단 효과, 부촉매 효과, 발생한 불연성 가스에 의한 질식 효과 등으로 가연성 액체의 표면 화재에 매우 효과적이다. 또한 분말이 비전도체이기 때문에 전기화재에도 효과가 있다. 일반적으로 유류화재와 전기화재에 효과적이나 제3종 분말 소화약제의 경우는 유류화재, 전기화재는 물론 일반화재에도 효과가 있다.

9.2 종류 및 특성

분말 소화약제는 적응화재에 따라 크게 두 가지로 분류한다. 즉 유류화재(B급 화재)나 전기화재(C급 화재)에 사용하는 BC 분말과 B급, C급 화재는 물론이고 일반화재(A급 화재)에도 사용할 수 있는 ABC 분말로 나누어진다.

BC 분말에는 제1종 분말(탄산수소나트륨을 주성분으로 한 분말), 제2종 분말(탄산수소칼륨을 주성분으로 한 분말), 제4종 분말(탄산수소칼륨과 요소가 반응한 분말)이 있으며 ABC 분말에는 제3종 분말(인산염을 주성분으로 한 분말)이 있다. 이외에도 특수 용도의 CDC(Compatible Dry Chemical) 분말과 금속화재용 분말이 있다.

현재 사용되고 있는 분말 소화약제의 종류 및 특성은 표 9.1과 같다.

표 9.1 분말 소화약제의 종류 및 특성

종별	주성분	분자식	색상	적응화재
제1종 분말	탄산수소나트륨 (Sodium bicarbonate)	$NaHCO_3$	–	B급, C급
제2종 분말	탄산수소칼륨 (Potasium bicarbonate)	$KHCO_3$	담회색	B급, C급
제3종 분말	제1인산암모늄 (Monoammonium phosphate)	$NH_4H_2PO_4$	담홍색 (또는, 황색)	A급, B급, C급
제4종 분말	탄산수소칼륨과 요소가 화합된 분말 (Urea-based potassium bicarbonate)	$KC_2N_2H_3O_3$	–	B급, C급

1. 제1종 분말 소화약제

1) 개 요

탄산수소나트륨($NaHCO_3$)을 주성분으로 하고 이들이 습기에 의해 고화되는 현상을 막기 위해 금속의 스테아린산염이나 실리콘 수지로 표면 처리(방습처리)하고 분말의 유동성을 높여 주기 위하여 탄산마그네슘($MgCO_3$), 인산삼칼슘($Ca_3(PO_4)_2$) 등의 분산제를 첨가한 약제이다.

주성분인 탄산수소나트륨의 개략적인 성상은 표 9.2와 같다.

표 9.2 분말 소화약제 주성분의 성상

항목 \ 성분	탄산수소나트륨	탄산수소칼륨	제 1 인산암모늄
분자식	$NaHCO_3$	$KHCO_3$	$NH_4H_2PO_4$
별칭	중탄산나트륨, 중탄산소다(중조)	중탄산칼륨	인산이수소암모늄, 인산일암모늄
형태	무색 결정(단사정계)	무색 결정(단사정계)	무색 결정(정방정계)
용해도(물)	8.8 g / 100 g (15 ℃)	36.1 g / 100 g (26 ℃)	22.7 g / 100 g(0 ℃)
비중	2.21	2.17	1.80

2) 제 법

소정의 입도로 분쇄된 탄산수소나트륨 분말(95~97.5 %)을 잘 건조한 후 이를 리본식 코팅기에 넣는다. 여기에 방습 처리제로 스테아린산염(스테아린산 마그네슘, 스테아린산 아연 등) 1~2 %, 유동제(탄산마그네슘($MgCO_3$), 인산삼칼슘($Ca_3(PO_4)_2$, 운모분 등) 1.5~3 %를 넣고 잘 교반한 후 약 2시간 정도 방습 처리하여 제조한다.

3) 소화 효과

초기에 이 약제의 소화 효과는 ① 주성분인 탄산수소나트륨이 열분해될 때 발생하는 이산화탄소와 수증기에 의한 질식 효과, ② 열 분해시의 흡열 반응에 의한 냉각 효과, ③ 분말 운무에 의한 열방사의 차단 효과에 의한 것이라고 생각했었다. 그러나 이 약제의 강력한 소화 능력을 생각하면 이상의 효과 이외에도 ④ 연소시 생성된 활성기가 분말의 표면에 흡착되거나, 탄산수소나트륨의 Na^+이온에 의해 안정화되어 연쇄 반응이 차단되는 효과도 큰 영향을 미칠 것으로 생각된다.

탄산수소나트륨은 약 60 ℃ 부근에서 분해되기 시작하며 270 ℃에서 열분해 반응식은 다음과 같다.

$$2NaHCO_3 \rightarrow Na_2CO_3 + H_2O + CO_2 - Q\ kcal$$

온도가 850 ℃ 이상에서는 다음과 같이 다시 분해된다.

$$2NaHCO_3 \rightarrow Na_2O + H_2O + 2CO_2 - Q\ kcal$$

특히, 이 약제는 가연성 액체 중에서도 일반적인 요리용 기름이나 지방질 기름의 화재 시에 이들 물질과 결합하여 비누화(saponification)[1]반응을 일으킨다. 이때 생성된 비누상 물질은 가연성 액체의 표면을 덮어서 질식소화 효과와 재발화 억제 효과를 나타낸다.

초기의 분말 소화약제의 입자는 거칠었으나 현재는 가스압으로 방출하기 때문에 유동성을 높이기 위하여 어느 정도 세분화하고 있다. 또한, 입자의 세분화는 입자의 표면적을 크게 하여 화염과 접촉하는 면적을 크게 하기 때문에 반응이 촉진되어 소화 효과를 향상시킨다.

이 약제는 유류화재 및 전기화재에는 유효하나 일반화재에는 일반적으로 잘 사용되지 않는다(일반 가연물의 표면 화재에는 일시적인 소화 효과가 있음).

2. 제2종 분말 소화약제

1) 개 요

주성분이 탄산수소칼륨($KHCO_3$)으로 바뀐 것 이외에는 제1종 분말 소화약제와 거의 동일하다. 제1종에 비하여 소화 효과는 우수한 편이다.

탄산수소칼륨의 개략적인 성상은 표 9.2와 같으며 약제는 담회색으로 착색되어 있다.

2) 제 법

이 약제의 제법은 제1종 분말 소화약제와 거의 비슷하나 주의해야 할 점은 탄산수소칼륨이 탄산수소나트륨보다 흡습성이 강해서 소정의 입도로 분쇄·건조한 후 즉시 방습 처리하여야 한다. 또한 스테아린산염과 같은 금속 비누로는 만족할 만한 방습 효과를 얻을 수가 없기 때문에 보통 실리콘 수지를 사용하여 방습 처리를 하고 있다.

3) 소화 효과

소화 효과는 제1종 분말 소화약제와 거의 비슷하나 소화 능력은 제1종 분말 소화약제보다 우수하다(소화에 필요한 약제량으로 계산할 때 약 2배 정도 우수).

제2종 분말 소화약제가 제1종 분말 소화약제보다 소화 능력이 우수한 이유는 칼륨(K)이 나트륨(Na)보다 반응성이 더 크기 때문이다. 즉, 칼륨 이온(K^+)이 나트륨 이온(Na^+)보다 화학적 소화 효과(부촉매 효과)가 크다. 알칼리 금속에서 화학적 소화 효과는 원자 번호에 의해 Cs > Rb > K > Na > Li의 순서대로 커진다. 이러한 시각에서 보면 칼륨보다 원자 번

---

1. 비누화(saponification) : 에스테르가 알칼리의 작용으로 가수 분해되어 알코올과 산의 알칼리염이 되는 반응
$RCOOR' + NaOH \rightarrow RCOONa + R'OH$

호가 더 큰 루비듐(Rb), 세슘(Cs)은 더 큰 소화 능력을 가지고 있음을 알 수 있으나 고가이기 때문에 실용화는 어려운 실정이다.

이와 같은 소화력의 차이는 그림 9.1로부터도 알 수 있다.

그림 9.1로부터 탄산수소나트륨(제1종)은 낮은 온도에서부터 분해가 시작되어 약 350 ℃ 정도에서 분해가 완료되는 것을 알 수 있다. 반면, 탄산수소칼륨(제2종)은 저온에서는 탄산수소나트륨보다 분해가 늦게 일어나지만 분해가 완료되는 온도는 약 170 ℃ 정도로 탄산수소나트륨보다 상당히 낮은 온도에서 분해가 종료된다.

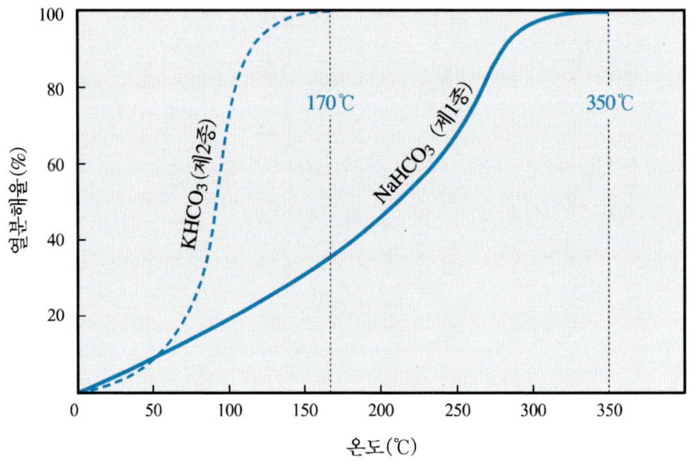

그림 9.1 제1종, 제2종 분말 소화약제의 열분해

이것은 낮은 온도에서 분해가 완료되는 탄산수소칼륨의 경우가 더 빠르고 더 큰 소화 효과(억제 효과)를 나타낼 수 있다는 것을 의미한다.

탄산수소나트륨 계열의 것은 불꽃과 만나면 황색의 빛을 내는 반면, 탄산수소칼륨 계열의 것은 자주색의 빛을 내기 때문에 일명 purple K(미국 Ansul사의 상품명)라고도 부른다.

이 약제 역시 유류화재 및 전기화재에는 유효하나 일반화재에는 일반적으로 잘 사용되지 않는다. 소화 효과는 제1종 분말 소화약제와 거의 비슷하다.

탄산수소칼륨의 열분해 반응식은 다음과 같다.

$$2KHCO_3 \rightarrow K_2CO_3 + CO_2 + H_2O - Q \text{ kcal}$$

온도가 890 ℃ 이상인 경우에는

$$2KHCO_3 \rightarrow K_2O + 2CO_2 + H_2O - Q \text{ kcal}$$

3. 제3종 분말 소화약제

1) 개 요

분말 소화약제는 불꽃 연소에는 대단한 소화력을 발휘하지만 작열 연소의 소화에는 그다지 큰 소화력을 발휘하지 못하는 단점이 있다. 이와 같은 단점을 보완하기 위해서 만들어진 약제가 제3종 분말 소화약제이다.

A급, B급, C급의 어떤 화재에도 사용할 수 있기 때문에 일명 ABC 분말 소화약제라고도 부른다.

주성분은 알칼리성의 제1인산암모늄($NH_4H_2PO_4$) (중탄산칼륨과 중탄산나트륨은 산성염)이며 이의 개략적인 성상은 표 9.2와 같으며 약제는 담홍색으로 착색되어 있다.

제1인산암모늄에 대하여 좀 더 자세히 알아보면 다음과 같다.

인산은 물과의 결합 정도에 따라 메타인산, 피로인산, ortho인산의 3가지로 나누어진다. 이것을 수화(水和)된 정도에 따라 구별해 보면 다음과 같다.

$$P_2O_5 + H_2O \rightarrow 2HPO_3 \text{ (메타인산)}$$
$$P_2O_5 + 2H_2O \rightarrow H_4P_2O_7 \text{ (피로인산)}$$
$$P_2O_5 + 3H_2O \rightarrow 2H_3PO_4 \text{ (ortho인산)}$$

수화된 정도가 낮을수록 고온에서 안정하며 이 중에서 수화의 정도가 가장 낮은 메타인산(HPO_3)은 유리와 같이 용융하나 잘 융해되지 않는 물질이다. 수화의 정도가 가장 높은 ortho인산(H_3PO_4)은 상온에서 가장 안정된 구조를 가지고 있으며, 세 개의 수소원자와 결합하는 암모니아의 수에 따라 다음과 같은 세 종류의 인산암모늄이 생성된다.

$$H_3PO_4 + NH_3 \rightarrow NH_4H_2PO_4 \text{ (제 1 인산암모늄)}$$
$$H_3PO_4 + 2NH_3 \rightarrow (NH_4)_2HPO_4 \text{ (제 2 인산암모늄)}$$
$$H_3PO_4 + 3NH_3 \rightarrow (NH_4)_3PO_4 \text{ (제 3 인산암모늄)}$$

2) 제 법

제법은 주성분인 제1인산암모늄을 소정의 입도로 분쇄하고 잘 건조한다. 이를 리본식 코팅기에 넣고 발수제(撥水濟)인 실리콘 오일과 경화제(硬化劑)를 소량의 용제에 녹여 분무하여 실리콘 오일이 분말의 표면에 골고루 묻도록 교반하면서 서서히 가열한다. 가열하여 용제를 증발시킨 다음 온도를 100 ~ 150 ℃로 유지하면서 1 ~ 2시간 교반하여 입자 표면에 묻어 있던 실리콘 오일과 경화제가 열에 의해 경화되어 입자 표면에 방습성과 발수성(撥水性)이 우수한 피막이 형성되도록 한다.

이때 작업 온도와 시간은 첨가하는 경화제의 종류와 양에 크게 좌우된다. 일반적으로 경화제를 많이 첨가하면 첨가할수록 경화 시간은 단축되고 낮은 온도에서도 쉽게 경화된다. 경화제를 첨가하지 않은 경우에는 경화되는 데 140 ℃에서 4 ~ 5시간 정도 소요된다.

이렇게 완성된 분말은 유동성이 매우 좋아서 그대로 사용해도 무방하나 유동성을 더욱 높이기 위하여 활제(滑濟)를 첨가하고 마지막으로 안료를 넣어 담홍색으로 착색한다.

이 약제의 개략적인 조성 예는 표 9.3과 같다.

표 9.3 제3종 분말 소화약제의 조성 예

성 분	혼합비 (%)
제1인산암모늄	70~98
실리콘유(TiSF 484)	0.5~1.0
경화제	약간(실리콘유의 약 2 %)
유동제	0.5~1.0
안료	약간

3) 소화 효과

소화 효과는 ① 열분해 시 흡열 반응에 의한 냉각 효과, ② 열분해 시 발생되는 불연성 가스(NH_3, H_2O 등)에 의한 질식 효과, ③ 반응 과정에서 생성된 메타인산(HPO_3)의 방신 효과, ④ 열분해 시 유리된 NH_4^+와 분말 표면의 흡착에 의한 부촉매 효과, ⑤ 분말 운무에 의한 열방사의 차단 효과, ⑥ ortho인산에 의한 섬유소의 탈수 탄화 작용 등이다.

제1인산암모늄은 열에 불안정하며 150 ℃ 정도에서 열분해가 시작된다. 열분해 반응식은 다음과 같다.

*190 ℃에서 $NH_4H_2PO_4 \rightarrow H_3PO_4$ (ortho인산) + NH_3

*215 ℃에서 $2H_3PO_4 \rightarrow H_4P_2O_7$ (피로인산) + H_2O

*300 ℃ 이상에서 $H_4P_2O_7 \rightarrow 2HPO_3$ (메타인산) + H_2O

제3종 분말 소화약제는 다른 분말 소화약제와 달리 A급 화재에도 적용할 수 있으며 그 이유는 다음과 같다.

① 제1인산암모늄이 열분해 될 때 생성되는 ortho인산이 목재, 섬유, 종이 등을 구성하고 있는 섬유소를 탈수 탄화시켜 난연성의 탄소와 물로 변화시키기 때문에 연소 반응이 중단된다.

② 섬유소를 탈수 탄화시킨 ortho인산은 다시 고온에서 위의 반응식과 같이 열분해 되어 최종적으로 가장 안정된 유리상의 메타인산(HPO_3)[2]이 된다. 이 메타인산은 가연물의 표면에 유리상의 피막을 형성하여 연소에 필요한 산소의 유입을 차단하기 때문에 연소가 중단된다.

따라서 일반 가연물의 불꽃 연소는 물론 작열 연소에도 효과가 있으며 한번 소화된 목재 등은 불꽃을 가까이 해도 쉽게 재착화되지 않는다. 그러나 요리용 기름이나 지방질 기름과는 비누화 반응을 일으키지 않기 때문에 이들의 화재에는 사용되지 않는다.

우리나라에서는 차고나 주차장에 설치하는 분말 소화설비의 소화약제는 제3종 분말을 사용하도록 규정하고 있다. 이 약제는 앞에서 설명한 것처럼 A급, B급, C급의 어느 화재에도 사용할 수 있다. 따라서 현재 생산되고 있는 분말 소화약제의 대부분이 제3종이라 해도 과언은 아닐 것이다.

4. 제4종 분말 소화약제

제2종 분말을 개량한 것으로 탄산수소칼륨($KHCO_3$)과 요소($CO(NH_2)_2$)가 화합된 분말($KC_2N_2H_3O_3$)이다.

성분이 동일한 분말 소화약제는 입자가 작아지면 작아질수록 소화 효과는 커진다. 그러나 입자가 너무 작아지면 같은 가스 압력에서 방사 도달 거리가 짧아지고, 비표면적이 증가하여 방습 가공이 곤란해지는 단점도 있다. 따라서 방사 시까지는 입자가 어느 정도의 크기로 유지되어 있다가 방사 후 분말이 화염과 접촉되면서 입자가 미세하게 분리된다면 위와 같은 단점을 보완할 수 있을 것이다. 이와 같은 개념을 가지고 영국의 ICI사에서 만든

---

2. 메타인산(HPO_3) : 인산의 일종으로 H_3PO_4(ortho 인산) 또는 $H_4P_2O_7$(피로인산 또는 이인산)을 300 ℃ 이상으로 열을 가하든가, P_2O_5(오산화인)을 0 ℃ 이하의 물 또는 얼음으로 수화(水和)하면 얻을 수 있는 무색 투명하고 조해성이 있는 단단한 유리상 고체. 비중은 2.2이고 물에 잘 녹는다.

모넥스(상품명)가 탄산수소칼륨과 요소와의 반응물이다.

이것은 단독으로도 소화력이 큰 탄산수소칼륨에 요소를 결합시킨 것으로 입자는 보통 크기이지만 이것이 화염과 만나면 산탄처럼 미세한 입자로 분해되어서 커다란 비표면적을 갖기 때문에 큰 소화력을 발휘하게 된다.

이 약제의 소화력은 분말 소화약제 중 가장 우수하다. 특히, B급, C급 화재에는 소화 효과가 우수하나 A급 화재에는 별 효과가 없다.

5. CDC(Compatible Dry Chemical)

CDC는 포와 함께 사용할 수 있는 분말 소화약제를 의미한다.

분말 소화약제는 빠른 소화 능력을 갖고 있으나 유류화재 등에 사용되는 경우는 소화 후 재착화의 위험성이 있다. 반면, 포 소화약제는 소화에 걸리는 시간은 길지만 소화 후 장시간에 걸쳐 포가 유면을 덮고 있기 때문에 재착화의 위험은 아주 적다. 따라서 이들의 장점만을 살리기 위하여 두 가지 약제를 함께 사용하는 방법(먼저 분말 소화약제를 사용하여 빠른 시간 내에 화염을 제거하고 이어서 포를 방사하여 재착화를 방지하는 방법)을 생각하게 되었으나 분말 소화약제의 소포성(消泡性) 때문에 실현되기 어려웠다. 이에 소포성이 없는 분말 소화약제인 CDC(Compatible Dry Chemical)가 개발되게 되었다.

초기의 CDC는 탄산수소나트륨을 주제로 하였으나 방습 처리제로 사용되는 스테아린산 마그네슘 등의 금속 비누가 소포 작용을 일으키기 때문에 이를 방지하기 위하여 활석(talc, $Mg_3(Si_4O_{10})(OH)_2$) 등을 사용하여 방습 처리했다. 그 후 탄산수소칼륨을 주성분으로 한 제품이 제조되어 성능은 조금 향상되었으나 소화 활동상의 요구를 만족할 만한 성능은 나타내지 못했다. 따라서 어떤 분말 소화약제와 만나도 소포되지 않는 포 소화약제를 개발하게 되었다. 이렇게 해서 개발된 것이 앞에서 설명한 수성막포 소화약제로 분말 소화약제와 함께 트윈 에이전트 시스템(twin agent system)으로 사용되게 되었다.

분말 소화약제 중에서는 ABC 분말 소화약제가 가장 소포성이 적기 때문에 이것을 개량해서 소포성이 거의 없는 CDC를 개발하게 되었다. 이들은 주로 비행상에서 사용되고 있다.

6. 금속화재용 분말 소화약제(dry powder)

일반적으로 금속화재는 가연성 금속인 알루미늄(Al), 마그네슘(Mg), 나트륨(Na), 칼륨(K), 나트륨/칼륨 합금, 리튬(Li), 지르코늄(Zr), 티타늄(Ti), 우라늄(U) 등이 연소하는 것을 말한다.

이러한 금속은 비중에 따라서 두 가지로 분류되며 연소 성상은 다음과 같다.

① **비중이 가벼운 경금속** : 융점이 낮고 연소하면서 녹아 액상이 되고 증발하여 불꽃을 내면서 연소한다.

② **비중이 큰 금속** : 융점이 1000 ℃를 넘고 연소하기 어렵지만 연소하면 불꽃을 내면서 비산한다.

이러한 금속화재는 연소 온도가 매우 높기 때문에 소화하기가 어렵다. 특히, 소화약제로서 물은 금속과 급격한 반응을 일으키거나 수증기 폭발을 일으킬 위험이 있기 때문에 사용을 금해야 한다. 따라서 금속화재에는 특수한 금속화재용 분말 소화약제가 사용되고 있다.

앞의 분말 소화약제는 무엇보다도 불꽃을 제거하는 것이 주목적인 반면, 금속화재용 분말 소화약제는 금속 표면을 덮어서 산소의 공급을 차단하거나 온도를 낮추는 것이 주된 소화 원리이다.

이러한 소화 원리를 만족시키기 위해서 약제는 다음과 같은 성질을 가져야 한다.

① 고온에 견딜 수 있을 것

② 냉각 효과가 있을 것

③ 요철이 있는 금속 표면을 피복할 수 있을 것

④ 금속이 용융된 경우(Na, K 등)에는 용융 액면상에 뜰 것 등

위와 같은 성질을 갖춘 물질로는 흑연, 탄산나트륨, 염화나트륨, 활석(talc) 등이 있다.

금속화재용 분말 소화약제는 앞에서와 같은 물질을 주성분으로 하고 여기에 유기물을 결합제로 첨가한 것이다. 이 약제는 가열에 의해 유기물이 용융되어 주성분을 유리상으로 만들어 금속 표면을 피복하여 산소의 공급을 차단한다.

금속화재용 분말 소화약제에는 다음과 같은 것이 있다.

1) G–1

흑연화된 주조용 코크스를 주성분으로 하고 여기에 유기 인산염을 첨가한 약제이다.

흑연은 열의 전도체이기 때문에 열을 흡수하여 금속의 온도를 점화 온도 이하로 낮추어 소화한다. 또한 흑연 분말은 질식 효과도 있다. 이 약제는 Mg, K, Na, Ti, Li, Ca, Zr, Hf, U, Pt 등과 같은 금속화재에 효과적이다.

2) Met-L-X

염화나트륨(NaCl)을 주성분으로 하고 분말의 유동성을 높이기 위해 제3 인산칼슘(tricalcium phosphate, $Ca_3(PO_4)_2$)과 가열되었을 때 염화나트륨 입자들을 결합하기 위하여 열가소성 고분자 물질을 첨가한 약제이다. 이 약제는 Mg, Na, K와 Na-K 합금의 화재에 효과적이다.

고온의 수직 표면에 오랫동안 붙어 있을 수 있기 때문에 고체 금속 조각의 화재에 특히 유효하다.

3) Na-X

이름으로부터도 알 수 있듯이 이 약제는 Na 화재를 위해서 특별히 개발된 것이다. 탄산나트륨을 주성분으로 하고 여기에 비흡습성과 유동성을 향상시킬 수 있는 첨가제를 첨가한 약제이다.

4) Lith-X

Li 화재를 위해서 특별히 만들어진 것이다. 그러나 Mg이나 Zr 조각의 화재 또는 Na과 Na-K 화재에도 사용된다.

흑연을 주성분으로 하고 유동성을 높이기 위해 첨가제를 첨가하였다.

9.3 물성

분말 소화약제의 성능은 주성분의 화학적 특성에 의해 크게 좌우되지만, 분말로의 방사성은 물리적 특성에 의해 크게 좌우된다.

소화기로부터 방사되어 소화 성능을 발휘하기 위해서는 다음과 같은 물리적 특성을 만족해야 한다.

각 물성의 측정 방법은 "10. 소화약제의 형식승인 및 제품검사의 기술기준과 시험세칙"에 자세히 나타내었다.

1. 겉보기 비중

분말 소화약제의 진비중은 약제의 종류에 따라 다르지만 개략적으로 1.8 ~ 2.2 정도인 반면 분말의 입도에 따라 크게 좌우되는 겉보기 비중은 이보다 훨씬 작다.

분말의 경우는 입도가 고울수록 겉보기 비중은 작아진다. 예를 들면 어떤 분말 소화약제의 진비중은 2이고, 겉보기 비중이 1이라면 이 분말 소화약제가 차지하는 용량의 반은 공극인 것을 의미한다. 그림 9.2는 입도에 따른 겉보기 비중의 변화를 나타내었다.

분말 소화약제의 겉보기 비중은 0.820 g/mL 이상이어야 한다.

측정 방법은 뚜껑이 달린 메스실린더에 시료 100 ± 1 g을 넣고 10회/분의 속도로 회전시켜 딱딱한 분말을 부드럽게 한 후 메스실린더를 수직으로 세워서 1분간 정치한 다음 분말이 차지하는 용적을 측정한다.

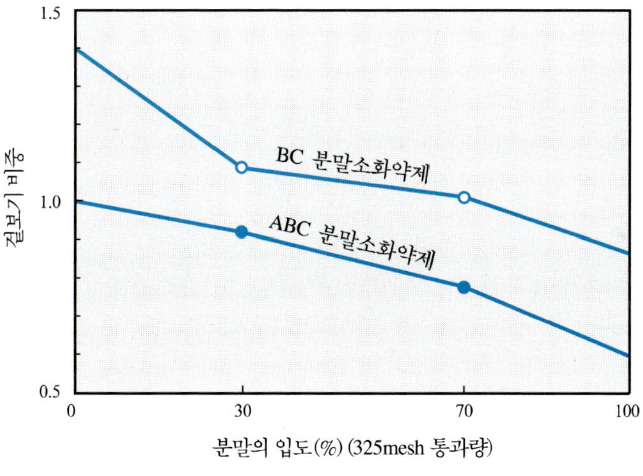

그림 9.2 입도에 따른 겉보기 비중의 변화

2. 미세도(입도)

분말의 미세도는 KS A 5101의 표준체를 통과시켰을 경우 그 잔량이 표 9.4와 같아야 한다.

분말은 미세할수록 화염과 접촉시 반응도 빠르고, 비표면적도 커져서 소화 효과가 좋아진다. 소화에 특히 유효한 입도는 10 μm 전후이다. 그러나 분말이 너무 미세해지면(3 μm 이

표 9.4 분말 소화약제의 미세도

표준체의 크기(μm)	BC용 분말(잔량 wt %)		ABC용 분말(잔량 wt %)	
	최소	최대	최소	최대
425	0	0.5	0	0
150	0	1	0	10
75	5	30	12	25
45*	×	×	12	25
받침판	70	95	50	70

* BC용 분말의 경우는 45 μm의 체를 사용하지 않음.

하) 비표면적이 과대하게 증가하여 방습 처리가 곤란해지고, 너무 가벼워서 방사 거리가 짧아지고, 또한 방사된 약제가 열의 상승 기류에 의해 위로 비산되기 때문에 효과적인 소화가 어렵다. 그러므로 이 약제는 표 8.3에 나타낸 것처럼 미세한 입자와 그렇지 않은 입자가 적당히 혼합되어 있어야 한다.

방사 특성을 고려하면 44 μm (325 mesh[3]) 이하의 입자가 75 % 정도 포함되어 있는 것이 효율이 좋다. 단, 3 μm 이하의 것은 방습 처리의 어려움 때문에 그 양이 적을수록 좋다.

분말 소화약제의 입도 분포는 콘크리트에 비유할 수 있다. 즉, 모래에 해당되는 것이 소화약제의 유효 성분이고 시멘트에 해당되는 것이 3 μm 이하의 미세 분말이다. 이 미세 분말은 방습 처리가 제대로 되지 않기 때문에 흡습하여 시멘트 역할을 하여 약제를 고화시킨다.

분말 소화약제의 입도 분포의 일례를 그림 9.3에, 입도에 따른 소화 시간과 방사량의 관계는 그림 9.4에 나타내었다.

입도가 고울수록 소화 시간은 짧아졌으며, 방사량은 증가하다 다시 감소하는 경향을 나타내었다.

3. mesh : 체(sieve)의 눈금 크기를 나타내는 단위이다. 체 구멍은 정사각형이며 mesh수는 1인치 길이당의 눈금 수로 나타낸다.
mesh수가 커질수록 눈금의 크기는 작아진다. 그러나 금속선의 두께 때문에 실제의 구멍은 mesh수에 해당하는 크기보다 작다.
가장 흔히 사용되는 표준체(standard sieve)는 Tyler식 제품이다. 이 표준체는 2.5(7.9 mm) ~ 325 mesh(44 μm)의 것이 있다.

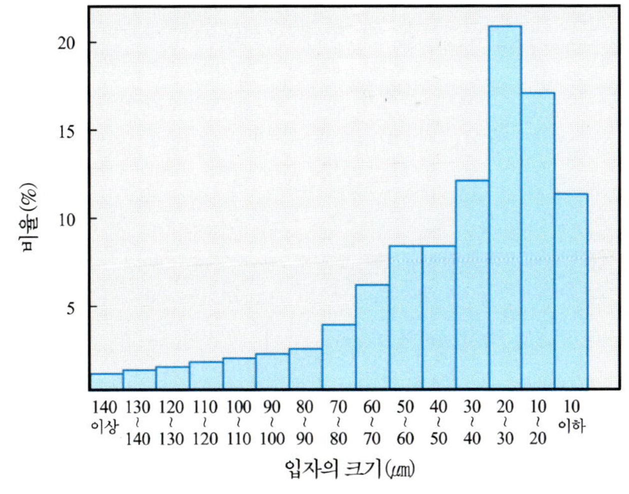

그림 9.3 분말 소화약제의 입도 분포의 일례

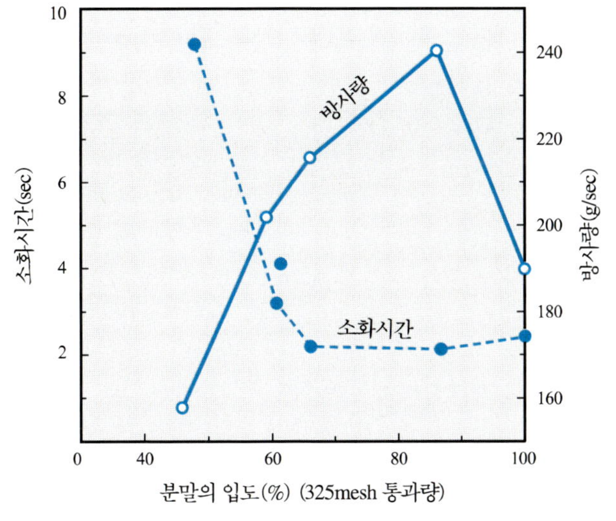

그림 9.4 분말 소화약제의 입도에 따른 소화 시간, 방사량의 변화

3. 유동성

분말 소화약제는 소화기나 약제 탱크로부터 가스압에 의해 호스 또는 배관을 통해 방출된다. 이 경우 분말은 가스압으로 밀어내는 것이 아니고 가스의 방출에 의해 분말이 가스중에 부유되어서 방출되는 것이다. 따라서 용기 중의 분말은 호스나 배관에 유입되기 쉬워야 하며 또 호스나 배관 내에서는 가스중에 균일하게 혼합되어 흘러야 한다. 그러므로 분말 소화약제는 유동성이 좋아야 한다.

유동성을 높이기 위해 활석(talc), 탄산마그네슘(magnesium carbonate, $MgCO_3$), 인산삼칼슘(tricalcium phosphate, $Ca_3(PO_4)_2$) 등이 사용되고 있으나 현재는 다공성의 규산(silicic acid, 보통 ortho-규산인 H_4SiO_4를 말함) 분말이 많이 사용되고 있다.

1) 안식각(安息角)

분말의 유동성을 알아보기 위한 간단한 방법의 하나는 안식각의 측정이다.

분체는 입자와 입자 상호간에 마찰이 있어서 평평한 판 위에 가만히 쏟아 부으면 가루는 원추상으로 퇴적된다. 물리적으로 전혀 마찰이 없는 구슬 같으면 액체와 같이 수평으로 퍼지겠지만 보통의 분말은 수평면에 30~40° 정도의 각을 이루면서 퇴적되는데, 이 각을 안식각이라고 한다. 안식각은 분체의 유동성을 나타내는 지수로 이 각이 작으면 작을수록 유동성이 좋아진다는 것을 의미한다.

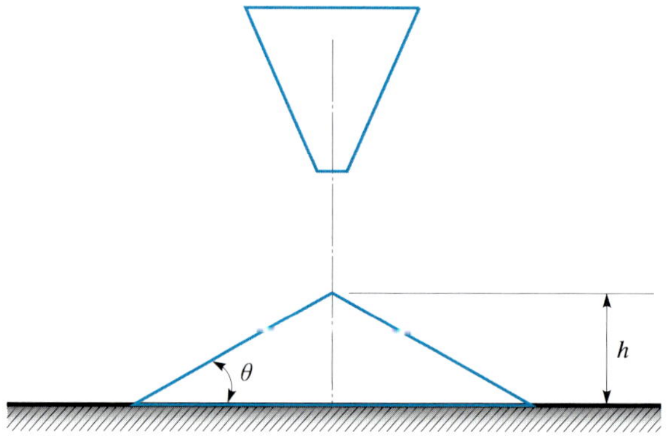

그림 9.5 안식각의 측정

안식각(θ)은 그림 9.5와 같이 일정한 높이에서 깔때기로 분말을 떨어뜨렸을 때 생긴 산의 높이로부터 계산한다. 유동성이 좋은 분말일수록 안식각은 작고, 높이도 당연히 낮다.

안식각은 입도의 분포에 의해서도 그림 9.6과 같이 좌우된다. 그림 9.6으로부터 알 수 있듯이 입도가 거칠수록 안식각은 작아지기 때문에 유동성은 커지게 된다.

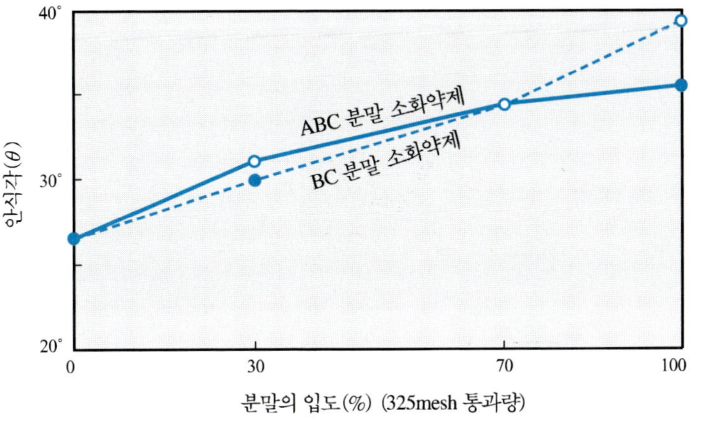

그림 9.6 **분말 소화약제의 입도에 따른 안식각의 변화**

반면, 분말의 입도는 고울수록 소화 시간이 짧아지고, 방사량은 증가하다 감소하는 것을 알 수 있다(그림 9.4 참고). 따라서 이와 같이 상반되는 두 가지 면을 고려하여 입도의 분포를 결정해야 한다.

2) 압축치

용기에 넣은 분말은 시간이 경과함에 따라 용량이 줄어든다. 분말 소화약제도 용기에 넣어두면 이와 같은 현상이 나타난다.

용기 속에 들어 있는 분말은 자중에 의한 압력 때문에 분말 입자가 서로 결합되어 덩어리를 만들어서 유동성이 떨어지게 된다.

분말의 괴상화(傀狀化) 여부를 측정할 목적으로 압축 시험을 하게 된다. 측정 방법은 다음과 같다.

① 시료 분말을 실린더 안에 넣고 일정한 압력으로 눌러서 시료를 고형화시킨다(그림 9.7의 (a) 참고).

② 실린더로부터 고형화된 분말을 꺼내 저울 위에 올려 놓고 위쪽으로부터 하중을 가해 고형화된 분말이 무너지는 하중을 측정한다(그림 9.7의 (b)참고). 어떤 경우는 분말을 실린더에 넣고 압력을 가해도 고형화되지 않는다. 이때는 압축 시험 대신에 잘 다져진 분말에 침(針)을 찔러서 침이 들어가는 정도를 비교하는 침입도 시험을 하기도 한다.

침입도의 측정 방법은 "10. 소화약제의 형식승인 및 제품검사의 기술기준과 시험세칙"에 자세히 설명하였다.

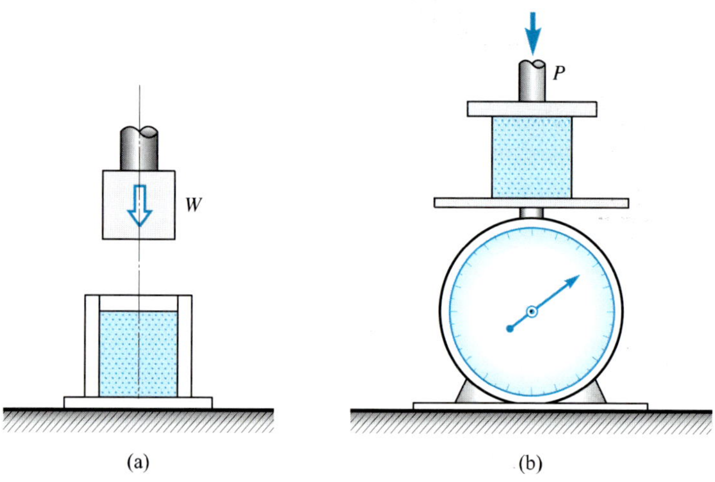

그림 9.7 분말 소화약제의 압축 시험

4. 흡습성

흡습성의 크고 작음이 직접 분말 소화약제의 성능을 좌우하지는 않는다. 그러나 대부분의 분말 소화약제의 주성분이 흡습성이 비교적 큰 화합물이기 때문에 제조 공정 중에서 방습 처리가 완전하지 못하거나 시간이 오래되어 열화되었을 경우에는 흡습에 의해 유동성이 나빠지고 고화 현상도 나타난다.

흡습성의 비교는 분말을 습도가 높은 공기 중에 일정시간 노출시킨 후 중량의 증가를 측정하여 판정한다.

"소화약제 형식승인 및 제품검사의 기술기준"에 의하면 흡습률은 중탄산나트륨이 주성분인 것은 0.2 wt %, 중탄산칼륨이 주성분인 것은 2.0 wt %, 인산염류 등이 주성분인 것은 1.5 wt % 이하이어야 한다.

흡습량, 즉 중량 증가율이 그대로 유동성이나 고화 현상을 나타내는 것은 아니지만 분말 소화약제의 주성분으로 사용되고 있는 화합물은 이 수치 이내에 들어가는 것이 바람직하다. 중탄산나트륨을 주성분으로 하는 경우는 스테아린산염과 같은 금속 비누로 방습 처리하나, 흡습성이 큰 중탄산칼륨, 인산암모늄 등은 금속 비누로는 방습이 어렵기 때문에 방습성이 좋은 실리콘 오일을 사용한다.

5. 고화 현상

분말 소화약제는 습도가 높은 공기중에 노출되거나, 밀폐 용기 속에 오랫동안 방치되어 있으면 고화되어 괴상(塊狀)으로 변하기 때문에 압력을 가해도 방출되지 않는다. 일반적으로 10 cm (4 inch) 높이에서 판 위로 떨어뜨렸을 때 분말의 덩어리가 부서지면 방사에는 지장이 없는 것으로 판정한다.

밀폐된 용기에 장시간 보관하는 경우, 고화되는 이유는 아직 확실하게 밝혀지지는 않았지만 방습 처리의 불균일이 큰 이유 중의 하나일 것이다.

6. 발수성(撥水性)

발수성 시험은 분말 소화약제의 내습성(耐濕性)을 측정하기 위한 것으로 내습성이 좋지 않으면 유동성이 나빠지고, 분말 입자 간에 응집의 원인이 되어 소화 효과가 나빠짐은 물론 소화기로부터의 방출에도 문제가 된다. 따라서 분말은 수면상에 살포한 경우 젖지 않고 물위에 떠서 부유층을 만들 정도의 발수성을 가져야 한다.

"소화약제 형식승인 및 제품검사의 기술기준"에 의하면 분말을 수면에 고르게 살포한 경우에 1시간 이내에 침강해서는 안 된다.

보통 분말은 물에는 뜨고 기름에는 가라앉는다. 이는 방습 처리제가 친유성(親油性)을 갖기 때문이다. 따라서 분말 소화약제의 방습 처리 여부는 발수성을 측정해 보면 알 수 있다. 즉, 수면 상에 분말 소화약제를 살포한 후 분말의 침강도를 측정한다.

9.4 소화 효과

분말 소화약제의 소화 기구는 아직 완전하게 밝혀지지 않았지만 지금까지 밝혀진 소화 효과에는 질식 효과, 냉각 효과, 방사열 차단 효과, 화학적 소화 효과 등이 있으며, 제 3 종 분말의 경우는 이상의 효과 이외에도 메타인산(HPO_3)에 의한 방신 효과가 추가된다.

1. 질식 효과(smothering effect)

질식 효과는 분말 소화약제가 열에 의해 분해될 때 발생되는 CO_2, 수증기 등의 불연성 기체에 의해 공기중의 산소 농도가 저하되어 나타나는 현상이다. 이 효과는 오랫동안 분말 소화약제의 주된 소화 효과로 알려져 왔었으나 최근에는 이외에도 많은 소화 효과가 있는 것으로 밝혀졌다.

2. 냉각 효과(cooling effect)

분말 소화약제가 화재를 신속하게 진압할 수 있는 것은 냉각 효과 때문인지 아닌지는 아직 확실히 밝혀지지 않았다. 이것에 대해서는 앞으로 많은 연구가 있어야 할 것이다. 그러나 이 약제의 열분해 시 나타나는 흡열 반응에 의한 냉각 효과와 고체 분말에 의한 화염 온도 저하(고농도인 경우)는 부인할 수 없으나 주된 소화 효과는 아니다. 좀 더 효과적인 분말 소화약제는 열에 민감하여 화학적으로 쉽게 활성화될 수 있어야 할 것이다.

3. 방사열의 차단 효과(radiation shielding effect)

분말 소화약제는 방출되면 화염과 가연물 사이에 분말의 운무를 형성하여 화염으로부터의 방사열을 차단한다. 따라서 가연 물질의 온도가 저하되어 연소가 지속되지 못한다. 각종 실험 결과, 이 효과는 중요한 소화 효과의 하나로 판명되었으며 특히 유류화재의 소화 시에 큰 효과를 나타내는 것으로 알려져 있다.

4. 화학적 소화 효과(chain-breaking reaction effect)

이상과 같이 분말 소화약제는 여러 가지 소화 효과를 가지고 있지만 이외에도 이들 효과를 모두 합한 것보다도 더 큰 소화 효과가 있는 것으로 밝혀졌다. 이는 연소의 연쇄 반응을 중단시켜 소화하는 화학적 소화 효과이다. 이 효과는 앞에서도 설명한 것처럼 가연물의 연소 시 발생되는 H^*나 OH^* 등의 활성기(free radical)에 의한 연쇄 반응(chain reaction)을 차단하는 것이다. 이는 분말의 종류에 크게 좌우되며 소화 기구(extinguishing mechanism)는 다음의 두 가지로 나누어 생각할 수 있다.

첫 번째 기구는 분말의 크기를 아주 작게 하는 경우이다. 분말의 크기를 작게 하면 표면적이 증가하여 좀 더 활성화된 표면이 나타나 가연물의 활성기와 쉽게 결합하여 연쇄 반응을 중단시키게 된다.

두 번째 기구는 연쇄 반응을 전파시키는 활성기와 반응할 수 있는 화학종(chemical species)이 생성되는 것이다.

Na이나 K을 함유한 염(salt)을 아주 곱게 분쇄하면 표면적이 커져서 열전달이 좋아진다. 따라서 아주 활성이 높은 금속(Na, K 등)이나 금속수산화물이 화염 속에서 증발되어 불꽃 속의 활성기와 반응하여 연쇄 반응의 전파를 차단시키게 된다. 크기는 알칼리금속 화합물에서 이 효과의 크기는 원자 번호의 순(Cs > Rb > K > Na > Li)이다. 그러나 제1인산암모늄($NH_4H_2PO_4$)을 주성분으로 하는 제3종 분말 소화약제의 경우는 이상의 기구로는 설명할 수가 없다. 이 약제가 활성기와 반응하는 것은 다른 약제보다는 덜 활발할 것이며 $(H_2PO_4)^-$ 이온이 발생되는 등 복합적인 반응이 일어날 것이다. 또한, 이 약제는 강력한 흡열 반응을 일으키기 때문에 불꽃의 온도를 낮추거나 연소계로부터 에너지를 제거하여 연쇄 반응에 영향을 미친다.

5. 방신(防燼) 효과

방신 효과는 제3종 분말 소화약제에서만 나타나는 소화 효과로 제1인산암모늄이 열분해될 때 생성되는 용융 유리상의 메타인산(HPO_3)이 가연물의 표면에 불침투의 층을 만들어서 산소와의 접촉을 차단하는 것이다. 따라서 이러한 소화 효과를 나타내는 경우는 A급 화재에도 사용이 가능하다.

6. 탈수 탄화 효과

대부분의 일반 가연물의 연소는 열분해 시 생성되는 가연성 기체에 의해 일어나는데 제1인산암모늄은 이와 같은 기체의 발생을 억제하기 때문에 연소가 중지된다.

제1인산암모늄은 190 ℃ 부근에서 암모니아(NH_3)와 ortho인산(H_3PO_4)로 열분해된다.

이때 생성된 ortho인산은 목재, 섬유, 종이 등을 구성하고 있는 섬유소를 탈수 탄화시켜 난연성의 탄소와 물로 분해시키기 때문에 연소 반응이 중단된다.

9.5 소화 성능

소화약제의 소화 성능은 규격화된 화재 모형을 소화시켜 결정한다.

소화 성능은 방출 기구에 의해 좌우되기 때문에 조작하는 사람의 숙련도에 의존하는 경향이 크다. 특히, 분말 소화약제는 이러한 경향이 크다. 소화기는 일반인들이 사용하기 때문에 숙련자에 의해 구해진 소화 성능을 표시하는 것은 실제의 사용 조건을 고려하면 과대 표시될 가능성이 크다.

미국의 UL 규격에는 숙련자가 사용해서 얻은 소화 성능의 40 %만을 소화능력(성능)으로 표시하고 있다.

분말 소화약제의 종류에 따른 소화 성능의 차이는 이것을 소화설비에 사용하는 경우 설계 방출량(저장량)을 가지고 계산할 수 있다(표 9.5 참고).

표 9.5 각종 분말 소화약제의 성능 비교

종별	저장량			소화 성능*
	전역 방출 방식 (kg/m^3)	국소 방출 방식 (kg/m^3)	이동식 (노즐 1개당, kg)	
제1종	0.60	8.8	50	60
제2종	0.36	5.2	30	100
제3종	0.36	5.2	30	100
제4종	0.24	3.6	20	150

* 각 종별 약제 저장량을 서로 비교하여 계산한 성능으로 제 2 종, 제 3 종을 100으로 했을 때의 값임.

이 결과 소화 성능은 제4종 > 제2종, 제3종 > 제1종의 순서로 우수하게 나타났다.

그림 9.8에는 분말 소화기 이외에도 각종 소화기의 소화 성능을 함께 나타내었다. 소화약제의 종류에 따라 각기 다른 소화 특성을 가지고 있기 때문에 소화 성능을 일률적으로 비교한다는 것은 대단히 어렵다.

그림 9.8에서는 이러한 점을 감안하여 소화약제량에 따른 소화 성능을 나타내어 보았다. 여기의 수치가 그대로 소화 성능의 차이를 나타내는 것은 아니지만, 소화약제의 용량에 따른 소화 성능은 비교할 수 있을 것이다.

그림으로부터 알 수 있듯이 A급, B급의 어느 화재에 대해서도 분말 소화약제가 우수한 소화 효과를 나타냄을 알 수 있다. 그러나 이 능력 단위는 어디까지나 규격화된 화재 모형에 대한 소화 능력이기 때문에 실제 화재에서는 약간의 차이가 있을 것이다.

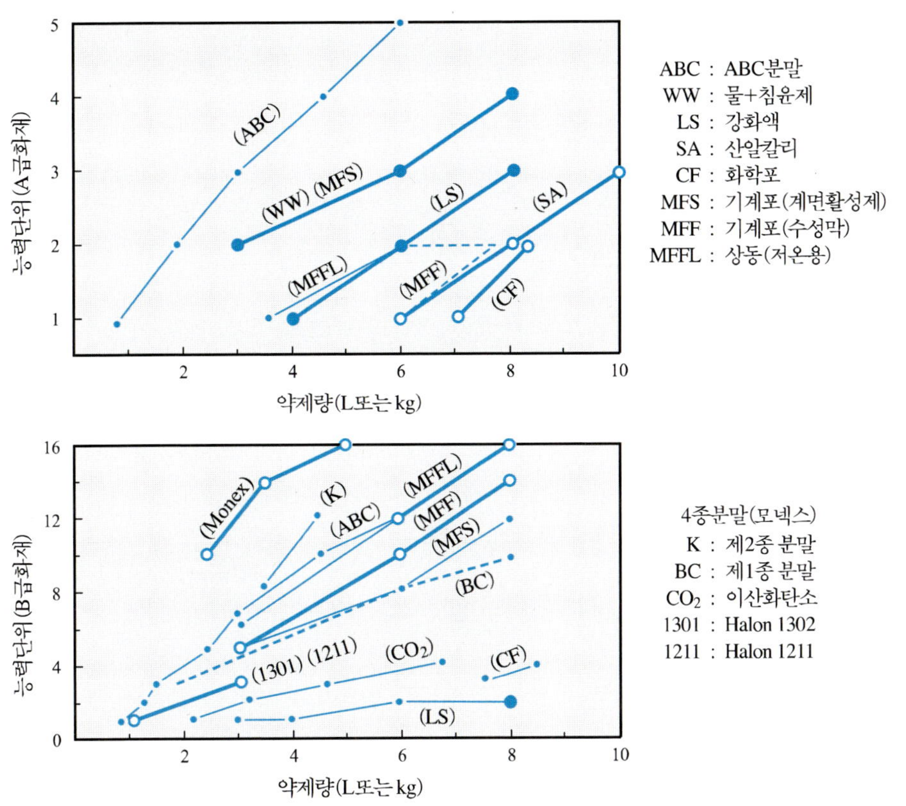

그림 9.8 각종 소화기의 소화 능력 비교

9.6 적응 화재

분말 소화약제는 유류화재에 사용되며 전기 전도성이 없기 때문에 전기화재에도 유효하다. 또한 빠른 소화 성능을 이용하여 분출되는 가스나 일반화재를 포함한 표면화재에도 사용되고 있다. 특히, 제3종(ABC) 분말 소화약제의 경우는 앞에서도 설명한 것처럼 메타인산의 방신 효과 때문에 A급 화재에도 적응이 가능하다.

분말 소화약제는 빠른 소화 성능 때문에 초기 소화용은 물론, 고정 소화설비에서도 소용량에서부터 점보 제트기의 격납고, LNG 탱크의 방유제 내부에 설치되는 대용량에 이르기까지 각종 대상물에 널리 이용되고 있다.

분말 소화설비의 적응 대상물은 다음과 같다.

① **인화성 액체를 취급하는 장소** : 유류 탱크, 도료 반응기, 도장실, 도장 건조로, 자동차 주차장, 보일러실, 엔진룸, 주유소, 위험물 창고 등
② **인화성 액체 또는 가스 등의 분출로 인한 화재 발생의 위험이 있는 장소** : 송유관, 반응탑, 가스 플랜트, LNG 방유제내 등
③ **전기화재가 일어날 수 있는 장소** : 변압기, 유입 차단기, 전기실 등
④ 종이, 직물류 등의 일반 가연물로 표면 연소가 일어나는 경우

가압용 가스가 부착되어 있는 일체형 소화설비의 경우는 방출용 동력이 필요하지 않기 때문에 한냉지에서도 사용할 수 있으나 약제의 연속 공급이 어렵고 냉각 효과가 적기 때문에 대규모의 유류화재에 단독으로는 사용할 수 없다. 이 경우는 수성막포 소화약제와 병용하는 twin agent system으로 사용하는 것이 바람직하다. 또한, 이 약제는 빠른 소화 성능을 갖는 반면, 분말의 방사로 소화에 성공하지 못했을 경우는 바로 소화전의 상태로 되돌아갈 수 있으므로 주의해서 소화해야 한다.

분말은 방사 후 흡습하여 약알칼리 또는 약산성을 나타내기 때문에 금속을 부식시킬 수 있다. 따라서 전기 기기 등에 사용한 경우는 소화 후 즉시 청소를 해야 한다.
한편, 분말 소화약제는 다음과 같은 경우에 사용을 제한하고 있다.

① 정밀한 전기·전자 장비가 설치되어 있는 장소(컴퓨터실, 전화 교환실 등)
② 자체적으로 산소를 함유하고 있는 자기 반응성 물질

③ 가연성 금속(Na, K, Mg, Al, Ti, Zr 등)
④ 일반 가연물의 심부 화재

9.7 저장

분말 소화약제의 저장방법은 가압식과 축압식으로 구분되며 이때 충전가스는 주로 이산화탄소나 질소를 사용하여 가압식은 최고사용압력의 1.8배 이하, 축압식은 용기의 내압시험압력의 0.8배 이하의 압력에서 작동하는 안전밸브를 설치하여야 한다.
분말 소화약제를 저장용기에 저장할 때에는 각 종별 저장용기의 내용적은 표 9.6에 따라야 하고 충전비는 0.8 이상으로 하여야 한다.

표 9.6 소화약제의 종류에 따른 저장용기의 내용적

소화약제의 종류	소화약제 1kg당 저장용기의 내용적
제1종 분말(탄산수소나트륨을 주성분으로 한 분말)	0.8 L
제2종 분발(탄산수소칼륨을 주성분으로 한 분말)	1 L
제3종 분말(인산염을 주성분으로 한 분말)	1 L
제4종 분말(탄산수소칼륨과 요소가 화합된 분말)	1.25 L

1. 용기의 설치 장소

① 방호구역 외의 장소에 설치할 것. 다만, 방호구역 내에 설치할 경우에는 피난 및 조작이 용이하도록 피난구 부근에 설치하여야 한다.
② 온도가 40 ℃이하이고, 온도변화가 적은 곳에 설치하여야 한다.
③ 직사광선 및 빗물이 침투할 우려가 없는 곳에 설치하여야 한다.
④ 방화문으로 구획된 실에 설치하여야 한다.
⑤ 용기의 설치 장소에는 해당용기가 설치된 곳임을 표시하는 표지를 하여야 한다.
⑥ 용기간의 간격은 점검에 지장이 없도록 3 cm 이상의 간격을 유지하여야 한다.
⑦ 저장용기와 집합관을 연결하는 연결배관에는 체크밸브를 설치하여야 한다. 다만, 저장용기가 하나의 방호구역만을 담당하는 경우에는 그러하지 아니하다.

9.8 저장량

분말 소화설비에 사용하는 소화약제는 제1종 분말, 제2종 분말, 제3종 분말 또는 제4종 분말을 사용하나 차고, 주차장의 경우는 제3종 분말을 사용해야 한다.

소화약제의 저장량은 전역 방출 방식, 국소 방출 방식 및 호스릴 방식(이동식)에 따라 모두 달라지며 동일한 소방 대상물 또는 그 부분에 2 이상의 방호구역 또는 방호대상물이 있는 경우에는 각 방호구역 또는 방호대상물에 대하여 다음 각 호의 기준에 의하여 산출한 저장량 중 최대의 것으로 할 수 있다.

1. 전역 방출 방식

다음의 기준에 의하여 산출된 양 이상으로 할 것

① 방호구역의 체적 1 m^3에 대하여 표 9.7에 의한 양

표 9.7 소화약제의 종류에 따른 소화약제의 양

소화약제의 종류	방호구역의 체적 1 m^3에 대한 소화약제의 양
제1종 분말	0.60 kg
제2종 분말 및 제3종 분말	0.36 kg
제4종 분말	0.24 kg

② 방호구역의 개구부에 자동 폐쇄 장치를 설치하지 아니한 경우에는 ①목에 의하여 산출한 양에 표 9.8에 의하여 산출한 양을 가산한 양

표 9.8 소화약제의 종류에 따른 개구부 가산량

소화약제의 종류	가산량(개구부의 면적 1 m^2에 대한 소화약제의 양
제1종 분말	4.5 kg
제2종 분말 및 제3종 분말	2.7 kg
제4종 분말	1.8 kg

2. 국소 방출 방식

다음의 기준에 의하여 산출한 양에 1.1을 곱하여 얻은 양 이상으로 할 것

$$Q = X - Y\frac{a}{A}$$

여기서, Q : 방호공간(방호대상물의 각 부분으로부터 0.6 m의 거리에 따라 둘러싸인 공간을 말한다.) 1 m^3에 대한 분말 소화약제의 양 (kg/m^3)

a : 방호대상물의 주변에 설치된 벽면적의 합계 (m^2)

A : 방호공간의 벽면적(벽이 없는 경우에는 벽이 있는 것으로 가정한 당해 부분의 면적)의 합계 (m^2)

X 및 Y : 다음 표의 수치

소화약제의 종류	X의 수치	Y의 수치
제1종 분말	5.2	3.9
제2종 분말 및 제3종 분말	3.2	2.4
제4종 분말	2.0	1.5

3. 호스릴 방식(이동식)

하나의 노즐에 대하여 표 9.9에 의한 양 이상으로 할 것

표 9.9 호스릴 분말 소화설비의 소화약제 종류에 따른 소화약제의 양

소화약제의 종류	소화약제의 양
제1종 분말	50 kg
제2종 분말 제3종 분말	30 kg
제4종 분말	20 kg

9.9 취급상의 주의 및 점검

1. 주 의

1) 습 기

분말 소화약제는 원래 잘 변하지 않는 성분이지만 소화약제로서 중요한 유동성은 제조법과 취급법에 따라 크게 좌우된다.

약제의 유동성은 용기에 충진되어 있는 상태에서도 고화되기 때문에 항상 주의를 기울여야 한다. 이와 같은 고화의 원인은 주로 수분에 의한 것이다.

완전히 건조되지 않은 원료를 사용한 경우는 시간이 지남에 따라 고화가 일어난다. 또 제품의 충진과 점검 시에도 습도가 높은 외기와 접촉하게 되면 유동성을 잃고 고화된다.

분말 소화약제에 물방울을 떨어뜨려도 물이 배어들지 않고, 수면에 살포해도 물 위에 뜨는 등 그의 발수성(撥水性)은 거시적으로 아주 우수한 것처럼 보이지만 미시적으로는 수분의 일부가 흡수된다.

우천시에는 가능한 한 약제의 충진이나 점검을 피하는 것이 좋다. 특히 여름철의 고온다습한 날은 외기의 절대 온도가 높기 때문에 피하는 것이 좋다.

작은 용량의 소화기는 소화약제의 방출구에 고무 마개가 끼워져 있어 외기와의 접촉을 차단하는 것이 많다. 이와 같은 구조의 경우에는 고무 마개를 반드시 끼워서 보관해야 한다.

2) 혼 합

소화기나 소화설비에 충진하는 분말 소화약제는 용기에 표시되어 있는 약제를 넣어야만 소화 성능을 보증할 수 있다. 그러나 같은 약제라도 소화기 내에 남아 있는 약제에 새로운 약제를 보충하는 것은 피해야 한다. 새로운 약제에 오래된 약제를 넣으면 사용 가능 기간을 보증할 수 없다. 따라서 다른 종류의 분말 소화약제끼리의 혼합은 반드시 피해야 한다. 예를 들면 BC 분말 소화약제는 알칼리성인 데 반하여 ABC 분말 소화약제는 산성이기 때문에 절대로 혼합해서는 안 된다.

이러한 실수를 예방하기 위하여 ABC 분말 소화약제는 담홍색으로, 중탄산칼륨을 주성분으로 하는 제2종 분말은 담회색으로 착색되어 있다.

3) 병용성

다른 종류의 분말 소화약제를 동일한 용기에 혼합하는 것은 안되지만 소화시에 다른 분말 소화기를 동시에 사용하는 것은 상관이 없다.

포 소화약제와의 병용성에 대해서는 앞에서 설명한 것처럼 통상의 분말 소화약제는 소포성이 있기 때문에 바람직하지 않다. 이 경우에는 CDC(Compatible Dry Chemical)[4]를 사용해야 한다. 또한 수성막포의 경우는 통상의 분말 소화약제에 의해서도 소포되지 않기 때문에 병용이 가능하다.

4) 인체에의 영향

분말 소화약제는 자체적인 독성은 없지만 방사된 분말을 다량 흡입하는 것은 피해야 한다. 따라서 사람을 향해서 직접 방사해서는 안 된다. 또 다량 방사된 경우에는 일시적으로 시야가 차단되기 때문에 주의를 해야 한다.

실내에서 다량 방사하는 경우에는 코에 손수건 등을 대고 호흡하여 분말이 흡입되는 것을 막아야 한다.

분말의 방사에는 CO_2나 N_2가스가 이용되나 가까운 거리에서 직접 호흡하지 않는 한 산소 농도 저하에 따른 질식의 위험은 없다.

5) 폐 기

점검 결과, 폐기된 분말 소화약제는 방사 시험 등의 훈련에 사용할 수도 있지만 다량인 경우는 판매점을 통해서 제조 회사로 반송하여 재활용하는 것이 바람직하다. 따라서 약제의 교환시 폐기된 분말은 다른 종류의 분말과 혼합되지 않도록 해야 한다.

---

4. CDC(Compatible Dry Chemical) : 소화약제와 함께 사용해도 소포(消泡) 작용을 일으키지 않는 분말 소화약제를 말한다.

2. 점검

분말 소화설비는 다른 소화설비와 마찬가지로 연 1회 이상의 작동 기능 점검과 규모에 따라 연 1회 이상의 종합 정밀 점검을 받아야 한다. 이 경우 점검의 실시 시기는 연중 균등한 간격이 되도록 한다.

1) 작동 기능 점검(소화약제량)

(1) 축압식

① 배압 밸브로 압력을 빼고 잔압이 없는가를 확인한다.

② 소화약제 충전 덮개를 벗겨내고 충전구로부터 소화약제까지의 높이를 재거나 저장 용기마다 저울에 올려놓고 무게를 측정한다.

③ 소량(약 300 g)의 샘플을 채취하여 색깔, 고형물의 유무 및 촉감 상태 등에 이상이 있는지의 여부를 확인한다.

④ 이상의 점검을 통하여 적정의 소화약제가 규정량 이상 저장되어 있는지 이물질의 혼입, 변질, 고화 등을 확인한다.

(2) 가압식

① 소화약제 충전 덮개를 벗겨내고 충전구로부터 소화약제까지의 높이를 재거나 저장 용기마다 저울에 올려놓고 무게를 측정한다.

② 소량(약 300 g)의 샘플을 채취하여 색깔, 고형물의 유무 및 촉감 상태 등에 이상이 있는지의 여부를 확인한다.

③ 이상의 점검을 통하여 적정의 소화약제가 규정량 이상 저장되어 있는지 이물질의 혼입, 변질, 고화 등을 확인한다.

단, (1), (2)의 점검은 온도 40 ℃ 이상, 습도 60 %를 넘는 경우는 실시하지 않는다.

2) 종합 정밀 점검 (방사 시험)

(1) 전역 방출 방식 및 국소 방출 방식

비상 전원으로 절환된 상태에서 다음에 따라 점검을 행한다. 또한 방사 구획(방사 계통)이 둘 이상인 경우는 점검할 때마다 동일 구획의 반복 점검이 아니라 방사 구획을 순차적으로 바꾸어 점검한다.

① **가압식** : 방사에 사용하는 시험용 가스량은 점검을 행하는 방사 구획의 필요 약제량을 방사하는 데 필요한 가압용 가스의 10 %(소숫점 이하는 반올림한다) 이상으로 기존에 설치되어 있는 가압용 가스 용기를 사용하여 다음과 같이 점검한다.

㉠ 제어반 등의 설비 전원을 필히 일시적으로 차단한다.

㉡ 방사 가압용 가스 용기에만 용기 밸브, 개방 장치 및 조작관을 부착하여 접속한다.

㉢ 방사 가압용 가스 용기 이외의 것은 연결관을 떼어내고 집합관부를 막거나 또는 용기 밸브 개방 장치를 떼어내고 용기 밸브부를 플러그로 막는다.

㉣ 조작관에 있어서는 방사용 이외의 부분을 밀폐한다.

㉤ 저장용기 중의 조작반 중에 회로의 질소 가스 절환 밸브를 클리닝 회로측으로 절환한다.

㉥ 저장용기 등 또는 가압용 가스 용기 이외에는 통상의 설비 상태인가의 여부를 확인한다.

㉦ 수동식은 기동 장치를 조작하여 기동시키고, 자동식의 것은 자동・수동절환 장치를 '자동' 측으로 절환하고 감지기의 작동에 의해 또는 수신기 혹은 제어반의 감지기 회로 단자를 단락시켜 기동시켜서 방사 상황의 정상 여부를 확인한다.

㉧ 점검 종료 후에는 원래의 상태로 복구시킨다.

[점검 시의 준비 사항]

㉠ 점검 후 가압용 가스의 재충전 기간의 대체 설치에 사용하는 가압용가스 용기를 방사 가압용 가스 용기와 동일한 것을 동일 수량 준비한다.

㉡ 기동용 가스 용기를 사용하는 설비에 있어서는 동일한 사양의 것으로 필요한 수량만큼 준비한다.

㉢ 집합관부, 용기 밸브부 및 조작관부의 밀폐용 캡 또는 플러그를 필요한 수량만큼 준비한다.

[점검 시의 유의 사항]

㉠ 점검 종료 후 점검 시 사용한 가압용 가스 용기 또는 클리닝용 가스 용기는 교체 용기로 교체하고 재충전한다.

이 경우 설치된 가압용 가스 용기 또는 클리닝용 가스 용기가 용기 검사 또는 용기 재검사를 받은 날로부터 3년 이상 경과한 경우는 용기의 재검사를 받고 이에 합격한 것으로 충전한다.

ⓛ 방사 구획은 완전히 약제가 침강될 때까지 또는 환기될 때까지는 들어가서는 안 되며 부득이 들어갈 때는 공기 호흡기를 착용한다.

ⓒ 점검 종료 후는 모두 확실하게 원래 상태로 복구시킨다.

② **축압식** : 방사에 사용하는 시험용 가스의 양은 점검을 행하는 방사 구획의 필요 약제량을 방사하는 데 필요한 축압용 가스의 10 % 이상으로 청소용으로 설치된 것을 사용하여 다음과 같이 점검한다.

㉠ 제어반 등의 설비 전원을 일시적으로 차단한다.

㉡ 저장용기 등의 용기 밸브 개방 장치를 떼어내고 용기 밸브를 플러그로 막는다.

㉢ 주밸브에 이르는 조작관은 떼어내서 막는다.

㉣ 저장용기 등 및 기동 제어 장치부 이외에는 보통의 설비 상태에 있는가의 여부를 확인한다.

㉤ 기동 조작은 수동식은 수동으로, 자동식은 자동으로 하여 방사 상황의 정상 여부를 확인한다.

㉥ 점검 후에는 원래의 상태로 복구시킨다.

[점검 시의 준비 사항]

㉠ 점검 후 클리닝용 가스의 재충전 기간의 교체 설치에 사용하는 클리닝용 가스 용기를 방사 클리닝용 가스 용기와 같은 사양의 것으로 동일 수량 준비한다.

㉡ 기동용 가스 용기를 사용하는 설비에 있어서는 위와 같은 사양의 가스 용기를 필요한 만큼 준비한다.

㉢ 용기 밸브부 및 조작관부에 사용하는 패킹 또는 플러그를 필요한 만큼 준비한다.

[점검 시의 유의 사항]

가압식의 경우와 동일

(2) **이동식**

① 소화약제 방사는 유닛 5병 이내마다 임의의 유닛 가압용 가스 용기 또는 클리닝용 가스 용기 1병의 시험용 가스를 방사하여 행한다.

② 점검 후 가압용 가스 용기 또는 클리닝용 가스 용기의 재충전 기간의 대체 설치에 사용하는 가압용 가스 용기 또는 청소용 가스 용기를 가압용 가스 용기 또는 청소용 가스 용기와 같은 사양의 것을 1병 준비한다.

③ 방사에 사용하는 가압용 가스 용기 또는 청소용 가스 용기를 청소 배관에 접속한다.

④ 수동으로 조작하여 호스를 꺼내고 개폐 밸브를 조작하여 방사 상황이 정상인가의 여부를 확인한다.

⑤ 점검 후에는 원래의 상태대로 복구시킨다.

[점검 시의 유의 사항]

㉠ 점검 종료 후 점검 시 사용한 가압용 가스 용기 또는 청소용 가스 용기는 교체 용기로 교환하거나 재충전한다.
이 경우 설치용 가압 가스 용기 또는 클리닝용 가스 용기가 용기 검사 또는 용기 재검사를 받은 날로부터 3년 이상 경과한 것은 용기의 재검사를 받고 이에 합격한 것으로 재충전한다.

㉡ 검사 종료 후는 모두 확실하게 원상태대로 환원시켜 놓는다.

CHAPTER

10

소화약제의 형식승인 및 제품검사의 기술기준과 시험세칙

CHAPTER 10

소화약제의 형식승인 및 제품검사의 기술기준과 시험세칙

10.1 기술기준

제1조(목적) 이 기준은 「소방시설 설치 및 관리에 관한 법률」 제36조제5항에서 소방청장에게 위임한 「소화약제(이산화탄소 소화약제는 제외한다)의 형식승인 및 제품검사의 기술기준」에 관한 사항을 규정함을 목적으로 한다.

제2조(용어의 정의) 이 기준에서 정하는 용어의 정의는 다음과 같다.

1. "소화약제"란 소화설비에 사용되는 소화성능이 있는 고체, 액체 및 기체의 물질을 말한다.
2. "포소화약제"란 주원료에 포 안정제, 그 밖의 약제를 첨가한 액상의 것으로 물(바다물을 포함한다. 이하 같다)과 일정한 농도로 혼합하여 공기 또는 불활성 기체를 기계적으로 혼입시킴으로써 거품을 발생시켜 소화에 사용하는 소화약제를 말한다.
3. "단백포 소화약제"란 단백질을 가수분해한 것을 주원료로 하는 포소화약제를 말한다.
4. "합성계면활성제포 소화약제"란 합성계면활성제를 주원료로 하는 포소화약제(제5호에서 정하는 것은 제외한다)를 말한다.
5. "수성막포 소화약제"란 합성계면활성제를 주원료로 하는 포소화약제중 기름표면에서 수성막을 형성하는 포소화약제를 말한다.
6. "알코올형포소화약제"란 단백질 가수분해물이나 합성계면활성제중에 지방산금속염이나 타계통의 합성계면활성제 또는 고뷰자 겔 생성물 등을 첨가한 포소화약제로서 「위험물안전관리법 시행령」 별표1의 위험물 중 알코올류, 에테르류, 에스테르류, 케톤류, 알데히드류, 아민류, 니트릴류 및 유기산 등(이하 "알코올류"등이라 한다)수용성용제의 소화에 사용하는 약제를 말한다.
7. "포수용액"이란 포소화약제에 물을 가한 수용액을 말한다.
8. "수치 %형"이란 포수용액에 있어서 포소화약제의(수치)용량의 % 농도를 말한다.

9. "변질시험 후의 포소화약제"란 포소화약제를 (65 ± 2) ℃ 온도로 216시간 유지한 후 실온으로 환원하고, 다시 (−18 ± 2) ℃ 온도로 24시간 유지한 후 실온으로 환원시키는 시험을 실시한 소화약제를 말한다.
10. "변질시험 후의 포수용액"이란 제9호에서 정하는 시험을 실시한 포소화약제의 포수용액을 말한다.
11. "방수포용포 소화약제"란 대용량포방수포등(압축공기포 소화장치를 포함한다)에 사용하는 포소화약제를 말한다.
12. 〈삭제〉
13. "저발포용포 소화약제"란 제4조 제11호 제가목에서 규정하는 별표2의 표준발포노즐에 의해 발포시키는 경우 포팽창율이 6배(수성막포 소화약제는 5배) ~ 20배 이하인 포소화약제를 말한다.
14. "고발포용포 소화약제"란 제4조 제11호 제나목에서 규정하는 별표3의 표준발포노즐에 의해 발포시키는 경우 포팽창율이 500배 이상인 포소화약제를 말한다.

제3조(소화약제의 공통적 성질) ① 소화약제는 현저한 독성이나 부식성이 없어야 하며 열과 접촉할 때 현저한 독성이나 부식성의 가스를 발생하지 아니하여야 한다.

② 수용액의 소화약제 및 액체 상태의 소화약제는 결정의 석출, 용액의 분리, 부유물 또는 침전물의 발생 등 그 밖의 이상이 생기지 아니하여야 하며 과불화옥탄술폰산(그염류와 과불화옥탄술포닐플로라이드를 포함한다)을 함유하지 않아야 한다.

③ 소화약제의 중량은 별표1의 중(용)량 허용범위 이내이어야 한다.

제4조(포소화약제) 포소화약제는 다음 각 호에 적합하여야 한다.

1. 성상은 다음 각 목에 적합하여야 한다.
   가. 균질이어야 한다.
   나. 변질방지를 위한 유효한 조치가 강구되어야 한다.
   다. 발생된 거품은 석유류 등 가연성 액체의 표면에 흘러서 고르게 퍼지는 것이어야 하며, 목재 등 고체표면에 달라붙는 것이어야 한다.
2. 설계된 사용온도범위에서 사용할 경우 성상, 발포성능 및 소화성능의 기능이 유효하게 발휘되어야 한다. 다만, 사용온도는 5 ℃ 단위로 구분하여야 한다
3. 비중은 KS M 0004(화학제품의 비중측정 방법)의 비중 부액계 또는 비중병을 사용하여 20 ℃온도에서 측정한 경우 설계값의 ±0.02이내이어야 하며, 포소화약제의 종류에 따

라 다음 표와 같아야 한다.

종류	단백포 소화약제	합성계면활성제포 소화약제 및 알코올형포 소화약제	수성막포 소화약제
비중의 범위	1.10 이상 1.20 이하	0.90 이상 1.20 이하	1.00 이상 1.15 이하

4. 점도는 KS M 2014(석유제품 동점도 및 점도시험방법) 또는 B형 점도계로 사용온도범위에서 측정한 경우 설계값의 ±30 %이내이어야 하며, 각각의 값은 200 mm^2/s(cSt) (단백포소화약제는 400 mm^2/s(cSt), 알코올형포 소화약제는 3,500 mm^2/s(cSt)) 이하이어야 한다.
5. 유동점은 KS M 2016(석유제품 유동점 시험방법)에 따라 측정한 경우 제4조의 사용 하한 온도보다 2.5 ℃이하이어야 한다.
6. 수소이온농도는 (20 ± 2) ℃인 포소화약제를 KS M 0011(수용액의 pH측정방법)에 따라 측정한 경우 설계값의 ±0.4 이내이어야 하며, 종류에 따라 다음 표와 같아야 한다.

종류	단백포 소화약제	합성계면활성제포 소화약제	수성막포 소화약제 및 알코올형포 소화약제
수소이온 농도의 범위	6.0 이상 7.5 이하	6.5 이상 8.5 이하	6.0 이상 8.5 이하

7. 포소화약제의 침전량은 다음 각 목에 적합하여야 한다.
   가. (20 ± 2) ℃인 포소화약제를 원심분리용 시험관에 넣고 상대원심력을 분당 회전수 600～700으로 원심 분리하여 생기는 침전물이 0.1 vol % 이하이어야 한다.
   나. 가목의 측정 후 포소화약제의 상등액을 포수용액으로 하여 그 침전량을 가목의 규정에 따라 측정한 경우 0.05 vol %(합성계면활성제포 소화약제는 0.2 vol %)이하이며, 백탁 또는 부유하는 생성물이 눈금크기 180 μm (80 mesh)의 비철금망을 쉽게 통과하여야 한다.
   다. 변질시험 후의 포소화약제의 침전량은 가목의 규정에 따라 측정한 경우 0.2 vol % 이하이어야 한다.
8. 인화점은 KS M 2010(원유 및 석유제품 인화점 시험방법)의 클리블랜드 개방식 방법에 적합한 인화점 시험기로 측정한 경우 60 ℃ 이상이어야 한다.
9. 강철·황동 및 알루미늄(이하 "강철 등"이라 한다)을 (38 ± 2) ℃인 포소화약제 속에 21일

간 놓아둔 경우 강철 등의 중량손실이 각각 1일에 3 mg/20 cm^2 이하이어야 한다.
수성막포 소화약제의 확산계수는 (20 ± 2) ℃인 포수용액을 싸이크로헥산을 사용하여 절삭유제 시험방법으로 측정한 경우 3.5이상이어야 한다. 변질시험 후의 포수용액에 있어서도 또한 같다.

11. 포수용액(방수포용포 소화약제를 제외한다)의 발포성능은 용도별로 다음 각 목에 적합하여야 한다.
    가. 저발포용포 소화약제 : (20 ± 2) ℃인 포수용액을 수압력 0.7 MPa, 방수량이 매분 10 L인 조건에서 별표2의 표준발포노즐을 사용하여 거품을 발생(이하"발포"라 한다) 시키는 경우 그 거품의 팽창율(포수용액의 용량과 발생하는 거품의 용량과의 비를 말한다. 이하 같다)이 6배(수성막포 소화약제는 5배)이상 20배 이하이어야 하며, 발포 전 포수용액 용량의 25 %인 포수용액이 거품으로부터 환원되는데 필요한 시간은 1분 이상이어야 한다. 변질시험 후의 포수용액에 있어서도 또한 같다.
    나. 고발포용포 소화약제 : (20 ± 2) ℃인 포수용액을 수압력 0.1 MPa, 방수량 매분 6 L, 풍량 매분 13 cm^3인 조건에서 별표3의 표준발포장치를 사용하여 발포시키는 경우 거품의 팽창율은 500배 이상이어야 하며, 발포 전 포수용액 용량의 25 %인 포수용액이 거품으로부터 환원되는데 필요한 시간이 3분 이상이어야 한다. 변질시험 후의 포수용액에 있어서도 또한 같다.
12. 방수포용포 소화약제의 (20 ± 2) ℃인 포수용액을 수압력 0.7 MPa, 방수량이 매분 10 L로 1.075 m 높이에 수평으로 고정된 별표4의 표준발포노즐을 사용하여 발포하고 포가 자연낙하하는 지점에 별표5의 포수집장치 및 포수집용기에 포를 받은 경우에 포팽창율이 6배(수성막포 소화약제는 5배)이상 10배 미만이어야 하며, 발포 전 포수용액 용량의 25 %인 포수용액이 포로부터 환원되는데 필요한 시간은 2분 이상이어야 한다. 변질시험 후의 포수용액에 있어서도 또한 같다.

제5조(산알칼리 소화약제) 산알칼리 소화약제는 다음 각 호에 적합하여야 한다.

1. 산은 양질의 무기산 또는 이와 같은 염류이어야 한다.
2. 알칼리는 물에 잘 용해되는 양질의 알칼리 염류이어야 한다.
3. 방사액의 수소이온농도는 KS M 0011(수용액의 pH 측정방법)에 따라 측정하는 경우 5.5 이하의 산성을 나타내지 아니하여야 한다.

제6조(강화액 소화약제) ① 강화액 소화약제는 다음 각 호에 적합한 알칼리 금속염류 등을 주성

분으로 하는 수용액이어야 한다.

1. 알칼리 금속염류의 수용액인 경우에는 알칼리성 반응을 나타내어야 한다.
2. 강화액 소화약제의 응고점은 −20 ℃ 이하이어야 한다.

② 자체의 화학반응에 의하여 발생하는 가스를 방사압력의 압력원으로 하는 강화액 소화약제는 제1항의 규정에 적합한 알칼리 금속염류 등의 수용액 및 응고점이 −20 ℃ 이하인 양질의 무기산 또는 이와 같은 염류이어야 하며 방사액의 수소이온농도는 제5조 제3호의 규정에 적합하여야 한다.

③ 분말상태의 알칼리 금속염류 등은 잘 용해되어야 하며 수용액으로 만들었을 경우에는 제1항, 제2항의 규정에 적합하여야 한다.

④ 〈삭제〉

⑤ 강화액 소화약제에 강철, 황동 및 알루미늄(이하 "강철 등"이라 한다)을 (38 ± 2) ℃에 21일 동안 놓아두었을 때 강철 등의 중량손실이 각각 1일에 3 mg/20 cm^2 이하이어야 한다.

⑥ 강화액 소화약제의 침전량은 (20 ± 2) ℃온도의 강화액 소화약제를 원심분리용 시험관에 넣고 상대원심력을 분당 회전수 600~700으로 원심 분리하여 생기는 침전물이 0.1 vol % 이하이어야 한다.

⑦ 강화액 소화약제를 (65 ± 2) ℃ 온도로 216시간 유지한 후 실온으로 환원하고, 다시 (−18 ± 2) ℃ 온도로 24시간 유지한 후 실온으로 환원시키는 시험을 하고 변질 후 침전량은 제6항의 규정에 의한 방법으로 측정한 경우 0.2 vol % 이하이어야 한다.

⑧ 강화액 소화약제의 표면장력은 33 mN/m 이하이어야 하며, 설계값의 −3.0 mN/m ~1.5 mN/m이어야 한다. 다만, K급화재용을 포함하는 소화약제의 경우에는 적용하지 아니한다.

⑨ 비중은 KS M 0004(화학제품의 비중 측정방법)의 비중부액계 또는 비중병을 사용하여 (20 ± 2) ℃에서 측정하였을 때 설계값의 ±0.02이어야 한다.

⑩ 수소이온농도는 KS M 0011(수용액의 pH측정방법)에 따라 측정하였을 때 설계값 ±0.4이어야 한다.

제7조(분말 소화약제) 분말 소화약제는 방습가공을 한 나트륨 및 칼륨의 중탄산염 기타의 염류 또는 인산염류·황산염류 그 밖의 방염성을 가진 염류(이하 "인산염류 등"이라 한다.)로서 다음 각호에 적합하여야 한다.

1. 분말의 미세한 정도는 KS A 5101-1(시험용체-1부: 금속망체)의 표준체에 통과시켰을

경우 그 잔량이 다음과 같아야 한다.

표준체의 크기 (μm)	BC용 분말(잔량 wt%)		ABC용 분말(잔량 wt%)	
	최소	최대	최소	최대
425	0	0.5	0	0
150	0	1	0	10
75	5	30	12	25
45	×	×	12	25
받침판	70	95	50	70

2. 분말의 성분비는 다음에 적합한 것이어야 한다.
   가. 주성분이 중탄산나트륨인 소화약제는 중탄산나트륨($NaHCO_3$)이 90 wt % 이상이어야 한다.
   나. 주성분이 중탄산칼륨인 소화약제는 중탄산칼륨($KHCO_3$)이 92 wt % 이상이어야 한다.
   다. 주성분이 인산염류 등인 소화약제는 제1인산암모늄($NH_4H_2PO_4$)등 함량이 최소 75 wt % 이상이어야 하며 설계값의 −5 % ~ +15 % 이어야 한다.
3. 상대습도가 50 % 이하인 대기 중에서 시료를 칭량하여 농도 95 % 내지 98 %의 농황산을 건조제로 사용한 데시게이터내에 18 ℃ 내지 24 ℃의 온도로 24시간 놓아둔 후 칭량하여 아래 수식으로 계산한 수분함유율이 0.2 wt % 이하이어야 한다.

$$M = \frac{100(W_2 - W_1)}{W_1}$$

M : 수분함유율 (%)

W_1 : 원시료의 무게 (g)

W_2 : 24시간 건조 후의 시료의 무게 (g)

4. 온도가 (30 ± 2) ℃이고 상대습도가 60 %인 항온항습조 등에 48시간 놓아둔 후 칭량하고, 다시 온도가 (30 ± 2) ℃이고 상대습도가 80 %인 항온항습조 등에 48시간 놓아둔 후 칭량하여 아래의 수식으로 계산한 흡습율이 중탄산나트륨이 주성분인 것은 0.2 wt %, 중탄산칼륨이 주성분인 것은 2 wt %, 인산염류 등이 주성분인 것은 1.5 wt % 이하이어야 한다.

$$M = \frac{100(W_2 - W_1)}{W_1}$$

M : 흡습율(%)

W_1 : 온도(32±2)℃, 상대습도 60%인 항온항습조 등에 48시간 놓아둔 후의 시료의 중량(g)

W_2 : 온도(32±2)℃, 상대습도 80%인 항온항습조 등에 48시간 놓아둔 후의 시료의 중량(g)

5. 겉보기비중은 0.820 g/mL 이상이어야 한다.
6. 분말을 수면에 고르게 살포한 경우에 1시간 이내에 침강하지 아니하여야 한다.
7. 칼륨의 중탄산염이 주성분인 소화약제는 담회색으로 인산염 등이 주성분인 소화약제는 담홍색(또는 황색)으로 각각 착색하여야 하며 이를 혼합하지 아니하여야 한다.
8. 분말상태의 소화약제는 굳거나 덩어리지거나 변질 등 그 밖의 이상이 생기지 아니하여야 하며 페네트로메타(Penetrometer)시험기로 시험한 경우 15 mm 이상 침투되어야 한다.

제8조(할로겐화합물 소화약제) ① 할로겐화합물 소화약제는 다음 각 호에 적합하여야 한다.

1. 클로로테트라플루오로에탄(이하"HCFC-124"이라 한다), 펜타플루오로에탄(이하 "HFC-125"라 한다), 헵타플루오로프로판(이하 "HFC-227ea"라 한다), 트리플루오로메탄(이하 "HFC-23"이라 한다) 및 브로모클로로디플루오로메탄(이하 "할론 1211"이라 한다), 헥사플루오로프로판(이하 "HFC-236fa"라 한다), 트리플루오로아이오드메탄(이하 "FIC- 13I1"이라 한다) 및 도데카플루오로-2-메틸 펜탄-3-원(이하 "FK-5-1-12"라 한다)등의 소화약제의 순도는 99.0 mol % 이상이어야 한다.
2. 브로모트리플루오로메탄(이하"할론1301"이라 한다)의 소화약제의 순도는 99.6 mol % 이상이어야 한다.

② 할로겐화합물 소화약제를 혼합하여 사용하는 경우에는 그 혼합 조성비가 다음 각 호에 적합하여야 한다.

1. 〈삭제〉
2. HCFC BLEND A는 클로로디플루오로메탄(이하 "HCFC-22"라 한다), HCFC-124, 디클로로트리프루오로에탄(이하 "HCFC-123"이라 한다), 이소프로페닐-1-메틸시이클로헥산으로 구성되어야 하며 그 혼합 조성비는 다음과 같다.
   가. HCFC-22 (82 ± 0.8) wt %
   나. HCFC-124 (9.50 ± 0.9) wt %
   다. HCFC-123 (4.75 ± 0.5) wt %
   라. 이소프로페닐-1-메틸시이클로헥산 (3.75 ± 0.5) wt %
3. HFC BLEND B는 테트라플루오로에탄(이하"HFC-134a"라 한다), HFC-125 및 이산화탄소로 구성되어야 하며 그 혼합 조성비는 다음과 같다.
   가. HFC-134a (86 ± 5) wt %
   나. HFC-125 (9.0 ± 3) wt %
   다. CO_2 (5 ± 2) wt %

제9조(불활성기체 소화약제) 불활성기체 소화약제는 다음 각 호의 어느 하나에 적합하여야 한다.

1. IG-541 소화약제의 구성물은 질소 (52 ± 4) vol % , 아르곤 (40 ± 4) vol %, 이산화탄소 (8 ~ 9) vol %로 구성되어야 한다
2. IG-01 소화약제의 구성물은 아르곤이 99.9 vol % 이상이어야 한다.
3. IG-100 소화약제의 구성물은 질소가 99.9 vol % 이상이어야 한다.
4. IG-55 소화약제의 구성물은 질소 (50 ± 5) vol %, 아르곤 (50 ± 5) vol %로 구성되어야 한다.

제10조(침윤 소화약제) ① 침윤 소화약제는 물의 침투능력, 분산능력 및 유화능력 등을 증대하기 위하여 물과 혼합(이하 “침윤수용액”이라 한다)하여 사용하는 약제로서 다음 각 호에 적합하여야 한다.

1. 침윤 수용액의 표면장력은 33 mN/m미만이어야 한다.
2. 〈삭제〉
3. 용해시험

   침윤 소화약제는 사용농도에서 다음의 온도조건으로 용해하였을 경우 물에 쉽게 용해되어야 한다.

조건	물의 온도(℃)	침윤 소화약제의 온도(℃)
1	4±1	21±1
2	21±1	21±1
3	4±1	4±1
4	21±1	4±1

4. 용액의 분리시험

   가. 침윤 수용액은 0 ℃에서 50 ℃의 온도범위에서 분리되어서는 아니된다.

   나. 침윤 소화약제는 최저 및 최고저장온도 또는 사용온도와 16 ℃에서 각각 30일간 정치하였을 때 분리되어서는 아니 된다.

   다. 가목 및 나목에서 규정한 시험을 하는 경우 침전현상(시험기간 중에 발생한 것도 포함한다), 흐려지는 현상 등 이와 유사한 현상 등은 분리현상으로 한다.

5. 저온에 따른 표면장력 변화

   −18 ℃에 저장된 침윤 소화약제로 혼합된 침윤 수용액의 표면장력 값과 제1호에 의해 측정된 침윤 수용액의 표면장력 값의 차이는 5 mN/m이내 이어야 한다.

6. 수소이온농도 시험

침윤 소화약제의 수소이온농도(pH)는 (20 ± 0.5) ℃에서 pH 6 ~ 9의 범위이어야 하며 허용범위는 설계 값의 ± 0.4 이내이어야 한다.

7. 점도 시험

침윤 소화약제의 점도는 KS M 2014(원유 및 석유제품의 동점도 시험방법 및 석유제품 점도지수 계산방법) 또는 B형 점도계로 사용온도범위에서 측정하였을 경우 설계값의 ± 30 %이어야 한다.

8. 금속부식 시험

가. 침윤 수용액 및 증류수에 가로 125 mm, 세로 25 mm, 두께 1.6 mm의 구리, 황동 및 청동 시험편을 각각 상온에서 30일간 침지하였을 경우 부식에 의한 중량손실을 측정한 후 다음 식에 의하여 부식율(cm/년)을 계산한다.

$$\text{부식율}(\text{cm}/\text{년}) = \frac{719.4 \times \text{중량손실}(\text{g})}{12 \times \text{금속의 밀도}(\text{g/ml}) \times \text{넓이}(\text{cm}^2) \times \text{노출시간}(\text{h})}$$

나. 침윤 수용액의 부식율이 증류수에 의한 부식율보다 50 %초과하여서는 아니 되며 점식이 발생한 경우에는 점식의 깊이가 시험편 두께의 5분의 1을 초과하여서는 아니 된다.

② 침윤 소화약제는 물과 혼합하여 소화기용으로 사용할 때에 부패하거나 변질 등이 발생하여서는 아니 된다.

제11조(소화성능) ① 액체계 소화약제(포소화약제를 제외한다) 및 분말 소화약제의 소화성능은 해당하는 소화성능에 대하여 「소화기의 형식승인 및 제품검사의 기술기준」 별표2, 별표3, 별표4, 별표6에 적합하여야 한다.

1. 〈삭제〉
2. 〈삭제〉

② 가스계 소화약제의 소화성능은 다음 각 호에 적합하여야 한다.

1. 가스계 소화약제의 B급 소화농도시험은 컵버너방식 및 소화농도측정설비에 의하여 측정한다. 이 경우 신청된 소화농도 이하에서 소화되어야 한다.

가. 소화약제 저장용기의 온도는 (20 ± 2) ℃로 유지되어야 하며 신청농도에 의한 소화약제의 저장량은 다음 식에 의하여 얻어진 것으로 한다.

1) HCFC 등의 소화약제

$$W = \frac{V}{S} \times \frac{C}{100 - C}$$

W : 소화약제의 중량(kg)

V : 소화농도 측정설비의 부피(m^3)

S : 소화약제별 선형상수$[K_1 + (K_2 \times t)]$(m^3/kg)

C : 체적에 대한 소화약제의 소화농도(%)

t : 방호구역의 최저예상온도(℃)

소화약제	K_1	K_2
FC-3-1-10	0.094104	0.00034455
HCFC BLEND A	0.2413	0.00088
HCFC-124	0.1575	0.0006
HFC-125	0.1825	0.0007
HFC-227ea	0.1269	0.0005
HFC-23	0.3164	0.0012
HFC-236fa	0.1413	0.0006
FIC-13I1	0.1138	0.0005
FK-5-1-12	0.0664	0.0002741

2) 불활성기체 소화약제

$$X = 2.303 \frac{V_s}{S} \times Log_{10}\left[\frac{100}{100 - C}\right]$$

X : 공간체적에 더해진 소화약제의 부피(m^3/m^3)

S : 소화약제별 선형상수$[K_1 + (K_2 \times t)]$(m^3/kg)

C : 체적에 대한 소화약제의 소화농도(%)

V_s : 20℃에서 소화약제의 비부피(m^3/kg)

t : 방호구역의 최저예상온도(℃)

소화약제	K_1	K_2
IG-01	0.5685	0.00208
IG-100	0.7997	0.00293
IG-541	0.65799	0.00239
IG-55	0.6598	0.00242

나. 컵버너방식의 소화농도측정은 공기의 유량을 분당 40 L로 고정하고 약제의 유량을 서서히 증가하여 불꽃이 소화되는 시점의 유량을 측정한 후 다음 식에 의하여 소화농도를 계산한다.

$$소화농도=\frac{F_1}{F_1+F_2}\times 100$$

F_1 : 소화약제의 유량(L/min)

F_2 : 공기의 유량(L/min)

다. 나목에 적합한 소화약제는 소화농도 측정설비에 의하여 제1차 및 제2차 시험을 실시한다. 이 경우 소화약제의 저장량은 신청된 B급 소화농도를 가목에 규정한 방식에 의하여 얻어진 량으로 한다.

1) 제1차 시험은 다음 그림의 원형 화재모형을 소화농도 측정설비의 구석에서 50 mm, 천정 또는 바닥에서 300 mm위치에 각각 1개씩 총 8개를 설치하고 헵탄에 점화하여 점화 30초 후에 소화약제를 방출한다.

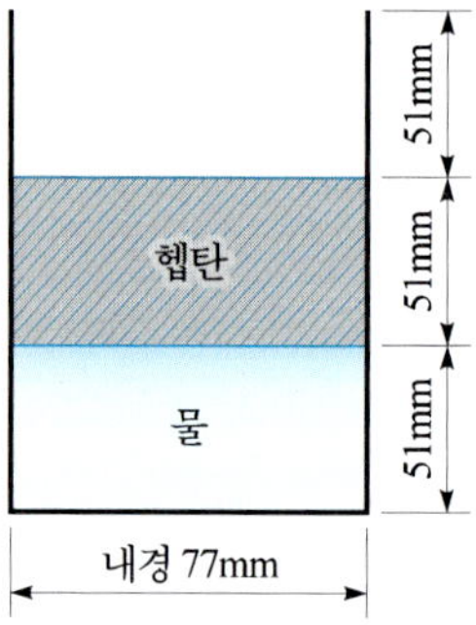

2) 제2차 시험은 다음 그림의 화재모형을 소화농도 측정설비 중앙에 설치하고 헵탄에 점화하여 점화 30초 후에 소화농도 측정설비를 밀폐하고 소화약제를 방출한다.

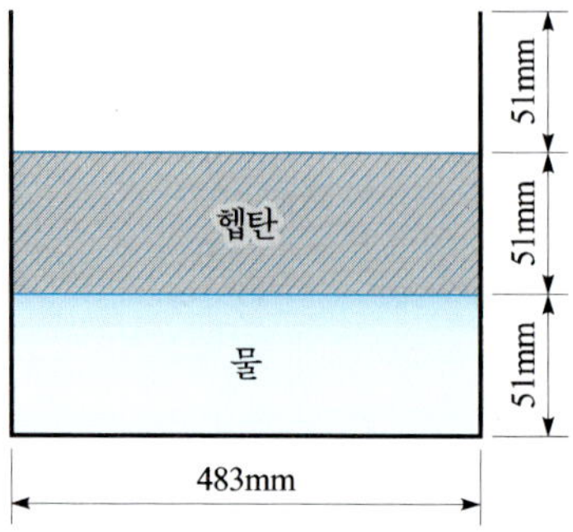

라. B급 소화농도 시험에 사용하는 연료는 헵탄을 원칙으로 한다.

2. 제1호에서 규정한 소화농도 측정설비의 시험은 다음 각 목에 적합하게 제출된 기구와 자료들(설계도를 포함한다)에 의하여 실시한다.

가. 노즐의 종류 및 방호넓이

나. 소화시설의 작동온도범위

다. 방호넓이 상의 노즐위치

라. 배관의 길이 및 크기와 조립하는 노즐의 수

마. 최대방출시간

바. 최대충전밀도

3. 〈삭제〉

4. 〈삭제〉

③ 저발포용포 소화약제(알코올형포 소화약제 및 방수포용포 소화약제를 제외한다)의 소화성능은 물 320 L 및 휘발유 200 L를 담은 별표6의 B급 화재모형에 불을 붙인 다음 1분 후에 (20 ± 2) ℃인 포수용액을 제4조 제11호 가목의 규정에 따라 5분간(합성계면활성제포 소화약제는 8분간)연속 발포시키는 경우 다음 각호에 적합하여야 한다. 변질시험 후의 포수용액에 있어서도 또한 같다.

1. 소화에 소요되는 시간은 5분 이내이어야 한다.

2. 발포가 끝난 후 15분간(합성계면활성제포 소화약제에 있어서는 12분간) 별표7의 점화기로 거품 표면에 불꽃을 가까이 하는 경우 다시 불타지 아니하여야 한다.

3. 발포를 끝낸 15분 후(합성계면활성제포 소화약제는 12분 후) 거품표면의 중앙부에 1변의 길이가 15 cm인 정방형으로 기름면을 노출시킨 후 이에 다시 불을 붙여 5분간 연소시킨 경우 기름면의 연소면적은 900 cm^2 이내이어야 한다.

④ 고발포용포 소화약제의 소화성능은 (20 ± 2) ℃인 포수용액을 제4조 제11호 나목의 규정에 따라 발포시키는 경우 다음 각 호에 적합하여야 한다. 변질시험 후의 포수용액에 있어서도 또한 같다.

1. 물 128 L 및 휘발유 80 L를 담은 별표8의 B급 화재모형에 불을 붙인 다음 30초 후에 2분 30초간 연속 발포시키는 경우 소화에 소요되는 시간은 3분 이내이어야 한다.

2. 별표9의 A급 화재모형에 불을 붙인 다음 1분 30초 후에 5분간 연속 발포시킨 경우 잔염이 없어야 하며 발포가 끝난 후 10분 이내에 다시 불타지 아니하여야 한다.

⑤ 알코올형포 소화약제의 소화성능은 별표10의 알코올류 등 화재모형에 별표11의 알코올

류 등 수용성용제 중 해당 알코올류 등 수용성용제 100 L를 붓고 불을 붙인 다음 2분 후에 (20 ± 2) ℃인 포수용액을 제4조 제11호 가목 규정에 따라 8분간 연속 발포시키는 경우 다음 각 호에 적합하여야 한다. 변질시험 후의 포수용액에 있어서도 같다.

1. 소화에 소요되는 시간은 5분 이내이어야 한다
2. 발포가 끝난 후 12분간 별표7의 점화기로 거품표면에 불꽃을 가까이하는 경우 다시 불타지 아니하여야 한다.
3. 발포를 끝낸 12분 후 거품표면의 중앙부에 1변의 길이가 15 cm인 정방형으로 연료면을 노출시킨 후 이에 다시 불을 붙여 5분간 연소시킨 경우 연료면의 연소면적은 900 cm^2 이내이어야 한다.

⑥ 알코올용포 소화약제에 알코올류 등 수용성용제 이외의 유류에 대한 소화성능을 추가하는 경우는 제3항을 적용한다.

⑦ 방수포용포 소화약제의 소화성능은 200 L의 n-헵탄을 별표 12의 B급 화재모형 (대용량포 방수포용) 점화하고 점화 1분 후에 온도 20℃의 포수용액을 제4조 제12호에 의하여 당해 모형의 연소면 중앙 부근에 3분 동안 연속하여 발포시킨 경우에 다음 각 호에 적합하여야야 한다. 또한 변질시험 후 포수용액에 대해서도 이와 같다.

1. 소화에 소요되는 시간은 4분 이내이어야 한다.
2. 발포를 종료하고 15분 후에 1 L 의 n-헵탄을 넣어 별표12에 표시된 내화시험용 각통을 그의 가장자리가 포면과 같은 높이가 되도록 포면 중앙부에 두고 점화 후 5분간 연소시킨 경우에도 재연되지 아니하여야 한다.
3. 발포가 끝난 후 20분 후에 별표7의 점화장치를 사용하여 거품표면에 화염을 접근시키는 경우 재연되지 아니하여야 한다.

⑧ 저발포용 및 고발포용 두 가지 용도 모두에 해당하는 포소화약제는 제3항(알코올형포 소화약제의 경우는 제5항) 및 제4항의 소화성능 시험에 모두 적합하여야 한다.

제12조(저장용기) 소화약제를 저장하는 용기(이하 "저장용기"라 한다)는 다음 각 호에 적합하여야 한다. 다만, 고압가스안전관리법의 적용을 받는 저장용기 및 안전밸브 등은 고압가스안전관리에 관한 법령이 정하는 바에 의한 검사를 선행하여야 한다.

1. 소화약제는 희석, 농축, 고화, 흡습 및 변질 등 그 밖의 이상이 생기지 아니하도록 방습이 되는 포장이나 용기에 밀봉하여야 한다.
2. 가스계 소화약제 저장용기는 물에 침지하거나 비눗물을 도포하여 기밀시험 하였을 경우

누설되지 않아야 한다.

3. 포소화약제의 용기는 다음 각 목의 어느 하나에 적합하거나 이와 동등이상의 내식성, 내충격성등이 있는 것이어야 한다.

가. KS A 1602(강제 드럼)에 적합한 강제 드럼

나. KS M 3511(폴리에틸렌통)에 적합한 통

제13조(표시) 소화약제의 용기(용기에 표시하는 것이 부적당한 경우에는 포장)에는 다음 사항을 보기 쉬운 부위에 잘 지워지지 아니하도록 표시하여야 한다.

1. 종별 및 형식
2. 형식승인번호
3. 제조연월 및 제조번호
4. 제조업체명 또는 상호
5. 사용할 소화설비의 종류 및 사용용도(고발포용, 저발포용 또는 저발포/고발포 겸용을 구분하여 기재할 것)
6. 주성분
7. 소화약제중량(또는 용량), 총중량을 표시하여야 한다, 가스계에는 용기중량, 충전압력 및 용기부피를 추가로 표시한다.
8. 사용농도 및 사용온도(침윤 소화약제, 포소화약제에 한한다)
9. 사용방법 및 취급상의 주의사항등
10. 소화대상용제(알코올류 등 수용성용제) 명칭(알코올형포 소화약제에 한한다)
11. 품질보증에 관한 사항(보증기간, 보증내용 및 자체검사필증 등)
12. 소화농도(설비용 가스계 소화약제에 한한다.)
13. 대용량포방수포용(공기압축포를 포함한다)포소화약제임을 알리는 표시(방수포용 포소화약제에 한한다)
14. 소화약제의 원산지

제14조(세부규정) 이 기준의 시행에 관하여 필요한 세부사항은 소방청장이 이를 정한다.

제15조(재검토기한) 소방청장은「훈령·예규 등의 발령 및 관리에 관한 규정」에 따라 이 고시에 대하여 2023년 1월 1일 기준으로 매3년이 되는 시점(매3년째의 12월 31일까지를 말한다)마다 그 타당성을 검토하여 개선 등의 조치를 하여야 한다.

제16조(규제의 재검토) 「행정규제기본법」 제8조에 따라 2023년 1월 1일을 기준으로 매 3년이 되는 시점(매 3년째의 12월 31일까지를 말한다)마다 이 고시의 타당성을 검토하여 개선 등의 조치를 하여야 한다.

[별표 1] 소화약제 중(용)량 허용범위 (제3조 3항 관련)

약제충전량	허용범위
50 g 미만	±3 g
50 g~100 g 미만	±5 g
100 g~500 g 미만	+15 g, −5 g
500 g~700 g 미만	+20 g, −10 g
700 g~1 kg 미만	+40 g, −20 g
1 kg~5 kg 미만	+100 g, −40 g
5 kg~10 kg 미만	+200 g, −60 g
10 kg~20 kg 미만	+300 g, −80 g
20 kg~30 kg 미만	+400 g, −100 g
30 kg~40 kg 미만	+500 g, −100 g
40 kg~100 kg 미만	+800 g, −300 g
100 kg~500 kg 미만	+3 kg, −500 g
500 kg~1000 kg 미만	+5 kg, −1 kg
1000 kg 이상	+1.2 kg, −2 kg

[별표 2] 표준발포노즐 (제4조관련)

(1) 단백포 소화약제 시험용 (단위 : mm)

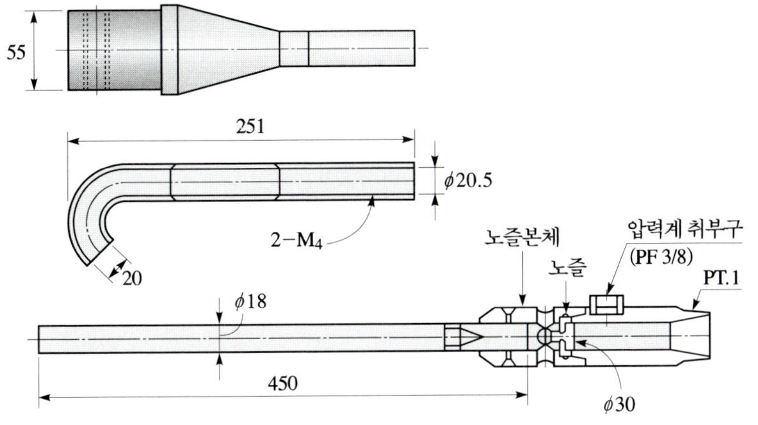

(2) 합성 계면 활성제포 소화약제 (단위 : mm)

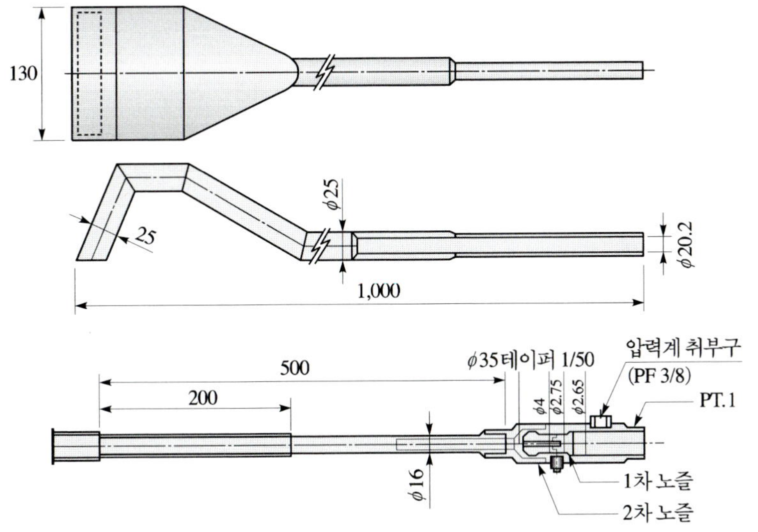

(3) 수성막포 소화약제 시험용 (단위 : mm)

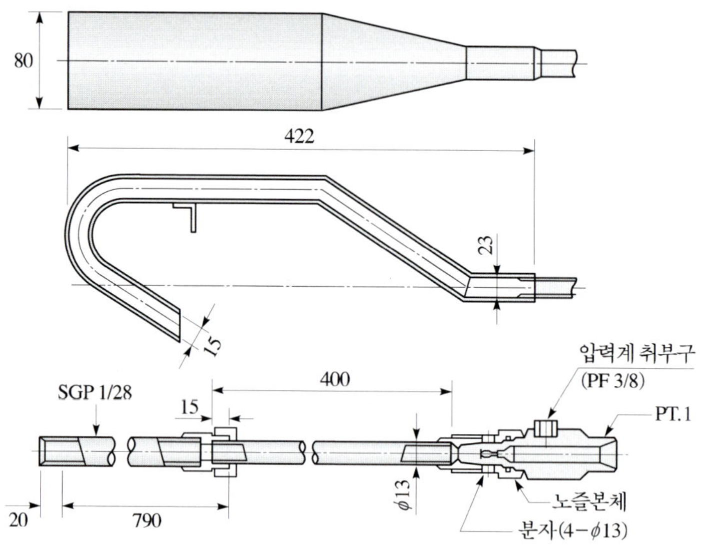

(4) 알코올형포 소화약제 시험용 : (1) ~ (3)의 표준발포노즐 중에서 1종을 선택하여 사용한다.

[별표 3] 표준발포장치 (제4조) (단위 : mm)

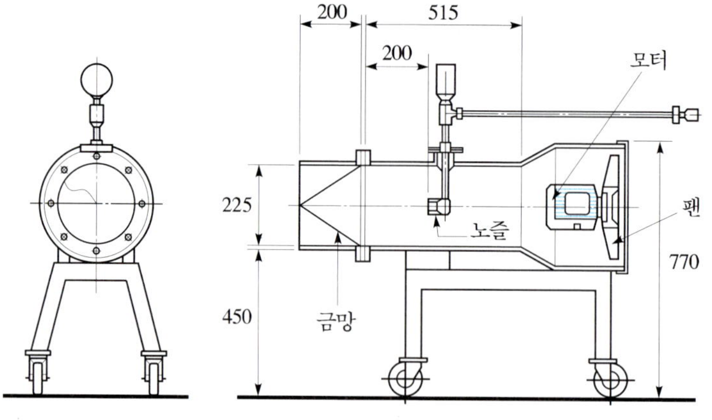

[별표 4] 대용량포 방수포용 노즐 (제4조 제12호 관련) (단위 : mm)

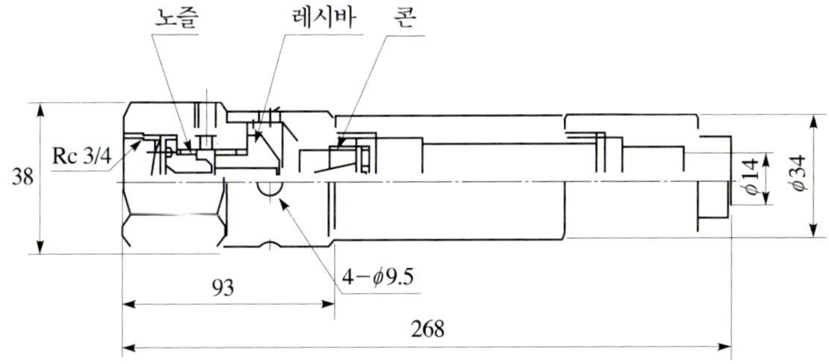

사양 토출량 : 10L/min 압력 0.7MPa
접속 : Rc 3/4

[별표 5] 포수집장치 및 포수집용기 (제4호 제12호 관련) (단위 : mm)

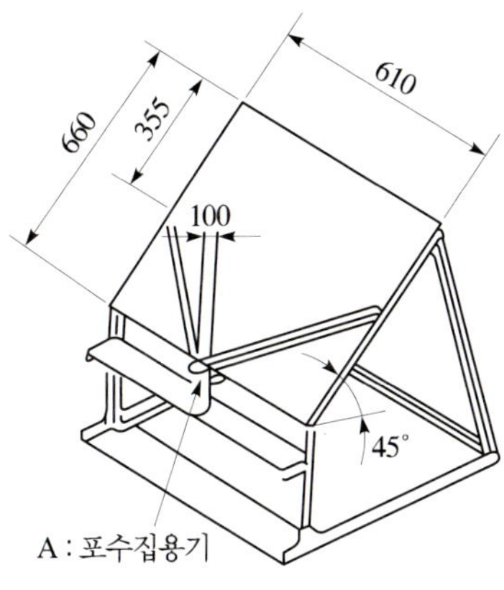

포수집장치

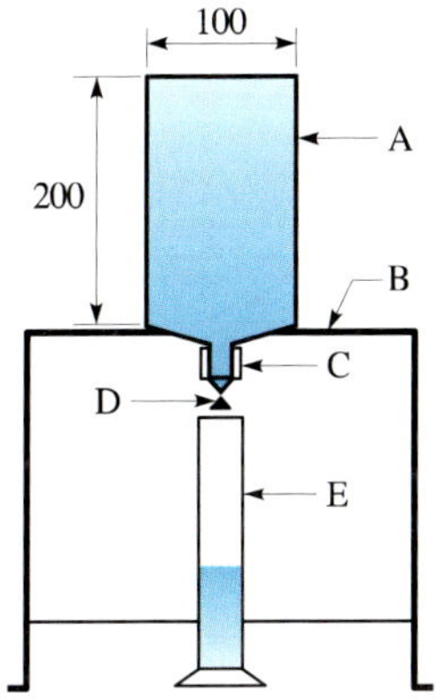

A : 포수집용기 (1,600 ± : 16ml)
B : 스탠드
C : 튜브(직경6~8mm, 길이 30~50mm)
D : 드레인 밸브
E : 메스실린더
(최소 눈금간격 5ml 이하)

포수집용기

[별표 6] B급 화재 모형 (저발포용) (제12조 제3항 관련) (단위 : mm)

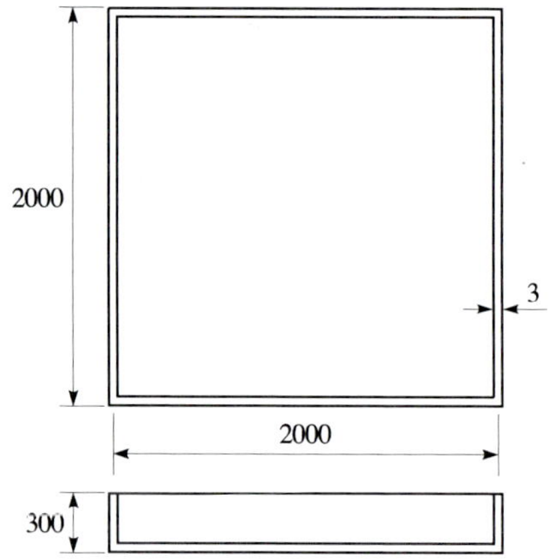

[별표 7] 점화기(제12조 제3항) (단위 : mm)

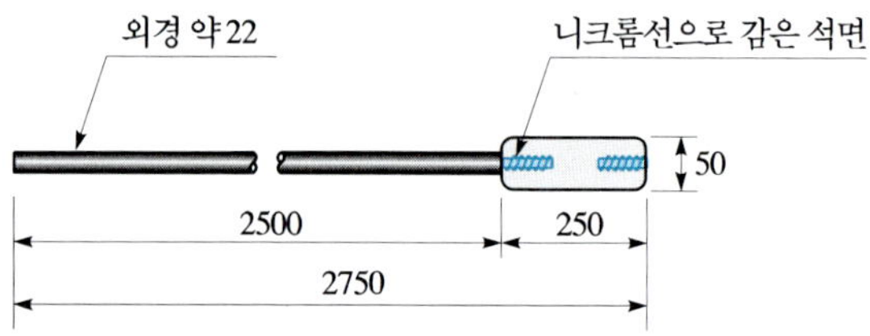

[별표 8] B급 화재 모형 (고발포용) (제12조 제4항) (단위 : mm)

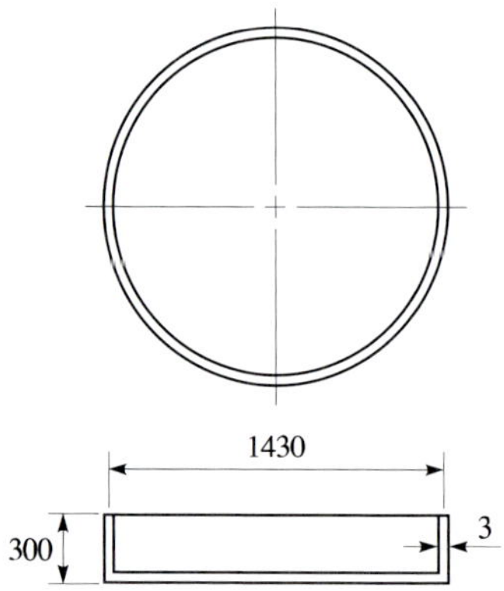

[별표 9] A급 화재 모형(고발포용)(제12조 제4항 관련)(단위 : mm)

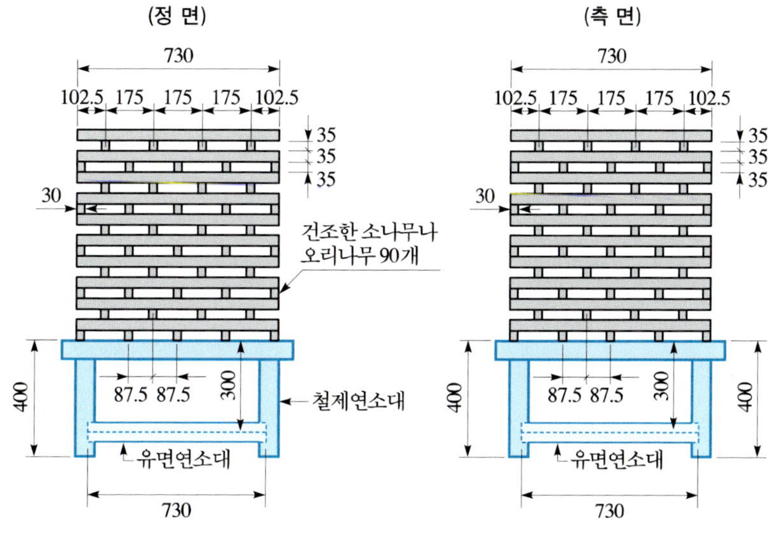

[별표 10] 알코올류 등의 소화 시험 모형(단위 : mm)

※재질 : 스테인레스강판 또는 철판

[별표 11] 알코올류 등 수용성 용제의 분류 (제11조 제5항 관련)

구분	명칭
알코올류(1)	*탄소수 5이하의 알코올 메틸알코올(메탄올) 에틸알코올(에탄올) 펜틸알코올(펜탄올) 2-펜틸알코올(2-펜탄올) 이소펜틸알코올(3-메틸부탄올) tert-펜틸알코올(2-메틸-2-부탄올) 알릴알코올 3-메틸 2-부탄올 변성알코올 프로필알코올(프로판올) 2-프로판올 부틸알코올(부탄올) 이소부틸알코올(2-메틸프로판올) sec-부틸알코올(2-부탄올) tert-부틸알코올(2-메틸-2-프로판올)
알코올류(2)	*탄소수 6이상의 알코올 헥산올 시클로헥산올 벤질알코올 프로프릴알코올(2-푸탄메탄올)등
다가알코올	에틸렌글리콜 프로필렌글리콜 디에틸렌글리콜 글리세린 디프로필렌글리콜 등

구분	명칭
에테르류	이소프로필에테르(2-이소프로폭시프로판) 테트라히드로푸란 에틸부틸에테르 에틸프로필에테르 1.4-디옥산(1.4-디에틸렌디옥사이드) 아세트알데이드디에틸아세탈(1.1-디에톡시에탄) 에틸렌글리콜메틸에테르(2-메톡시에탄올) 에틸렌글리클에틸에테르(2-에톡시에탄올) 디에틸렌글리클메틸에테르(2-메톡시에톡시에탄올) 디에틸렌글리클에틸에테르 등
에스테르류	포름산메틸(메틸메탄산) 포름산에틸(에틸메탄산) 포름산프로필(프로필메탄산) 포름산부틸(부틸메탄산) 아세트산메틸(메틸에탄산) 아세트산에틸(에틸에탄산) 아세트산프로필(프로필에탄산) 아세트비닐 아크릴산메틸(메틸프로펜산) 아크릴산에틸(에틸프로펜산) 메타크릴산메틸(메틸-2-메틸프로펜산) 에틸렌글리콜모노메틸에테르아세테이트 디에틸렌글리콜모노메틸 에테르 아세테이트 등
케톤류	아세톤 메틸에틸케톤 메틸이소부틸케톤 시클로헥사논 아세틸케논 등
알데히드류	*아세트알데히드를 제외한다. 크로톤알데히드 파라알데히드 아크릴알데히드 등

구분	명칭
아민류(1)	*용해도 10이상 및 인화점 20℃이하인 것 (이소프로필아민은 제외한다) 에틸아민 프로필아민 디에틸아민 트리에틸아민 부틸아민 이소부틸아민 tert-부틸아민 펜틸아민 아크릴아민 등
아민류(2)	*아미노글리콜류 및 아민류(1)이외의 것 에틸렌디아민 시클로헥실아민 아닐린 에탄올아민 디에탄올아민 트리에탄올아민 등

[별표 12] B급 소형모형(대용량포방수용포용) 및 내화성 시험기 (단위 : mm)

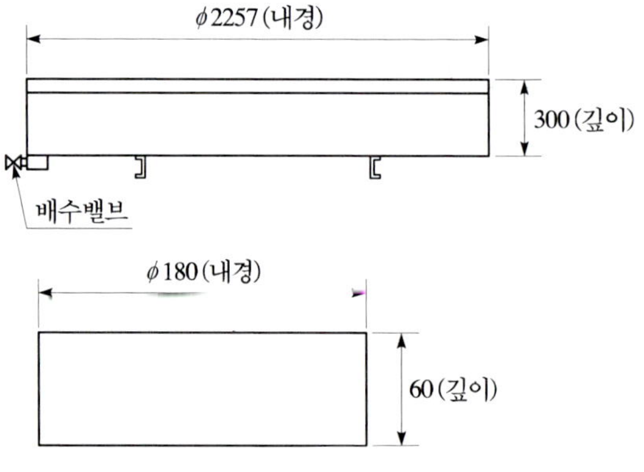

10.2 시험세칙

이 세칙은 「소화약제의 형식승인 및 제품검사의 기술기준」(이하 "기준"이라 한다) 제14조 규정에 의한 기준의 운영방법, 형식시험방법 및 제품검사방법 등에 관한 세부사항을 정함을 목적으로 한다.

1. 포소화약제 (제4조)

1-1. 외관 등

(1) 액상의 약제는 침전물, 부유물 등 이물의 혼입, 변색 기타 이상 유무를 관찰하며, 분말상의 약제는 이물의 혼입, 고화, 변색 기타 이상유무를 검사한다.

(2) 시험에 사용하는 물

(가) 발포성능 및 소화성능의 측정에 사용하는 물은 수도물 또는 우물물로 하고 성상검사에 사용하는 물은 순수 또는 증류수로 한다.

(나) 포수용액의 성상 및 성능을 측정할 때 특별히 정하여진 바가 없는 경우에는 사용온도로 조정 혼합 후 10분 내지 30분 사이에 측정하는 것으로 한다.

(다) 시험용 합성해수의 조성

염화마그네슘	($MgCl_2 \cdot 6H_2O$)	1.10 wt %
염화칼슘	($CaCl_2 \cdot 2H_2O$)	0.16 wt %
염화나트륨	(NaCl)	2.50 wt %
황산나트륨	(Na_2SO_4)	0.40 wt %
물		95.84 wt %

(3) 색상

포 원액을 시험관에 넣고 관찰하여 기록한다.

(4) 변질시험 후의 성상 및 성능

변질시험을 실시한 포원액에 있어서는 다음의 시험을 한다.

(가) 성상시험 (비중, 점도, 유동점, 수소이온농도, 침전량, 포수용액의 침전량, 인화점, 확산계수)

(나) 성능시험 (수성막시험, 발포성능 및 소화시험)

1-2. 비중

유리제 원통에 포 원액을 넣고 잘 교반하면서 액온을 (20 ± 0.5) ℃로 조절하여 비중 부액계 또는 비중컵을 사용하여 측정한 비중이 기준에 정한 범위 이내이어야 하며 허용범위는 형식신청값의 ±0.02로 한다.

1-3. pH 측정

포원액을 (20 ± 2) ℃로 조절하여 KS M 0011(수용액의 pH 측정방법)에 의하며 pH(수소이온농도)가 기준에 정한 범위 이내이어야 하며 허용범위는 형식신청값의 ±0.4이다.

1-4. 점도

(1) 포 소화약제의 점도측정조건은 포 원액을 (사용상한온도 ± 1) ℃, (20 ± 1) ℃, (사용하한온도 ± 1) ℃ 에서 각각 측정한다.
(2) 측정기기에 따라 측정단위가 다른 것은 센티스토우크스(cSt)로 환산한다.

1-5. 유동점 시험

(1) 시험관에 포 원액을 넣고 코르크마개 중앙에 온도계를 바로 꽂아서 온도계의 아래 부분을 시료의 약 3 mm 깊이로 침지시킨다.
(2) 원판을 바깥관의 밑바닥에 넣고 고리모양의 가스켓은 시험관의 밑에서 부터 25 mm 윗쪽에 끼운다. 이때 원판, 가스켓 및 바깥관의 안쪽은 모두 잘 건조된 것으로 한다.
(3) 냉각중탕의 온도는 예상되는 유동점 이하로 유지되게 한다.
(4) 시험관의 온도가 하한온도보다 2.5 ℃ 낮은 온도가 되었을 때 시험관을 바깥관에서 들어내어 포원액이 유동하는 경우 양호한 것으로 한다.
(5) 시험관을 경사지게 하여도 포원액이 움직이지 아니할 경우 스톱워치로 정확히 5초간 시험관을 수평으로 하여 관찰하고 포원액이 조금도 움직이면 즉시 시험관을 비깥관에 넣고 2.5 ℃씩 강하할 때마다 (4)의 조작을 반복한다.
(6) 시험관을 수평으로 하여 정확히 5초간 보존하여도 포원액이 전혀 움직이지 아니할 때까지의 조작을 계속하여 이때의 온도를 기록한다.
(7) (6)에서 기록한 온도에 2.5 ℃를 가산한 온도를 유동점으로 한다. (시료 중에 살얼음이 포함되어 유동하였을 경우에도 양호한 것으로 한다.)

1-6. 침전량

(1) 포원액을 균일하게 혼합하여 원심분리용 시험관 4개에 100 mL의 포원액을 각각 채취한 후 액온을 (20 ± 2) ℃로 조절한다.

(2) 시험관을 원심분리기에 넣고 10분간 회전한다.

(3) 원심분리기가 정지하면 시험관마다의 침전량을 읽고 원심분리기에 다시 넣어서 3분간 회전시킨 다음 침전량을 비교하여 눈금의 변화가 없어질 때까지 원심분리기를 회전한다.

(4) 각 시험관 중의 침전물의 용적은 0.05 mL까지 읽는다. 만약 침전물이 시험관 기벽에만 붙어있고 중앙부가 비어 있다고 판단되면 상등액은 따로 보관하고 10 mL의 증류수를 채우고 끝이 예리한 고무관을 끼운 유리봉으로 조심스럽게 침전물을 긁어내린 후 다시 원심분리기로 회전시켜 거의 평면으로 침전물을 가라앉혀 용적을 읽는다. 이 경우 판독의 오판을 줄이기 위하여 침전물을 긁어내리고 회전시키는 조작을 반복하여도 무방하다.

(5) 4개의 시험관을 읽은 산술평균값을 침전량으로 한다.

(6) 원심분리기의 상대원심력은 600에서 700으로 한다.

(7) 포수용액의 침전량측정은 포수용액의 액온을 (20 ± 2) ℃로 조절하여 10분간 보존한 후 (1) ~ (6)의 조작방법에 따라 시험한다.

1-7. 인화점시험

(1) 포원액을 인화점시험기의 시료컵(시료단지)의 표선까지 넣어 가열기 위에 고정시키고 온도계를 설치한 후 시험화염 가스관에 점화하여 불꽃의 크기를 약 5 mm정도로 조절한다. 이 경우 교반속도는 매분 (90 ~ 120)회 교반하면서 시료를 가열하여 매분 (5 ~ 6) ℃ 비율로 시료온도를 상승시킨다.

(2) 시료온도가 55 ℃로 되었을 때 교반을 중지하고 0.5초 내에 시험화염을 1초간 접근시킨 다음 제자리로 되돌리되 온도계를 주시하면서 1 ℃상승할 때마다 접염하는 것을 시료의 온도가 65 ℃가 될 때까지 반복한다. 다만, 포원액의 비등점까지 가열하여도 인화되지 아니하는 것은 인화점 시험을 생략할 수 있다.

(3) 온도계의 눈금을 읽고 시험화염을 접근시켜서 시료컵 내부에서 인화된 것이 확인되었을 때의 온도를 인화점으로 한다. 이 경우 시험화염을 접근시켰을 때 시험화염의 주위에 청백의 빛이 나타나는 때의 온도를 인화점으로 하여서는 아니된다.

1–8. 강철 등의 부식으로 인한 중량손실

(1) 포원액에 강철, 황동 및 알루미늄의 시험편을 침지하여 액온을 (38 ± 2) ℃로 유지하여 21일간 경과시켰을 경우 시험편의 감량은 1일 3 mg/20 cm^2 이하이어야 하고, 부식에 의한 흔적이 생겨서는 아니되며 다음 크기의 시험편 각 4매로 측정한 결과 그 감량의 산술평균값은 각기 63 mg이하이어야 한다.

(2) 시험편의 규격

시험편의 규격은 약 76 mm×12 mm×1.0 mm (시험편의 표면적 약 20 cm^2)

(3) 시험편의 재질

(가) 강 철 : KS D 3512 SPCC

(나) 황 동 : KS D 5201 C2801

(다) 알루미늄 : KS D 6701 A5052P

주 비고 : 시험편은 미가공의 원판을 사용할 것

(4) 조작

(가) 시험편을 샌드페퍼 38 μm(400 mesh)로 연마하여 표면의 산화물을 제거하고 시험편 표면에 부착된 연마물을 가제나 부드러운 종이로 깨끗이 닦아 낸다.

(나) 시험편의 중량을 화학천칭으로 0.0005 g의 정밀도로 측정한다.

(다) 용량 120 mL들이 시약병(밀폐가 잘될 것)에 포원액 100 mL를 넣고 시험편을 대각이 되도록 넣은 후 마개를 잘 끼워 밀봉을 유지시킨 상태로 (38 ± 2) ℃의 항온조에 넣고 21일 경과한 후 시험편을 꺼낸다.

(라) 흐르는 물에 시험편을 강모솔로 부식생성물을 제거하고 시험편을 건조시킨 후 중량을 측정한다.

주 비고 : (라)의 조작으로 부식생성물이 제거되지 아니할 때에는 다음과 같이 약품처리를 하여 부식 생성물을 제거하는 조작을 한다.

(a) 강철 : 10 % 구연산제2암모늄수용액

(b) 황동 : (1:1)염산수용액, 10 % 수산화나트륨수용액

(c) 알루미늄 : 인산, 크롬산수용액(85 %인산 35 mL 무수크롬산 20 g을 희석하여 1 L로 한다)

1-9. 확산계수

수성막포 원액의 수용액과 싸이크로헥산을 KS M 2525(절삭유제 시험방법)에 의하여 (20 ± 1) ℃로 하여 표면장력 및 계면장력을 측정한다.

(1) 조작

표면장력계의 조작은 KS M 2525(절삭유제 시험방법)중 듀누이 표면 장력계의 사용방법 또는 이에 적합한 방법으로 한다.

(2) 수성막포 수용액의 조정

100 mL 메스시린더에 3 %형은 3 mL, 6 %형은 6 mL의 포원액을 넣고 물 또는 합성해수로 채워 100 mL로 하여 잘 교반하고 30분간 보존한 후 측정한다.

(3) 시험순서

(가) 싸이크로헥산의 표면장력을 측정한다(γ_b)

(나) 물 또는 합성해수로 조정한 포수용액의 표면장력을 측정한다.(γ_a)

(다) 싸이크로헥산과 물 또는 합성해수로 조정한 포수용액에 조심스럽게 넣고 (6 ± 1) 분후에 계면장력을 측정한다(γ_i)

(라) 확산계수(D)는 다음과 같이 계산한다.

$$D = \gamma_b - \gamma_a - \gamma_i$$

1-10. 저발포 성능

포수용액의 온도를 (20 ± 2) ℃로 하여 발포시험을 하였을 때의 포 팽창율 및 거품의 25 %가 수용액으로 환원하는데 소요되는 시간을 측정한다.

(1) 조작

(가) 3 %형은 포 원액량 3과 물 또는 합성해수량 97의 비율로, 6 %형은 포 원액량 6과 물 또는 합성해수량 94의 비율로 포수용액을 만든다.

(나) 물 또는 합성해수를 노즐의 방출압력 (7.0 ± 0.2) kg/cm^{2}로 하여 1분간 방출을 (10 ~ 10.5) L로 조정하여 둔다.

(다) 포수용액을 시험용 용기에 넣는다.

(라) 노즐의 방출압력 및 방출량을 (2)의 조건으로 발포시킨다.

(마) 생성되는 거품은 수직으로 받되 노즐 선단에서 10 cm정도 떨어진 위치에 중량을 아는 2개의 포수집용기를 놓고 용기에 거품이 충만했을 때부터 시간측정을 개시한다.

(바) 수집된 거품의 면을 고르고 포수집용기의 외면에 부착된 거품을 천으로 닦는다.

(사) 포 수집용기의 총중량을 1 g까지의 정밀도로 측정하며 포수용액의 1/4량을 구하되 2 mL미만의 끝 수는 절상한다.

(아) 포수집용기는 시험대에 올려놓고 거품에서 환원한 포수용액량이 (7)에서 구한 양이 되었을 때 스톱위치를 정지하고 (5)의 시간측정 개시부터의 25 %환시간으로 하여 초단위로 기록한다.92) 포 팽창율을 구하는 식은 다음과 같으며 2회 측정한 산술평균값으로 한다.

$$포팽창율= \frac{V}{W-W_1}$$

V : 포수집용기의 내용적(mL)

W : 포수집용기에 거품이 충만했을 때의 총중량(g)

W_1 : 포수집용기의 중량(g)

주 비고 : 포수용액의 비중은 1로 한다.

1-11. 고발포성능

합성계면포원액의 포수용액 액온을 (20 ± 2) ℃로 하고 표준발포장치로 발포시험을 했을 때의 포팽창율 및 포수용액이 25 % 환원하는데 소요되는 시간을 측정한다.

(1) 팽창율의 측정

(가) 포수용액의 조정은 1-1.(1)(가)와 같다.

(나) 물 또는 합성해수를 노즐의 방출압력 (1.0 ± 0.2) kg/cm^{2}로 하고 매분당 방출량을 (6.0 ± 0.2) L로 조절하여 둔다.

(다) 표준발포장치의 풍량은 13 m^2/min을 표준으로 한다.

(라) 포수용액을 시험용기에 넣는다.

(마) 표준발포장치 노즐의 방출압력 및 방출량은 (나)의 조건으로 하며 풍량은 (다)의 조건으로 하여 발포한다.

(바) 2 m×2 m×1 m의 금망 용기에 거품을 넣고 동시에 시간측정을 개시한다.

(사) 금망용기에 거품이 충만되었을 때 거품수집을 중지하고 스톱위치도 정지시켜 수집시간을 측정한다.

(아) 포팽창율을 구하는 식은 다음과 같으며 동 시험을 2회 측정한 산술평균값으로 한다.

$$포팽창율= \frac{V}{Q \times S/60}$$

Q : 발포기의 1분간당 방출량(L)

S : 거품수집시간(초)

V : 금망용기의 용적(L)

(2) 환원시간 측정

(가) 조작방법은 (1)의 (가) 부터 (마)의 방법과 같다.

(나) 생성된 거품은 중량을 아는 포수집용기에 수집하고 거품이 충만되었을 때부터 시간 측정을 개시한다.

(다) 수집된 거품면을 고르고 포수집용기의 외면에 부착된 거품을 천으로 닦는다.

(라) 포수집 용기의 총중량을 5 g까지의 정밀도로 측정하여 포수용액의 1/4량을 구한다.

(마) 포수집용기를 시험대에 올려놓고 거품에서 환원한 포수용액량이 (라)에서 구한 양이 되었을 때 스톱워치를 정지하고 (나)의 측정개시로부터의 25 %환원시간으로 하여 초단위로 기록한다.

(바) 포팽창율 및 환원시간에 있어서는 2-10. "저발포성능" 시험방법을 준용하고 2회의 산술평균값으로 한다.

주 비고 : 본 시험에 사용되는 포수집용기는 200 L용량의 것(바닥에는 600 μm (30 mesh) 평직 지름 0.25 mm의 스테인리스 스틸 또는 합성수지로 된 망을 붙인 용기)으로 한다.

1-12. 수성막 시험

수성막포 원액의 포수용액을 발포하여 생성한 거품을 유면에 덮은 후 거품의 수성막 시험을 하였을 때 계속 연소되어서는 아니되며 착화되더라도 1분 이내에 자연소화되어야 한다.

(1)조작

(가) 안지름 11.4 cm, 안치수 높이 13 cm의 스테인리스 스틸 용기에 액온 (20 ± 2) ℃의 싸이클로헥산 600 mL를 넣는다.

(나) 발포 생성한 거품 200 mL를 유면 위에 균일하게 올려 놓는다.

(다) 원추형의 내식성 금망(스테인리스 평직 180 μm (80 mesh))을 올려 놓는다.

(라) 금망을 올려 1 분간 유지한 후 불꽃 길이 (25 ± 5) mm로 조절한 프로판토치(노즐직경 0.6 ~ 0.7 mm)의 화염 선단이 유면에서 높이 (13 ± 3) mm의 위치까지 화염을 1초간 접근시키되 매 4초마다 6회 접근시킨다.

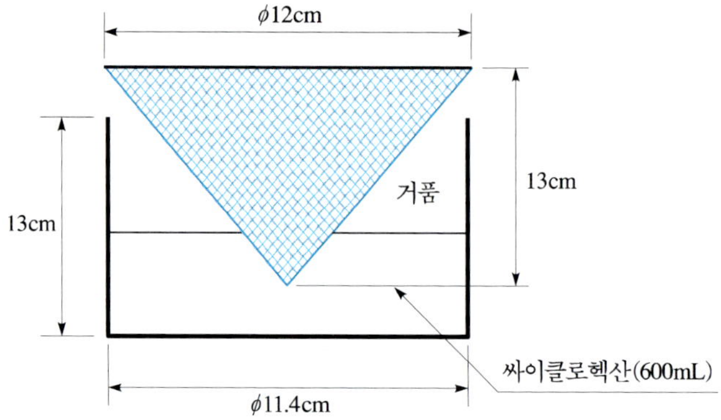

㊟ 비고 : 용기는 비철금속, 원추형의 금속망 평균비철망 177 ㎛을 사용할 것

2. 산알칼리 소화약제 (제5조)

2-1. 외관

(1) 약액 중에 불순물이 혼입되지 아니하여야 한다.

(2) 분말상인 약제는 이 물질이 혼입되지 아니하여야 한다.

2-2. 비중

(1) 비중 측정은 산에만 실시한다.

(2) 비중의 측정은 액온을 (20 ± 2) ℃로 조절하여 비중계로 실시한다.

(3) 비중의 허용범위는 신청값의 ±0.02로 한다.

2-3. 방사액의 pH 측정

(1) 액온의 (20 ± 2) ℃로 하고, 방사 개시 후 5초, 10초 이후 매10초마다 방사액을 채취하고 또 최종 시의 방사액 소량을 채취하여 각각의 pH를 측정한다.

(2) 채취액의 pH 가 5.5이하의 산성을 나타내서는 아니된다.

2-4. 폐쇄압 측정

(1) 폐쇄압 측정은 「소화기의형식승인 및 제품검사시험세칙」의 관련사항을 준용한다.

(2) 제품검사 시 폐쇄압력의 허용범위는 당해 약제에 대한 다른 시험항목에서 성능이 만족할 경우 신청값의 ±150 kPa 이하로 한다.

3. 강화액 소화약제 (제6조)

3-1. 알칼리금속염류 등의 수용액

3-1-1. 외관

(1) 약제가 분말상인 경우에는 이 물질이 혼입되지 아니하여야 한다.

(2) 약제가 액상인 경우에는 불순물이 혼입되지 아니하여야 한다.

3-1-2. 비중

(1) 수용액(분말상을 수용액으로 한 상태)의 비중측정은 액온을 (20 ± 0.5) ℃로 조절하여 비중계로 측정한다.

(2) 비중의 허용범위는 신청값의 ±0.02로 한다.

3-1-3. 응고점

지름 18 mm의 시험관에 채취한 시료 10 mL를 주입한 후 온도계를 넣고 한제욕조에서 냉각하면서(과냉하지말 것) 온도계로 휘저어 결정이 석출하기 시작하면 한제욕조에서 들어낸 후 계속 휘저어서 결정이 없어질 때의 온도를 읽되 3회 반복하여 시험한 결과의 평균값을 응고점으로 한다.

3-1-4. pH측정

(1) 수용액(분말상은 수용액으로 한 상태)의 pH측정은 KS M 0011 (수용액의 pH 측정 방법)에 의하며 액온을 (20 ± 0.5) ℃로 하여 측정한다.

(2) pH 허용범위는 신청값의 ±0.4로 한다.

3-2. 반응가압식 (화학반응식에 의하여 발생하는 가스를 압력원으로 하는 것)

3-2-1. 외관

(1) 약제가 분말상인 경우에는 이 물질이 혼입되지 아니하여야 한다.

(2) 약제가 액상인 경우에는 불순물이 혼입되지 아니하여야 한다.

(3) 산에 불순물이 혼입되지 아니하여야 한다.

3-2-2. 비중

(1) 수용액 (분말상은 수용액으로 한 상태) 의 비중측정은 액온을 (20 ± 0.5) ℃로 조절하여 비중계로 측정한다.

(2) 비중의 허용범위는 신청값의 ±0.02로 한다.

3-2-3. pH측정

(1) 수용액 (분말상은 수용액으로 한 상태)의 pH 측정은 KS M 0011 (수용액의 pH측정방법)에 의하되 액온을 (20 ± 0.5) ℃로 하여 측정한다.

(2) pH 허용범위는 신청값의 ±0.4로 한다.

3-2-4. 방사액의 pH 측정

(1) 액온을 (20 ± 2) ℃로 하고 방사 개시 후 5초, 10초 이후 매 10초마다 방사액을 채취하고 또 최종 시의 방사액 소량을 채취하여 각각의 pH를 측정한다.

(2) 채취액의 pH가 5.5 이하의 산성을 나타내서는 아니된다.

3-2-5. 방사액의 응고점

방사액의 시험은 3-1-3의 응고점 시험방법에 따라 시험한 경우 응고점이 -20 ℃ 이하이어야 한다.

3-2-6. 폐쇄압력의 측정

(1) 반응가압식의 폐쇄압력의 측정은 당해 약제가 충전된 저장용기를 사용하여 그 저장용기의 사용온도범위 상한온도에 24시간 보존한 후 측정한다.

(2) 폐쇄압력의 허용범위는 신청값의 ±150 kPa이하로 한다.

3-3. 강철 등의 부식시험

(1) 강철 등의 부식시험은 1-8에 의하여 시험한다. 다만, 시험편의 규격이 재질 상 판 모양으로 규격화하기 어려운 재료는 표면적(20 cm^2, 예시 : 지름 8 mm, 길이 76 mm)을 적용하여 시험조건에 적합한 형태로 시험할 수 있다.

(2) 중량손실은 3 mg/20 cm^2.day 이하이어야 하며 침식되어 표면에 구멍이 생겨서는 아니된다.

(3) 〈삭제〉

3-4. 침전량

(1) 강화액 소화약제의 침전량은 액온의 온도가 (20 ± 2) ℃인 상태에서 측정한다.

(2) 조작

(가) 강화액 소화약제를 원심분리용 시험관 4개에 100 mL를 각각 채취한 후 액온을 (20 ± 2) ℃로 조절한다.

(나) 시험관을 원심분리기에 넣고 10분간 회전한다.

(다) 원심분리기가 정지하면 시험관마다의 침전량을 읽고 원심분리기에 다시 넣어서 3분간 회전시킨 다시 침전량을 비교하여 눈금의 변화가 없어질 때까지 원심분리기를 회전한다.

(라) 각 시험관 중의 침전물의 용적은 0.05 mL까지 읽는다. 만약 침전물이 시험관 기벽에만 붙어 있고 중앙부가 비어 있다고 판단되면 상등액은 따로 보관하고 10 mL의 증류수를 채우고 끝이 예리한 고무관을 끼운 유리봉으로 조심스럽게 침전물을 긁어내린 후 다시 원심분리기로 회전시켜 거의 평면으로 침전물을 가라앉혀 용적을 읽는다. 이 경우 판독의 오판을 줄이기 위하여 침전물을 긁어내리고 회전시키는 조작을 반복하여도 무방하다.

(마) 4개의 시험관을 읽은 산술평균값을 침전량으로 한다.

(바) 원심분리기의 상대원심력은 600에서 700으로 한다.

(사) 변질시험 후의 침전량은 시료를 200 mL 삼각플라스크에 약 150 mL를 취한 다음 코르크마개로 막고 (65 ± 2) ℃로 216시간 유지한 후 실온으로 환원하고 다시 (−18 ± 2) ℃ (응고점이 −18 ℃이하인 것은 응고점 이하의 온도로 한다)로 24시간 유지한 후 실온으로 환원한 후 (가) 내지 (바)의 조작방법에 따라 측정한다.

3-5. 표면장력 시험

(1) KS M 2525(절삭류제 시험 방법)중 듀누이 표면 장력계를 사용하여 액온을 (20 ± 0.5) ℃로 한 후 표면장력을 측정한다.

4. 분말 소화약제(제7조)

4-1. 침입도 시험

(1) 시료 125 g을 100 mL정도의 니켈도가니(높이 64 mm, 테두리지름 60 mm)에 넣고 진동기(진폭 2 mm, 진동수 매분 2천싸이클)를 이용하여 5분간 진동을 준다. 이 경우 진동중에 겉보기 비중의 변화가 없는 경우는 진동시간을 5분 이내로 줄일 수 있다.

(2) 시료를 상대습도 78 %, 온도 (21 ± 3) ℃의 항온항습조에 24시간 보존한 후 다시 온도 (48 ± 3) ℃의 건조기에서 24시간 보존한다.

(3) 이어서, 중량 (50.0 ± 0.05) g (침무게 (2.5 ± 0.05) g 포함), 침투장치를 (2)의 시료에 침투시켜 침투길이를 측정한다.(침은 길이 50 mm, 직경 1.00 mm ~ 1.02 mm, 각도를

침의 선단에서 전체길이에 대해 8.7°~9.7°로 스테인레스강을 원추형으로 연마하여야 한다.

(4) 침입도 시험은 3회 실시한 후 평균값으로 한다.

4-2. 미세도 시험

(1) 균일하게 혼합한 시료를 100 g 정량하여 KS A 5101 (표준체)의 425 μm 체, 150 μm 체, 75 μm 체, 45 μm 체 (BC 분말인 경우에는 45 μm 체는 사용하지 아니한다)를 다단식으로 장치한 체진탕기의 425 μm 체에 조심스럽게 담는다.

(2) 진탕기 (진탕회수: 매분 280내지 350회, 진폭: 3~5 cm인 것)를 10분간 가동한 후 각 시험체 및 받침판의 잔량을 정량하여 잔량율을 다음식에 의하여 계산하며 수숫점 이하 둘째자리까지 구하고 소숫점 이하 둘째자리는 4사 5입한다.

$$잔량률(\%) = \frac{잔량(g)}{시료(g)} \times 100$$

(3) 시료 1개에 대하여 각 3회 실시한 산술평균값을 잔량율로 한다. 이때 소숫점 이하 둘째자리는 4사 5입 한다.

(4) 각 시험체의 잔량을 합한 총량이 시료량보다 2 %이상 미달될 때는 그 시험은 시험회수에 가산하지 아니한다

(5) 제출된 시료 중 1개라도 규격에 적합하지 아니한 것이 있어서는 아니된다.

(6) 주의사항

시험실의 상대습도는 50 % 이하인 상태로 하며 각 받침체는 시험 시마다 솔로 깨끗이 털어 낸다.

4-3. 성분비 측정

중화적정법, 중량분석법 및 기기분석 등으로 측정한다.

4-3-1. 중화적정법

(1) 시험분말 (1~2) g을 정량하여 50 mL의 비이커에 취하고 수 mL의 에틸알코올로 혼합한 후 약 30 mL의 증류수에 용해시킨다.

(2) 불용해분은 글래스필터 (3G4)로 여과하여 소량의 증류수로 약 70 mL까지 희석한 후 마그네시아혼액 20 mL을 가한다. 잘 교반하면서 15 N 암모니아수 10 mL을 천천히 가해서 침전시킨다.

(3) 침전물과 용액을 분리하여 글래스필터(3G4)로 여과시킨 후 15 N 암모니아수로 3회 세척하고 70 % 에틸알코올 수용액으로 5회 세척한다.

(4) 침전물을 200 mL 비이커에 옮기고 증류수 150 mL을 가한다. 교반하면서 1 N황산수용액으로 적정하여 중화점(pH = 4.2)을 pH 메터를 사용하여 측정한다.

$$NH_4H_2PO_4(\%) = \frac{V(\mathrm{ml}) \times F \times 0.057513}{sample(g)} \times 100$$

V : 1N-H_2SO_4수용액의 체적

F : 1N-H_2SO_4수용액의 역가

주 비고 : 마그네시아혼액은 염화마그네슘 6수화물 100 g과 염화암모늄 100 g에 농암모니아수 50 mL을 가하고 물로 희석하여 1,000 mL로 한 용액을 말한다.

4-3-2. 중량분석법

(1) 시험분말 1 g을 정량하여 도가니에 넣고 약 (1 ~ 3) mL의 에틸알코올을 가하여 잘 분쇄한다. 이것을 50 mL비이커에 넣고 약 30 mL의 증류수에 용해시킨다.

(2) 불용해분은 글래스필터(3G4)에 여과시키고 소량의 증류수로 수회 세정 후 염산 (1:1) 2 mL와 마그네시아혼액 20 mL를 가한다.

(3) 잘 교반하면서 15 N 암모니아수 10 mL를 천천히 가하여 침전시키고 2시간 이상 방치 후 필터 페이퍼(pore size 10 ㎛ 이하)에 여과시키고 여액에 염소이온이 없어질 때까지 1.5 N 암모니아수로 세정시킨다.

(4) 침전물을 도가니에 넣어 건조시키고 서서히 온도를 높여 1,000 ℃이상 가열 후 데시게이터에서 방열시키고 무게를 잰다.

$$NH_4H_2PO_4(\%) = \frac{Mg_2P_2O_7(g) \times 1.0337}{sample(g)} \times 100$$

4-4. 수분함유율 측정

(1) 상대습도 50 % 이하의 대기 중에서 스테인리스제 접시에 시료 약 50 g을 정량한다.

(2) (1)의 접시를 농도 (95 ~ 98) %인 농황산 500 mL를 건조제로 넣은 데시케이터(지름 약 20 cm) 내에 넣고 온도를 (18 ~ 24) ℃의 상태로 24시간 보존한 후 정량하여 다음 식에 의하여 수분함유율을 계산하되, 소숫점 이하 둘째자리에서 반올림하여 구한다.

$$M = \frac{(W_1 - W_2)}{W_1} \times 100$$

M : 수분함유율 (%)

W_1 : 원시료 중량(g)

W_2 : 24시간 건조 후의 시료중량(g)

4-5. 흡습율 시험

(1) 시료 약 10 g을 지름 60 mm 페트리샤레에 넣어 시료의 두께를 균일하게 한 후 정량하여 온도 (30 ± 2) ℃ 상대습도 (60 ± 2) %의 항온항습조 내 (38.12 %의 황산을 넣은 데시케이터를 사용하여 (30 ± 2) ℃의 항온조 내에 넣어도 좋다)에 48시간 보존한 후 샤레를 꺼내어 즉시 정량한다.

(2) 다시 온도 (30 ± 2) ℃, 상대습도 (80 ± 2) %의 항온항습조 내(과포화염화암모늄용액을 넣은 데시케이터를 사용하여 (30 ± 2) ℃의 항온조 내에 넣어도 좋다)에 48시간 보존한 후 샤레를 꺼내어 즉시 정량하고 아래 식으로 흡습율을 계산하되, 소숫점 이하 둘째자리에서 반올림하여 구한다.

$$M = \frac{(W_2 - W_1)}{W_1} \times 100$$

M : 흡습율 (%)

W_1 : 30℃, RH 60 %에서의 시료의 중량

W_2 : 30℃, RH 80 %에서의 시료의 중량

4-6. 겉보기 비중

(1) 시료 (100 ± 1) g을 250 mL들이 마개달린 실린더 (안지름 약 40 mm, 최소눈금(1~2) mL)에 넣어 1 분간에 10회 상하 거꾸로 한 후 1분간 보존하여 시료의 용적을 읽는다.

(2) 겉보기 비중은 3회 실시한 후 평균값으로 한다.

(3) 겉보기 비중을 계산하는 식은 다음과 같다.

$$\text{겉보기 비중} = \frac{\text{시료의 중량}(g)}{\text{시료의 용적}(ml)}$$

4-7. 침강성 시험

200 mL 비이커에 물 200 mL를 넣고 수면에 시료 20 g을 골고루 산포한 후 1시간 동안 보존한 다음 분말 소화약제가 침강되는지를 시험한다.

5. 침윤 소화약제(제8조)

5-1.

기준 제3조 내지 제7조에서 규정하는 소화약제에 성능을 높이거나 성상을 개량하기 위하여 첨가제를 혼합 첨가하였을 때에는 첨가한 목적에 따라 그 효과를 확인하기 위하여 시험을 추가할 수 있다.

5-2.

물에 침투능력, 분산능력 및 유화능력 등을 증대하기 위하여 물과 혼합(이하 "침윤 수용액"이라 한다.)한 소화약제는 그 성상 확인을 위하여 다음 시험을 실시한다.

5-2-1. 외관

약액 중에 불순물이 혼입되지 아니하여야 한다.

5-2-2. pH측정

(1) pH측정은 KS M 0011(수용액의 pH 측정 방법)에 의하되 액온을 (20 ± 0.5) ℃로 하여 측정한다.

(2) pH 허용범위는 신청값의 ±0.4로 한다.

5-2-3. 표면장력 시험

KS M 2525(절삭유제 시험방법)중 듀누이 표면 장력계를 사용하여 액온을 (20 ± 0.5) ℃로 한 후 표면장력을 측정한다.

5-2-4. 분리 시험

(1) 침윤 소화약제와 침윤 수용액을 모두 시험한다.

(2) 침윤 수용액 100 ml를 비이커나 플라스크에 넣고 50 ℃까지 가열하면서 침전·분리현상이 있는지 관찰하고 온도를 0 ℃까지 서서히 내리면서 전 온도범위에서 분리현상이 있는지를 관찰한다.

5-2-5. 저온에 따른 표면장력변화

(1) 100 ml의 침윤 소화약제를 밀봉된 용기에 넣고 -18 ℃에서 16 시간 이상 보존한 후 (20 ± 5) ℃에서 16시간 이상 보존한다.

(2) 사용농도로 혼합한 후 표면장력을 측정한다.

5-2-6. 금속부식 시험

(1) 시험편의 규격

시험편의 규격은 125 mm × 25 mm × 1.6 mm로 한다.

(2) 시험편을 염산용액 및 비눗물로 세척하고 아세톤으로 헹구어 건조기로 건조시킨 후 중량을 측정한다.

(3) 시험편의 중량은 화학저울로 0.0005 g의 정밀도로 측정한다.

(4) 입구가 넓은 1 L의 병에 시료 800 mL의 침윤 수용액을 넣고 여기에 금속 시험편 25 mm 정도가 용액 위로 노출되도록 넣은 다음 유리섬유로 매달아 놓는다. 같은 방법으로 동일 금속시험편을 증류수에도 실시하여 상호 비교한다.

(5) (4)의 시험용기를 상온에서 30일간 보관한 후 금속시험편을 꺼내어 20 wt % 수산화나트륨 용액과 따뜻한 물 및 비눗물로 세척하고 금속 시험편을 아세톤에 헹구어 건조기에서 건조 후 중량을 측정한다.

(6) 중량손실의 단위는 cm/년으로 하고 시험용액 당 금속시험편 2개를 시험하여 평균부식율을 산출한다.

5-2-7. 〈삭제〉

5-2-8 용해 시험

(1) 1 L의 비이커에 기준 온도조건의 증류수 500 mL 를 넣고 교반기를 증류수에 넣는다.

(2) 사용농도에 적합한 분량의 침윤 소화약제를 2초 안에 추가한다.

(3) 60 rpm ± 10 rpm 으로 교반기를 10회전 한 후 회전을 멈추고 수용액을 관찰한다.

(4) 수용액이 균일하게 보이지 않는다면 추가적으로 10회전 교반시키고 관찰한다.

(5) 용액이 균일하게 보여질 때까지 10회전 교반을 반복하고 관찰한다.

(6) 100회전의 교반 후 만약 용액이 균일하게 보이지 않으면 물에 쉽게 용해되지 않는 것으로 한다.

6. 소화성능 등 (제9조)

6-1.

분말 소화약제의 소화능력시험은 다음 표에 의한 표준소화기에 충전하여 소화시험을 실시한 경우 소화약제 종류별 능력단위를 만족시켜야 한다.

6-1-1. 표준소화기의 기준

구 분 \ 종 류	분 말 (ABC)	분 말 (Na)	분 말 (K)	분 말 (KU)
약제중량(kg)	1.5	1.5	1.5	2.3
내용적(L)	2.0 ± 0.2	2.0 ± 0.2	2.0 ± 0.2	2.0 ± 0.2
가압가스중량(g)	30	30	30	30
노즐구경	20 ℃에서 방사시간이 (14 ± 3) s 인 것을 선택 (축압식인 경우에도 동일)			

주 "분말 소화약제"의 K급 화재 소화성능시험은 약제중량 3.3kg 이하의 것을 사용하여야 한다.

6-1-2. 소화약제 종류별 능력단위

분말(ABC) A급 2단위 , B급 3단위

분말(Na) B급 2단위

분말(K) B급 4단위

분말(KU) B급 4단위

6-2.

액체계 소화약제(포소화약제 제외)는 3 L이하를 소화기에 충전하여 적응화재별로 A급 1단위 또는 B급 1단위 이상의 능력단위를 소화하여야 한다.

6-2-1.

6.2의 규정에도 불구하고 액체계 소화약제(포소화약제를 포함한다)의 K급 화재 소화성능시험 시에는 약제중량 4 리터 이하를 소화기에 충전하여 소화성능시험을 실시할 수 있다.

6-3.

가스계 소화약제의 B급소화농도 시험은 다음 방식에 의하여 실시하고 대상연료는 상업용등급의 n-헵탄으로 한다. 다만, 생산제품검사 시에는 컵버너방식 소화농도 측정시험만을 부정기로 실시할 수 있다.

6-3-1.컵버너방식 소화농도 측정

(1) 컵버너방식은 별표5의 장치에 의하여 소화농도를 측정한다.

(2) 측정방법

(가) 유량조절기로 공기의 유량을 40 L/min로 고정한다.

(나) 연료순환펌프를 가동하고 높이조절기로 조절하여 버너의 액위를 일정하게 유지한다.

(다) 연료에 점화한다.

(라) 기체는 유량계에 주입하기 전 압력조절기에 의해 일정압력을 유지한다.

(마) 먼저 공기를 3분간 일정유량으로 공급한다.

(바) 일정농도의 소화약제를 일정유량으로 공급한다. 이때에 초기에는 소화약제의 유량은 소화농도 신청값의 80%로 유지하도록 하고 소화약제의 유량을 2%를 초과하지 않도록 유량을 점차 증가시킨다.

(사) 바)에 따라 농도를 점차 증가시켜 신청값에 도달하였을 때 육안으로 불꽃의 소화여부를 관찰한다. 만약, 10초 동안 불이 꺼지지 않으면 소화되지 않는 농도로 간주한다.

6-3-2.소화농도측정설비에 의한 소화농도 측정

(1) 소화농도측정설비는 별표6의 장치에 의하여 소화농도를 측정한다.

(2) 측정방법

(가) 제1차시험

소화모형은 직경 77 mm × 높이 102 mm로 물(51 mm)과 n-헵탄(51 mm)을 채우고 소화농도측정설비 천정과 바닥으로 부터 300 mm이내와 벽면으로 부터 50 mm에 각각 8개를 설치하고 문을 개방하여 30초간 n-헵탄에 점화한 후 문을 닫고 즉시 소화약제를 방출한다.

(나) 제2차시험

소화모형은 가로 83 mm × 세로 483 mm에 물(51 mm)과 n-헵탄(51 mm)을 채우고 소화농도측정설비 중앙에 위치시키고 문을 개방하여 n-헵탄에 30초간 점화 후 문을 닫고 즉시 소화약제를 방출한다.

(다) 소화약제 방출종료 후 30초 이내에 재연되지 않아야 한다.

6-4. 포소화약제의 저발포 B급화재 소화성능

6-4-1. 소화시간, 밀봉성 및 내화성의 허용범위

(1) 포수용액의 액온을 (20 ± 2) ℃로 하고 표준발포노즐을 사용하여 소화시험을 실시하였을 때 소화에 소요되는 시간은 5분 이내이어야 한다. 다만, 발포시간은 5분 (합성계면활성제포 원액에 있어서는 8분)으로 한다.

(2) 밀봉성

방사종료 후 거품표면에 점화기의 불꽃으로 15분간 (합성계면활성제포 원액은 12분간)

접근시켰을 때 재연되지 아니하여야 한다.

(3) 내화성

밀봉성시험을 종료한 후 거품면의 중앙부에 면적 225 cm^2 (15×15 cm)의 정방형이 되도록 유면을 노출시키고 점화하여 5분간 연소시켰을 때 기름면의 연소면적이 900 cm^2 이하이어야 한다.

6-4-2. 조작

(1) 포수용액의 조제는 3 %형은 포 원액량 3과 물 또는 합성해수량 97의 비율로, 6 %형은 포 원액량 6과 물 또는 합성해수량 94의 비율로 포수용액을 만든다.

(2) B급화재모형 (2 m×2 m×0.3 m)에 규정량의 물과 휘발유(단백포인 경우에는 자동차용 가솔린을 사용하고, 합성계면활성제포 및 수성막포인 경우에는 n-Heptane을 사용한다) 을 넣는다.

(3) B급화재모형에 점화 1분 후 소화를 합성개시하며 표준노즐의 방출압력은 (7.0 ± 0.2)kg/cm^2, 방출량은 1분당 (10 ~ 10.5) L로 한다.

(4) 5분 이내에 소화되어도 거품의 방출은 소화개시 후로부터 5분간 (합성계면활성제포 원액에 있어서는 8분간) 계속한다.

(5) 거품방출을 정지한 후 점화기의 불꽃으로 소화모형내의 거품면에 15분간 (합성계면활성제포 원액인 경우에는 12분간) 거품표면에 불꽃이 닿지 않을 정도로 가까이 접근시켜 밀봉성시험을 한다.

(6) 점화기의 위치는 화재모형 윗 부분으로 하여 수평으로 움직인다.

(7) 거품에 착화되었을 경우에는 1분 이내에 자연소화되어야 한다.

(8) 밀봉성 시험종료 후 소화모형의 중앙부에 225 cm^2((15 × 15) cm) 의 정방형의 각통을 넣고 각통 내부의 거품(수성막포는 거품 및 수성막)을 제거하여 유면을 노출시킨 후 내화성시험을 실시한다.

(9) 노출된 유면에 점화하되 점화하기 어려운 경우에는 각 통을 들어내지 아니한 상태로 점화하고 30초 후에 각 통을 제거한다.

(10) 점화하고 5분간 계속 연소시킨 후 유면의 연소면적을 측정한다.

6-5. 고발포 소화성능(2015. 3. 23. 개정)

포원액의 포수용액 액온을 (20 ± 2) ℃로 하고 표준발포장치를 사용하여 소화시험을 실시한다. 표준발포장치의 발포조건은 1-11(1) 팽창률측정의 (나), (다)와 같다.

6-5-1. B급화재 소화성능

(1) 포수용액의 조제는 6-4-2(1)과 같다.

(2) 화재모형 (직경 1,430 mm, 깊이 300 mm)에 규정량의 물과 휘발유 (n-Heptane)를 주입하고 즉시 2 m×2 m×1 m의 금망을 두른다.

(3) 화재모형에 점화와 동시에 표준발포장치를 가동시켜 포수용액만을 송수하되 점화 30초 후에 발포시켜 소화를 개시한다.

(4) 소화개시 2분 30초 후 발포를 중지한다.

(5) 소화시험 개시 3분 후에 화염의 유무를 확인한다.

6-5-2. A급화재모형

(1) 연소대에 규정량의 목재 (30 ± 3) mm×(35 ± 3) mm×(730 ± 5) mm의 건조한 (수분함유율 10~15 % 이하) 소나무나 오리나무로서 90개를 조립하고 연소통에 1.5 L의 휘발유를 주입한 후 속히 2 m×2 m×2 m의 금망을 두른다.

(2) 화재모형에 점화와 동시에 표준발포장치를 가동시켜 포수용액만을 송수하되 점화1분 30후에 발포시켜 소화를 개시한다.

(3) 소화개시 5분 후에 발포를 중지하고 잔염의 유무를 확인한다. 잔염이 없는 경우에는 10분간 재연여부를 검사한다.

6-6. 알코올형포 소화약제의 소화성능

6-6-1. 소화성능

(1) 포수용액의 액온을 (20 ± 2) ℃로 하고 표준발포노즐 (형식신청시 선정한 1종에 한한다)을 사용하여 실시하였을 때 소화에 소요되는 시간은 5분 이내이어야 한다. 다만, 발포시간은 8분으로 한다.

(2) 밀봉성

방사종료 후 거품표면에 점화기의 불꽃으로 12분간 접근시켰을 때 재연되지 아니하여야 한다.

(3) 내화성

밀봉성 시험을 종료한 후 거품면의 중앙부에 면적 225 cm^2(15×15 cm)의 정방형이 되도록 유면을 노출시키고 5분간 연소시킨 후 900 cm^2(30×30 cm)의 각 통으로 연소면적을 비교 측정한다.

6-6-2. 조작

(1) 화재모형(1414 × 1414 × 300) mm 에 소화대상 연료 100 L를 넣는다.

(2) 화재모형에 점화한 2분 후 소화를 개시하며 표준발포노즐의 방출압력은 (7.0 ± 0.2) kg/cm^2, 방수량은 (10 ~ 10.5) L/min 으로한다.

(3) 5분 이내에 소화되어도 거품의 방출은 소화개시 후부터 8분간 계속한다.

(4) 거품방출을 중지한 후 점화기의 불꽃으로 화재모형 내의 거품표면에 12분간 불꽃이 닿지 않을 정도로 가까이 접근시켜 밀봉성 시험을 한다.

(5) 점화기의 위치는 화재모형 윗 부분으로 하여 수평으로 움직인다.

(6) 거품면에 착화되었을 경우에는 1분 이내에 자연소화되어야 한다.

(7) 밀봉성시험 종료 후 화재모형의 중앙부에 225 cm^2(15 cm × 15 cm)의 정방형 각 통을 넣고 각 통 내부의 거품이나 막을 제거하여 유면을 노출시킨 후 내화성 시험을 실시한다.

(8) 각 통을 들어낸 후 노출된 유면에 점화하기 어려운 경우에는 각 통을 들어내지 아니한 상태로 점화하고 30초 후에 각 통을 제거한다.

(9) 점화하고 5분간 계속 연소시킨 후 유면의 연소면적을 측정한다.

6-6-3. 알코올류등 이외의 B급화재에 대한 소화시험

알코올류등 이외의 B급화재에 대한 소화성능이 있는 포 소화약제에 대하여는 6-4. 저발포 B급 화재소화성능, 6-5. 고발포소화성능에 의한다.

7. 표시 (제10조의 2)

(1) 종별 및 형식번호

포소화약제의 경우에 형식에는 “단백포”, “합성계면활성제포” , “수성막포” 또는 “알코올형포”로 기재하고 그 우측에 사용농도를 기재한다.(예 : 단백포(사용농도 3 %))

(2) 제조번호란

(3) 보증기간, 보증내용 및 A/S 방법

(4) “자체검사필”란에 검사담당자의 날인 직접시행 또는 인쇄

(5) 취급설명서 또는 품질보증서에 품질보증에 관한 다음 사항을 표시한다.

(가) 종별 및 형식번호

(나) 제조번호란

(다) 보증기간, 보증내용 및 A/S 방법

(라) "자체검사필"란에 검사담당자의 날인 직접시행 또는 인쇄

(마) 품질보증서는 별지1을 참조하여 작성한다.

(6) 소화약제는 물질안전자료(MSDS)에 언급된 동일한 소화약제명 및 다음의 정보를 제시하여야 한다.

가. 위험물질정보(1.0 %를 초과하는 위험물질 목록)

나. 내용물의 5 %를 초과하는 화약물질목록

다. MSDS에 따른 위험한 약제에 관한 정보

(7) 사용온도범위 : 포소화약제의 사용온도 범위를 기재한다.

(예 : −5 ℃ ~ 30 ℃, −10 ℃ ~ 30 ℃, −20 ℃ ~ 30 ℃)

(8) 포소화약제 취급상의 주의사항 : 단백포 원액 및 수성막포 원액은 "유류화재용", 합성계면활성제포원액은 "일반화재 및 유류화재용", 알코올형 포원액은 "수용성용제용"이라고 표시하는 외에 사용온도 범위 내에 보관(저장)할 것. 사용 시 다른 약제와 혼합하지 말 것. 미리 사용농도로 혼합하여 장기간 보관하지 말 것 등 저장이나 사용상 착오가 없도록 명확히 기재한다.

(9) 알코올포원액은 소화대상용제 명칭 : 기준 별표11의 알코올류등 수용성용제 중 소화성능이 있는 용제의 명칭을 기재한다.

예) 메틸알코올, 에틸알코올, 아세톤

제2장 형식시험방법

1. 시험항목 및 시료수

시험항목 \ 구분		포소화약제	산알칼리	강화액		분말	할로겐화합물	불활성기체	침윤소화약제
				반응식	반응식 이외				
성능검사	소 화 시 험 (포소화약제 담수, 해수)	○	○	○	○	○	○	○	○
성능검사	포배율 및 25 % 환원시험등(담수, 해수)	2	×	×	×	×	×	×	×
성능검사	수성막시험(담수, 해수)	2	×	×	×	×	×	×	×
성능검사	방사액의 pH	×	2	2	×	×	×	×	×
성능검사	폐쇄압 시험	×	2	2	×	×	×	×	×

시험항목 \ 구분		포소화약제	산알칼리	강화액		분말	할로겐화합물	불활성기체	침윤소화약제
				반응식	반응식이외				
성상검사	외 관	○	○	○	○	○	×	×	○
	비 중	3	3	3	3	×	×	×	×
	유동점	3	×	3	3	×	×	×	3
	pH측정	3	×	3	3	×	×	×	×
	표면장력측정	3	×	3	3	×	×	×	3
	점 도	3	×	×	×	×	×	×	3
	침전량(변질후포함)	3	×	3	3	×	×	×	×
	강철 등의 부식시험	3	×	3	3	×	×	×	×
	확산계수(담수, 해수)	3	×	×	×	×	×	×	×
	겉보기 비중	×	×	×	×	3	×	×	×
	미세도 시험	×	×	×	×	3	×	×	×
	수분함유율시험	×	×	×	×	3	×	×	×
	흡습율 시험	×	×	×	×	3	×	×	×
	침강성 시험	×	×	×	×	3	×	×	×
	성분비 시험	×	×	×	×	2	○	○	×
	침입도 시험	×	×	×	×	2	×	×	×
	용 해 시 험	×	×	×	×	×	×	×	3
	분 리 시 험	×	×	×	×	×	×	×	3
	저온에 따른 표면장력변화	×	×	×	×	×	×	×	3
	금속부식시험	×	×	×	×	×	×	×	3
	과불화합물 검출시험	1	1	1	1	×	×	×	1
제품검사	중(용)량측정	○	○	○	○	○	○	○	○
	용 기	○	○	○	○	○	○	○	○
	표 시 사 항	○	○	○	○	○	○	○	○

주 비 고 : 1. 숫자는 해당하는 시험항목 및 시료수를 표시한다.
2. "○"는 해당하는 시험항목을 표시한다.
3. "×"는 해당하지 아니하는 시험항목을 표시한다.

2. 시험순서

주 비고 : 1. *1은 합성계면활성제포 및 수성막포에 한함
2. *2는 강화액 중 반응식에 한함

3. 시험방법

시험방법은 기준 및 제1장에 의하여 실시하며, 형식승인의 변경의 경우에는 변경사항에 해당하는 시험항목에 대하여 실시한다.

제3장 제품검사방법

1. 검사항목

구분 / 시험항목			포소화약제							
			단백포		합성계면포		수성막포		알코올형포	
			생산제품검사	품질제품검사	생산제품검사	품질제품검사	생산제품검사	품질제품검사	생산제품검사	품질제품검사
특별검사	중(용)량측정		○	○	○	○	○	○	○	○
	용 기		○	○	○	○	○	○	○	○
	표 시 사 항		○	○	○	○	○	○	○	○
	성상검사	외 관	○	○	○	○	○	○	○	○
		비 중	○	○	○	○	○	○	○	○
		유동점	○	○	○	○	○	○	○	○
		pH 측정	○	○	○	○	○	○	○	○
		인화점	○	○	○	○	○	○	○	○
		점도(사용상한온도, 20℃, 사용하한온도	○	○	○	○	○	○	○	○
		침전량	○	○	○	○	○	○	○	○
		포수용액의 침전량 - 담수	○	○	○	○	○	○	○	○
		포수용액의 침전량 - 합성해수	△	○	△	○	△	○	△	○
		강철 등의 부식시험	△	○	△	○	△	○	△	○
		확산계수 - 담수	×	×	×	×	○	○	×	×
		확산계수 - 합성해수	×	×	×	×	○	○	×	×
		과불화화합물 검출시험	△	○	△	○	△	○	△	○

시험항목 \ 구분			포소화약제							
			단백포		합성계면포		수성막포		알코올형포	
			생산제품검사	품질제품검사	생산제품검사	품질제품검사	생산제품검사	품질제품검사	생산제품검사	품질제품검사
성능검사	수성막시험	저발포	×	×	×	×	○	○	×	×
		고발포	×	×	×	×	○	△	×	×
	저발포성능	담수	○	○	○	○	○	○	○	○
		합성해수	△	○	△	○	△	○	△	○
	고발포성능	담수	○*	○*	○*	○*	○*	○*	○*	○*
		합성해수	△*	○*	△*	○*	△*	○*	△*	○*
	저발포B화재	담수	○*	○*	○*	○*	○*	○*	○*	○*
		합성해수	△*	○*	△*	○*	△*	○*	△*	○*
	고발포B화재	담수	○*	○*	○*	○*	○*	○*	○*	○*
		합성해수	△*	○*	△*	○	△*	○*	△*	○*
	고발포A화재	담수	○*	○*	○*	○*	○*	○*	○*	○*
		합성해수	△*	△*	△*	△*	△*	△*	△*	△*

시험항목 \ 구분			산알칼리소화약제		분말 소화약제		할로겐화합물 등 가스계 소화약제	
			생산제품검사	품질제품검사	생산제품검사	품질제품검사	생산제품검사	품질제품검사
일반검사	중(용)량측정		○	○	○	○	○	○
	용 기		○	○	○	○	○	○
	표 시 사 항		○	○	○	○	○	○
특별검사	성상검사	외 관	○	○	○	○	○	○
		비 중	○	○	×	×	×	×
		응고점	×	×	×	×	×	×
		pH측정	○	○	×	×	×	×
		표면장력측정	×	×	×	×	×	×
		점 도	×	×	×	×	×	×
		침 전	×	×	×	×	×	×

시험항목 \ 구분			산알칼리소화약제		분말 소화약제		할로겐화합물 등 가스계 소화약제	
			생산제품 검사	품질제품 검사	생산제품 검사	품질제품 검사	생산제품 검사	품질제품 검사
		강 철 등 의 부 식 시 험	×	×	×	×	×	×
		겉보기 비중	×	×	○	○	×	×
		미세도 시험	×	×	△	○	×	×
		수분함유율시험	×	×	△	○	×	×
		흡습율 시험	×	×	△	○	×	×
		침강성 시험	×	×	○	○	×	×
		성분비 시험	×	×	△	○	○	△
		침입도 시험	×	×	△	○	×	×
		과불화화합물 검출시험	△	○	×	×	×	×
	성능검사	소 화 시 험	○	○	○	○	△	○
		포배율 및 25 % 환원시험등	×	×	×	×	×	×
		방사액의 pH	○	○	×	×	×	×
		폐쇄압 시험	○	○	×	×	×	×

시험항목 \ 구분			강화액 소화약제				침윤 소화약제	
			반응식인것		반응식이 아닌 것			
			생산제품 검사	품질제품 검사	생산제품 검사	품질제품 검사	생산제품 검사	품질제품 검사
일반검사		중(용)량측정	○	○	○	○	○	○
		용 기	○	○	○	○	○	○
		표 시 사 항	○	○	○	○	○	○
특별검사	성상검사	외 관	○	○	○	○	○	○
		비 중	○	○	○	○	×	×
		응고점	△	○	△	○	×	×
		pH측정	○	○	○	○	○	○
		표면장력측정	○	○	○	○	○	○

시험항목 \ 구분		강화액 소화약제				침윤 소화약제	
		반응식인것		반응식이 아닌 것			
		생산제품 검사	품질제품 검사	생산제품 검사	품질제품 검사	생산제품 검사	품질제품 검사
	점도	×	×	×	×	○	○
	침전량	△	○	△	△	×	×
	강철 등의 부식시험	△	△	△	△	×	×
	겉보기 비중	×	×	×	×	×	×
	미세도 시험	×	×	×	×	×	×
	수분함유율시험	×	×	×	×	×	×
	흡습율 시험	×	×	×	×	×	×
	침강성 시험	×	×	×	×	×	×
	성분비 시험	×	×	×	×	×	×
	침입도 시험	×	×	×	×	×	×
	용 해 시 험	×	×	×	×	○	○
	분 리 시 험	×	×	×	×	△	○
	저온에 따른 표면장력변화	×	×	×	×	△	○
	금속부식시험	×	×	×	×	△	△
	과불화화합물 검출시험	△	○	△	○	△	○
성능검사	소 화 시 험	○	○	○	○	○	○
성능검사	포배율 및 25 % 환원시험등	×	×	×	×	×	×
성능검사	방사액의 pH	○	○	×	×	×	×
성능검사	폐쇄압 시험	○	○	×	×	×	×

주 비고 : 1. "○"는 해당하는 검사항목을 표시한다.

2. "△"는 부정기 시험항목을 표시한다.

3. "×"는 해당하지 아니하는 검사항목을 표시한다.

4. "*"는 적용받는 소화약제와 적용 받지 아니하는 소화약제가 있음을 표시한다.

2. 검사순서

(1) 일반검사

1. 표시사항
2. 중(용)량 측정
3. 용기

(2) 특별검사

4. 성능 검사
5. 성상검사

주 비고 : 성능검사 및 성상검사는 소화기용 및 설비용 소화약제의 종류에 따라 해당항목만 실시

3. 검사방법

3-1. 생산제품검사

(1) 검사방법은 기준 및 제1장에 의하여 시행한다.

(2) 샘플링검사방법 및 엄격도는 「소방용품의 품질관리 등에 관한 업무세칙」 제28조제3항에 따라서 실시하며, 검사수준 및 합격품질수준은 다음 표와 같다.

(3) 시료는 당해 생산제품검사의 엄격도 및 로트의 크기에 따라 별표1부터 별표4(발취표)에 의하여 발취한다.

(4) 수검로트의 크기는 신청수에 예비품을 포함한 크기로 한다.

(5) 특별검사 시료수가 일반검사 시료수보다 더 많을 경우 특별검사 시료수로 발취한다.

<table>
<tr><th rowspan="2">검사
항목</th><th rowspan="2">검사수준</th><th colspan="2">합격품질수준</th><th rowspan="2">비 고</th></tr>
<tr><th>중결점</th><th>경결점</th></tr>
<tr><td>일반
검사</td><td>1-S-3</td><td>AQL
4.0</td><td>AQL
10.0</td><td>1. 일반검사
(1) 신청로트에서 발췌
(2) 동일시료</td></tr>
<tr><td rowspan="2">특별
검사</td><td>성상검사
시료 3</td><td colspan="2" rowspan="2">AC : 0
Re : 1</td><td>2. 특별검사
(1) 성상검사
① 일반시료에서 발췌
② 동일시료
③ 가스계 소화약제의 성분비 시험 및 과불화화합물 검출시험 시료수는 각각 1개로 한다.</td></tr>
<tr><td>성능검사
시료 2</td><td>(2) 성능검사
① 일반검사시료에서 발췌, 다만 부족 시에는 신청로트에서 발췌(성상검사 시료와 중복되지 않는 것)
② 소화시험대상 연료가 2종 이상인 경우에는 난수표 등을 사용하여 랜덤하게 소화시험대상 연료를 결정한다</td></tr>
</table>

(6) 검사진행 중 불합격 판정갯수 이상의 결점수가 발생되어 해당로트가 불합격되는 경우에는 남은 시험항목의 검사를 생략 할 수 있다.

3-2. 품질제품검사

(1) 정밀검사 방법은 다음 각 호에 따른다.

가. 검사방법은 기준 및 제1장에 따라서 시행한다.

나. 검사시료는 출고 대기중인 시료를 KS Q 1003에 따라서 발취하거나 유통 중인 제품 중에서 수거한다.

다. 검사시료의 크기는 제2장 제1호의 형식시험 시료수로 한다. 다만, 시료의 확보가 불가능한 경우 시험항목별 시료수를 감하여 실시할 수 있다.

라. 한국소방산업기술원 원장 또는 제품검사전문기관의 장은 검사시료의 원활한 확보를 위하여 해당업체로 하여금 제품 생산계획 또는 판매처 등 관련자료를 제출하게 할 수 있다.

마. 검사 진행 중에 「소방용품의 품질제품검사 운영에 관한 규정」(이하 "품질제품검사

규정"이라 한다)제8조에 해당하는 부적합 사항이 발생되는 경우에는 남은 검사항목의 검사를 생략할 수 있다.

(2) 공정심사 방법은 「품질제품검사규정」제7조에 따른다.

4. 제품검사결과의 판정

4-1. 생산제품검사 로트의 판정

(1) 로트의 합부판정은 발취표 및 결점표에 의하여 행한다.

(2) 발취시료 중에 불량품의 수가 각계급의 어느것에 있어서나 합격판정 갯수 이하로 있는 경우는 그 로트를 합격으로 한다.

(3) 발취시료 중에 불량품의 수가 각계급에 있어서 각각 합격판정 갯수를 초과하고 불합격 판정갯수 미만인 경우는 그 로트를 합격으로 하고 다음 로트는 「소방용품의 품질관리 등에 관한업무세칙」 별표1의 까다로운 검사를 한다.

(4) 발취시료 중에 불량품의 수가 각 계급의 어느 것에 있어서 불합격 판정갯수 이상으로 있는 경우는 그 로트를 불합격으로 한다.

(5) 발취시료 중에 치명결점을 갖는 불량품이 발견된 경우에는 당해 발취시료 중에 있어서 불량품의 수가 합격판정 갯수 이하라도 그 로트는 불합격으로 한다.

(6) 발취표에 있어서 Ac는 합격판정 갯수(합격판정을 위한 불량품수의 상한)를 표시, Re는 불합격 판정갯수(불합격 판정을 위한 불량품수의 하한)를 표시한다.

(7) 2이상의 계급의 결점이 있는 제품은 각각의 계급에서 불량품으로 계산하고 하나의 시료 중 동일 계급의 결점이 2이상 있는 경우에는 결점1로 한다.

(8) 전수검사 시료 중 결점이 1개라도 포함된 시료는 불합격으로 하고 결점이 없는 시료는 불합격으로 한다. 다만 즉시 수정이 가능한 경결점의 경우에는 수정하여 합격으로 한다.

(9) 결점표에 없는 결점에 대해서는 「소방용품의 품질관리 등에 관한 업무세칙」 별표1 제2호2-2의 (6)(7)(8)의 구분에 따른다.

4-2. 품질제품검사 결과의 판정 및 조치

(1) 정밀검사결과 판정방법은 「품질제품검사규정」제8조제1항에 따른다.

(2) 공정심사결과 판정방법은 「품질제품검사규정」제8조제2항에 따른다

(3) 「품질제품검사규정」에 따른 정밀검사 및 공정심사에 모두 적합한 때에는 품질제품검사에 적합한 것으로 판정한다.

(4) 품질제품검사 결과 부적합 판정된 경우에는 다음 신청로트부터 생산제품 검사로 전환하며, 부적합 판정 이전에 신청된 제품에 대하여도 생산제품 검사를 실시한다.

(5) 공정심사가 완료되기 전에 정밀검사에서 부적합 판정된 경우에는 공정심사 결과와 관계없이 우선하여 생산제품검사로 전환한다.

5. 부정기 시험

5-1. 생산제품검사의 부정기 시험은 다음 각 호에 따라서 실시한다.

(1) 부정기시험은 20로트당 1회의 비율로 실시하되, 직전에 실시된 부정기 시험이 포함된 제품검사일로부터 6개월이 지나지 아니한 경우에는 부정기 시험을 실시하지 아니하고 다음 부정기시험 주기에 실시한다. 다만, 한국소방산업기술원 원장 또는 제품검사 전문기관의 기관장이 필요하다고 인정하는 경우에는 수시로 부정기시험 항목의 일부 또는 전부에 대하여 부정기시험을 실시할 수 있다.

(2) 부정기 시험 시료수는 형식시험 시 해당항목의 시료수로 한다.

(3) 부정기 시험 해당로트의 판정은 부정기 시험 결과를 포함하여 판정한다. 다만, 「소방용품의 품질관리 등에 관한 업무세칙」 제28조의2제3항에 따라 조건부 합격판정을 한 경우 시험결과가 종료되지 않은 부정기 시험은 계속 진행한다.

(4) 부정기 시험 결과에 대한 판정은 결점구분에 관계없이 합격판정갯수 0, 불합격판정갯수 1로 한다.

5-2. 품질제품검사의 부정기 시험은 다음 각 호에 따라서 실시한다.

(1) 부정기 시험은 정밀검사 2회당 1회의 비율로 실시한다.

(2) 품질제품검사에 부정기 시험이 해당되는 경우에는 부정기 시험 결과를 포함하여 판정한다. 다만, 부정기 시험 실시 중에 「품질제품검사규정」 제8조제1항에 해당하는 결함이 발생하여 부적합으로 판정된 경우에는 다른 항목의 시험결과에 관계없이 우선하여 부적합으로 판정하고 부정기 시험은 계속 진행한다.

5-3. 부정기 시험 결과 부적합한 경우의 조치

(1) 부적합 판정된 이후에 신청하는 제품검사부터 연속 5로트 (재신청 제외)가 합격할 때까지 부적합 시험항목에 대하여 부정기 시험을 실시한다. 이 경우 각 로트의 크기는 불합격되기 전 연속 5로트 평균 크기의 1/2 이상이어야 한다.

(2) (1)의 규정에 의한 부정기 시험에서 연속 5로트가 합격하더라도 그 이전에 5로트를 초과하여 신청된 제품검사 로트는 희망수검일이 최종 부정기 시험 로트의 합격판정 이전인 경우 부정기 시험의 적용을 받는다.

(3) 〈삭제〉

(4) (1)의 규정에 따른 연속 5로트 시험 중에는 중복하여 부정기 시험을 실시하지 아니한다.

[별표 1] 결 점 표

항 목 (결점구분)		치 명 결 점	중 결 점	경 결 점
성능검사	소화시험	기준의 규정시간 내 소화불능		
	스플래시시험		비산 액적의 크기가 5mm를 초과하는 것	
	환원시간	기준의 규정시간 미만인 것		
	수성막시험		1분을 넘어서 계속 연소하는 것	
	밀봉성, 내화성시험		기준의 수치를 벗어나는 것	
	포의배율 및 환원량	1. 발포하지 않는 것 2. 기준의 수치를 벗어난 것		
	방사액의 pH		pH가 5.5미만인것	
	수막성시험		1분을 초과하여 연소하는것	
	폐 쇄 압		신청값 ±1.5 kg/cm^{2}를 넘는것	
성상검사	비중	기준의 수치를 벗어나는 것	허용범위를 벗어나는 것	
	pH 측정	기준의 수치를 벗어나는 것	허용범위를 벗어나는 것	
	응 고 점		기준의 수치를 벗어나는 것	
	유 동 점	기준의 수치를 벗어나는 것		
	표면장력	기준의 수치를 벗어나는 것	기준의 수치를 벗어나는 것	
	점 도	기준의 수치를 벗어나는 것	허용범위를 벗어나는 것	
	침 전 량	기준의 수치를 벗어나는 것		
	포수용액의 침전량	기준의 수치를 벗어나는 것		

확산계수	기준의 수치를 벗어나는 것		
강철 등의 부식시험	중량손실이 1일에 3 mg/20 cm^2 이상인 것		
겉보기비중	기준의 수치를 벗어나는 것		
미세도시험	기준의 수치를 벗어나는 것		
성분비시험	기준의 수치를 벗어나는 것	설계값의 ± 5 %를 넘는 것(주성분이인산염류등인 분말 소화약제에 한함)	
침입도시험	기준의 수치를 벗어나는 것		
침강성시험	기준의 수치를 벗어나는 것		
흡습율시험	기준의 수치를 벗어나는 것		
수분함유율 시험	기준의 수치를 벗어나는 것		
용 해 시 험	기준의 수치를 벗어나는 것		
분 리 시 험	기준의 수치를 벗어나는 것		
저온에 따른 표면장력변화	기준의 수치를 벗어나는 것		
금속부식시험	기준의 수치를 벗어나는 것		
과불화화합물 검출시험	기준의 부적합한 것		
제 품 검 사	1. 임의의 성분의 변경 2. 수용액 및 액상의 소화약제로서 결정의 속출, 용액의 분리 및 분해 변질이 된 것 3. 분말상의 소화약제로서 고화, 변질된 것	1. 수용액 및 액상의 소화약제로서 부유물 또는 침전물이 생긴 것 2. 분말상의 소화약제로서 이 물질의 혼입이 있는 것 3. 약제중량이 별표8에 정한 허용량의 ±2배를 넘는 것(설비용 할로겐화합물 및 비활성 기체는 약제중량이 표시중량 미만일 때) 4. 명판이 없는 것 품명, 충전할 적절한 소화기구 구분의 오기 또는 탈락 5. 변질의 우려가 있는 용기의 불량	1. 약제중량이 별표8에 정한 허용량을 넘어 허용량 ±2배인 것 2. 용(중)량, 제조년월, 제조자명, 형식번호 등의 오기 또는 탈락 3. 용기의 현저한 변형 4. 용기의 면 또는 부품의 현저한 부식 5. 밀봉상태불량

[별표 2] 보통검사의 1회 샘플링 검사방식 (주 샘플링표)

시료번호	시료의 크기	합격품질수준(AQL)									비 고
		0.40	0.65	1.0	1.5	2.5	4.0	6.5	10	15	
		Ac Re	Ac Re	Ac Re	Ac Re	Ac Re	Ac Re	Ac Re	Ac Re	Ac Re	
A	2	↓	↓	↓	↓	↓	↓	0 1	↓	↓	
B	3	↓	↓	↓	↓	↓	0 1	↑	↓	1 2	
C	5	↓	↓	↓	↓	0 1	↑	↓	1 2	2 3	
D	8	↓	↓	↓	0 1	↑	↓	1 2	2 3	3 4	
E	13	↓	↓	0 1	↑	↓	1 2	2 3	3 4	5 6	
F	20	↓	0 1	↑	↓	1 2	2 3	3 4	5 6	7 8	
G	32	0 1	↑	↓	1 2	2 3	3 4	5 6	7 8	10 11	
H	50	↑	↓	1 2	2 3	3 4	5 6	7 8	10 11	14 15	
J	80	↓	1 2	2 3	3 4	5 6	7 8	10 11	14 15	21 22	
K	125	1 2	2 3	3 4	5 6	7 8	10 11	14 15	21 22	↑	
L	200	2 3	3 4	5 6	7 8	10 11	14 15	21 22	↑	↑	
M	315	3 4	5 6	7 8	10 11	14 15	21 22	↑	↑	↑	
N	500	5 6	7 8	10 11	14 15	21 22	↑	↑	↑	↑	
P	800	7 8	10 11	14 15	21 22	↑	↑	↑	↑	↑	
Q	1250	10 11	14 15	21 22	↑	↑	↑	↑	↑	↑	
R	2000	14 15	21 22	↑	↑	↑	↑	↑	↑	↑	

주 ↓ : 밑에 적은 첫 번째 샘플링검사 방식을 사용한다. 만일, 시료의 크기가 로트의 크기 이상일 때에는 전수 검사한다.

↑ : 위에 적은 첫 번째 샘플링검사 방식을 사용한다.

Ac : 합격판정 개수

Re : 불합격판정 개수

[별표 3] 까다로운 검사의 1회 샘플링 검사방식 (주 샘플링표)

시료번호	시료의 크기	합격품질수준(AQL) 0.40	0.65	1.0	1.5	2.5	4.0	6.5	10	15	비고
		Ac Re	Ac Re	Ac Re	Ac Re	Ac Re	Ac Re	Ac Re	Ac Re	Ac Re	
A	2	↓	↓	↓	↓	↓	↓	↓	↓	↓	
B	3	↓	↓	↓	↓	↓	↓	0 1	↓	↓	
C	5	↓	↓	↓	↓	↓	0 1	↑	↓	1 2	
D	8	↓	↓	↓	↓	0 1	↑	↓	1 2	2 3	
E	13	↓	↓	↓	0 1	↑	↓	1 2	2 3	3 4	
F	20	↓	↓	0 1	↑	↓	1 2	2 3	3 4	5 6	
G	32	↓	0 1	↑	↓	1 2	2 3	3 4	5 6	8 9	
H	50	0 1	↑	↓	1 2	2 3	3 4	5 6	8 9	12 13	
J	80	↑	↓	1 2	2 3	3 4	5 6	8 9	12 13	18 19	
K	125	↓	1 2	2 3	3 4	5 6	8 9	12 13	18 19	↑	
L	200	1 2	2 3	3 4	5 6	8 9	12 13	18 19	↑	↑	
M	315	2 3	3 4	5 6	8 9	12 13	18 19	↑	↑	↑	
N	500	3 4	5 6	8 9	12 13	18 19	↑	↑	↑	↑	
P	800	5 6	8 9	12 13	18 19	↑	↑	↑	↑	↑	
Q	1250	8 9	12 13	18 19	↑	↑	↑	↑	↑	↑	
R	2000	12 13	18 19	↑	↑	↑	↑	↑	↑	↑	

주 ↓ : 밑에 적은 첫 번째 샘플링검사 방식을 사용한다. 만일, 시료의 크기가 로트의 크기 이상일 때에는 전수 검사한다.
↑ : 위에 적은 첫 번째 샘플링검사 방식을 사용한다.
Ac : 합격판정 개수
Re : 불합격판정 개수

[별표 4] 시료글자

시료의 크기	특 별 검 사 수 준				일 반 검 사 수 준		
	S-1	S-2	S-3	S-4	I	II	III
1~8	A	A	A	A	A	A	B
9~15	A	A	A	A	A	B	C
16~25	A	A	B	B	B	C	D
26~50	A	B	B	C	C	D	E
51~90	B	B	C	C	C	E	F
91~150	B	B	C	D	D	F	G
151~280	B	C	D	E	E	G	H
281~500	B	C	D	E	F	H	J
501~1200	C	C	E	F	G	J	K
1201~3200	C	D	E	G	H	K	L
3201~10000	C	D	F	G	J	L	M
10001~35000	C	D	F	H	K	M	N
35001~150000	D	E	G	J	L	N	P
150001~500000	D	E	G	J	M	P	Q
500001 이상	D	E	H	K	N	Q	R

[별표 5] 컵버너 방식 (단위 : mm)

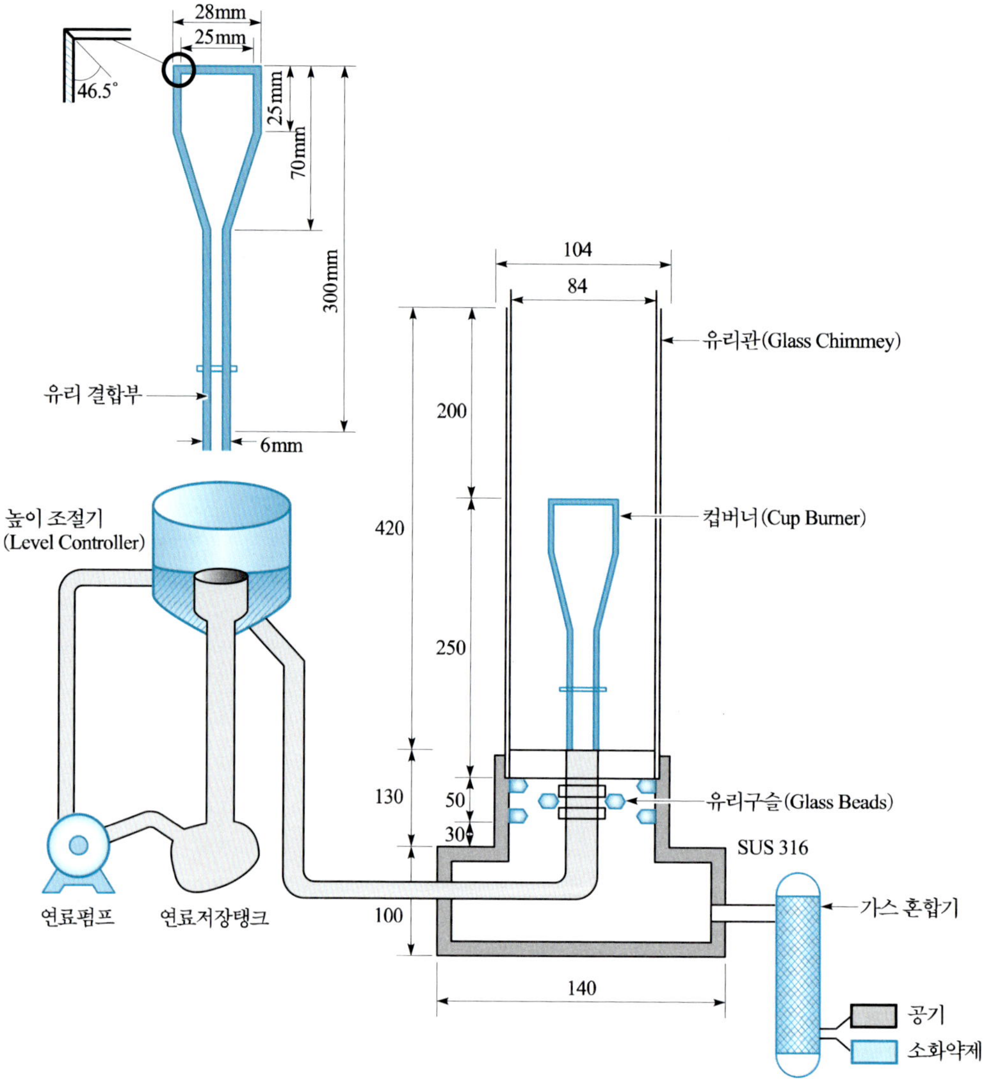

[별표 6] 소화농도 측정설비

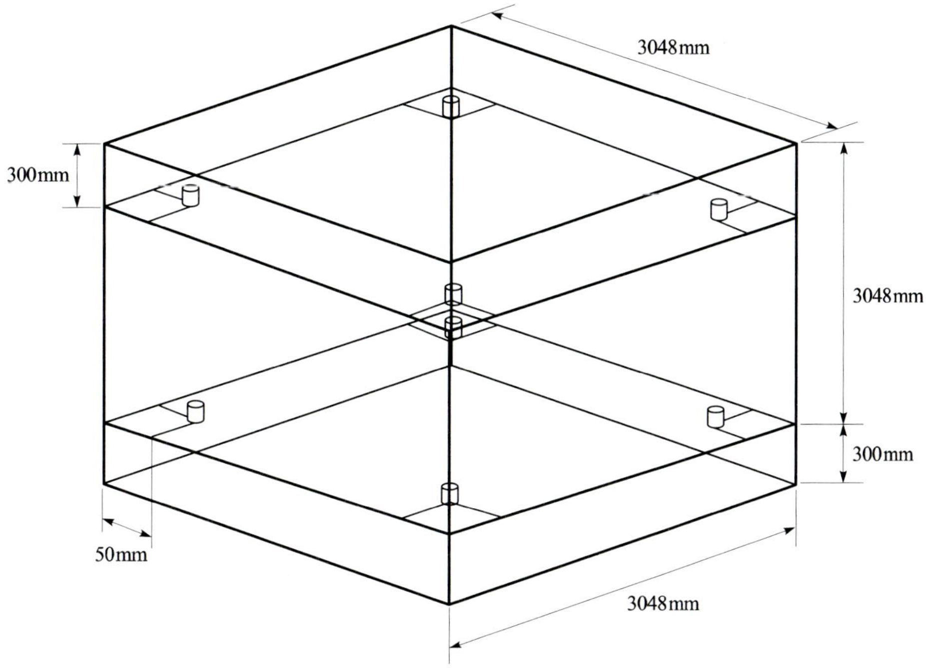

보강대(SS41, 두께 10mm), 내벽은 18mm 이상의 합판

[별표 7] 충전약제 중(용)량 허용범위

종 류	약제충전량	허용범위(충전용)	허용범위 (충전되어있는 것)
산알칼리, 강화액, 기계포, 분말, 할로겐화물, 비활성기체, 침윤 소화약제	500 g미만 500 g ~ 700 g미만 700 g ~ 1 kg미만 1 kg ~ 5 kg미만 5 kg ~ 10 kg미만 10 kg ~ 20 kg미만 20 kg ~ 30 kg미만 30 kg ~ 40 kg미만 40 kg ~100 kg미만 100 kg ~500 kg미만 500 kg~1000 kg미만 1000 kg이상	+15 g, -5 g +20 g, -10 g +40 g, -20 g +100 g, -40 g +200 g, -60 g +300 g, -80 g +400 g, -100 g +500 g, -100 g +800 g, -300 g +3 kg, -500 g +5 kg, -1 kg +1.2 kg, -2 kg	
산알칼리, 강화액, 기계포, 분말, 할로겐화물, 비활성기체, 침윤 소화약제	1 kg미만 1 kg ~ 2 kg미만 2 kg ~ 5 kg미만 5 kg ~ 8 kg미만 8 kg ~ 10 kg미만 10 kg ~ 20 kg미만 20 kg ~ 40 kg미만 40 kg~ 100 kg미만 100 kg이상		+50 g, -40 g +100 g, -40 g +150 g, -50 g +200 g, -100 g +250 g, -150 g +350 g, -200 g +500 g, -300 g +800 g, -400 g +1.2 kg, -500 g

APPENDIX

부 록

1.1 단위 환산표

1.2 물의 증기압

1.3 각종 물질의 임계 상수

1.4 가연성 물질의 물리적 성질 및 연소 특성

APPENDIX

부 록

1.1 단위 환산표

1. 길 이

cm	m	in	ft	yd	km	mile	해리
1	0.01	0.39370	0.03280	0.01093	1	0.62137	0.53995
100	1	39.3707	3.28083	1.09361	$0.1\dot{0}\dot{9}$	0.06778	0.05889
$3.\dot{0}\dot{3}$	$0.\dot{0}\dot{3}$	1.19303	0.09941	0.03313	$3.9\dot{2}\dot{7}$	2.44029	0.212012
$30.\dot{3}\dot{0}$	$0.\dot{3}\dot{0}$	11.93032	0.99419	0.33139	1.60934	1	0.868809
$181.\dot{8}\dot{1}$	$1.\dot{8}\dot{1}$	71.58192	5.96490	1.98838	1.85200	1.151	1
2.54	0.02540	1	0.083	0.02777			
30.48	0.30480	12	1	$0.\dot{3}$			
91.44	0.91440	36	3	1			

2. 면 적

m^2	평	in^2	ft^2	yd^2	km^2	ha	$mile^2$
1	0.30250	1550.0031	10.76391	1.19599	1	100	0.38611
3.30578	1	5123.9692	35.583	3.9537	0.01	1	3.861×10^{-3}
99.17355	30	153719.3099	1067.49517	118.6	4.0467×10^{-3}	0.40467	1.563×100^{-3}
6.45×10^{-4}	1.95×10^{-4}	1	6.94×10^{-3}	7.71×10^{-4}	9.9173×10^{-4}	9.9173×10^{-2}	3.82×10^{-4}
0.09290	0.0281	144	1	$0.\dot{1}$	9.9173×10^{-3}	0.99173	3.82×10^{-3}
0.83612	0.25293	1296	9	1	2.59	259.0	1

3. 체 적

m^3	L	in^3	ft^3	yd^3	Imperial gal	U. S. gal
1	1000	61023.7	35.31466	1.3080	220.022	264.17841
0.02782	27.82647	1697.67933	0.98268	3.6396×10^{-2}	6.1278	7.35
1.8038×10^{-3}	1.80385	110.07455	0.06370	2.3594×10^{-3}	0.3973	0.47654
0.001	1	61.0237	0.03531	1.308×10^{-3}	0.22002	0.26417
1.6387×10^{-5}	0.01639	1	5.787×10^{-4}	2.143×10^{-5}	3.605×10^{-3}	4.329×10^{-3}
0.02832	28.316	1728	1	$0.\dot{0}\dot{3}\dot{7}$	6.23014	7.48104
0.76455	764.55	46656	27	1	168.21782	201.993
4.545×10^{-3}	4.54596	277.4	0.16051	5.94486×10^{-3}	1	1.201
3.785×10^{-3}	3.78532	231	0.13367	4.95078×10^{-3}	0.8327	1

4. 질 량

g	kg	oz	lb	ct, car
1	0.001	0.03527	2.204×10^{-3}	5
1000	1	35.27395	2.20462	5000
3.75	0.00375	0.13227	8.26×10^{-3}	18.75
3750	3.75	132.27	8.26733	18750
600	0.6	21.164	1.32277	3000
28.34952	0.028349	1	0.0625	141.7476
453.59243	0.45359	16	1	2267.96215
0.2	0.0002	0.007	0.0004	1

5. 압 력

bar	kg_f/cm^2	lb_f/cm^2	atm	mHg	inHg	mH_2O	inH_2O
1	1.019716	14.50	0.986923	0.750061	29.53	10.197448	33.46
0.980665	1	14.223335	0.967840	0.735559	28.96	10.00028	32.81
0.068947	0.070307	1	0.06805	0.05171	2.036	0.7031	2.307
1.01325	1.033227	14.70	1	0.76	29.92	10.33256	33.90
1.333223	1.35951	19.34	1.315789	1	39.37007	13.59548	44.60
0.033863	0.03453	0.4912	0.03342	0.0254	1	0.3453	1.133
0.098063	0.099997	1.422	0.096781	0.073553	2.896	1	3.281
2.4908×10^{-4}	0.03048	0.4335	0.02950	0.02242	0.8877	0.3045	1

6. 일, 에너지, 열량

J	kg · m	ft · lb	kwh	kcal	BTU
1	0.10197	0.73756	2.7778×10^{-7}	2.3889×10^{-4}	9.480×10^{-4}
9.80665	1	7.23301	2.7241×10^{-6}	2.34269×10^{-3}	9.297×10^{-3}
1.35581	0.13825	1	3.7662×10^{-7}	3.23889×10^{-4}	1.285×10^{-3}
3.6×10^{6}	3.67097×10^{6}	2.6552×10^{6}	1	859.99928	3413
2.648×10^{6}	2.700×10^{6}	1.953×10^{6}	0.7355	632.5	2510
2.686×10^{6}	2.739×10^{6}	1.981×10^{6}	0.746	641.6	2546
4186.050	426.85831	3087.4710	$1.162812.7778 \times 10^{-3}$	1	3.96825
1055	107.6	778.0	2.930×10^{-4}	0.2520	1

7. 동력, 일률

kw	kg · m/s	ft · lb/s	BTU/s	ct, car
0.7355	75	0.1757	0.6973	5
0.746	76.07	0.1782	0.7072	5000
1	101.97	0.2389	0.9480	18.75
9.80665×10^{-3}	1	2.343×10^{-3}	9.297×10^{-3}	18750
1.35582×10^{-3}	0.1383	3.239×10^{-4}	1.285×10^{-3}	3000
4.186	426.9	1	3.968	141.7476
1.055	107.6	0.2520	1	2267.96215

1.2 물의 증기압(mmHg, 물의 온도 : 0 ~ 100 ℃)

t, ℃	0.0	0.1	0.2	0.3	0.4	0.5	0.6	0.7	0.8	0.9
0	4.579	4.613	4.647	4.681	4.715	4.750	4.785	4.820	4.855	4.890
1	4.926	4.962	4.998	5.034	5.070	5.107	5.144	5.181	5.219	5.256
2	5.294	5.332	5.370	5.408	5.447	5.486	5.525	5.565	5.605	5.645
3	5.685	5.725	5.766	5.807	5.848	5.889	5.931	5.973	6.015	6.058
4	6.101	6.144	6.187	6.230	6.274	6.318	6.363	6.408	6.453	6.498
5	6.543	6.589	6.635	6.681	6.728	6.775	6.822	6.869	6.917	6.965
6	7.013	7.062	7.111	7.160	7.209	7.259	7.309	7.360	7.411	7.462
7	7.513	7.565	7.617	7.669	7.722	7.775	7.828	7.882	7.936	7.990
8	8.045	8.100	8.155	8.211	8.267	8.323	8.380	8.437	8.494	8.551
9	8.609	8.668	8.727	8.786	8.845	8.905	8.965	9.025	9.086	9.147
10	9.209	9.2 1	9.333	9.395	9.458	9.521	9.585	9.649	9.714	9.779
11	9.844	9.910	9.976	10.042	10.109	10.176	10.244	10.312	10.380	10.449
12	10.518	10.588	10.658	10.728	10.799	10.870	10.941	11.013	11.085	11.158
13	11.231	11.305	11.379	11.453	11.528	11.604	11.680	11.756	11.833	11.910
14	11.987	12.065	12.144	12.223	12.302	12.382	12.462	12.543	12.624	12.706
15	12.788	12.870	12.953	13.037	13.121	13.205	13.290	13.375	13.461	13.547
16	13.634	13.721	13.809	13.898	13.987	14.076	14.166	14.256	14.347	14.438
17	14.530	14.622	14.715	14.809	14.903	14.997	15.092	15.188	15.284	15.380
18	15.477	15.575	15.673	15.772	15.871	15.971	16.071	16.171	16.272	16.374
19	16.477	16.581	16.685	16.789	16.894	16.999	17.105	17.212	17.319	17.427
20	17.535	17.644	17.753	17.863	17.974	18.085	18.197	18.309	18.422	18.536
21	18.650	18.765	18.880	18.996	19.113	19.231	19.349	19.468	19.587	19.707
22	19.827	19.948	20.070	20.193	20.316	20.440	20.565	20.690	20.284	20.941
23	21.068	21.196	21.324	21.453	21.583	21.714	21.845	21.977	22.110	22.243
24	22.377	22.512	22.648	22.785	22.922	23.060	23.198	23.337	23.476	23.616
25	23.756	23.897	24.039	24.182	24.326	24.471	24.617	24.764	24.912	25.060
26	25.209	25.359	25.509	25.660	25.812	25.964	26.117	26.271	26.426	26.582
27	26.739	26.897	27.055	27.214	27.374	27.535	27.696	27.858	28.021	28.185
28	28.349	28.514	28.680	28.847	29.015	29.184	29.354	29.525	29.697	29.870
29	30.043	30.217	30.392	30.568	30.745	30.923	31.102	31.281	31.461	31.642

t, ℃	0.0	0.1	0.2	0.3	0.4	0.5	0.6	0.7	0.8	0.9
30	31.824	32.007	32.191	32.376	32.561	32.747	32.934	33.122	33.312	33.503
31	33.695	33.888	34.082	34.276	34.471	34.667	34.864	35.062	35.261	35.462
32	35.663	35.865	36.068	36.272	36.477	36.683	36.891	37.099	37.308	37.518
33	37.729	37.942	38.155	38.369	38.584	38.801	39.018	39.237	39.457	39.677
34	39.898	40.121	40.344	40.569	40.796	41.023	41.251	41.480	41.710	41.942
35	42.175	42.409	42.644	42.880	43.117	43.355	43.595	43.836	44.078	44.320
36	44.563	44.808	45.054	45.301	45.549	45.799	46.050	46.302	46.556	46.811
37	47.067	47.324	47.582	47.841	48.102	48.364	48.627	48.891	49.157	49.424
38	49.692	49.961	50.231	50.502	50.774	51.048	51.323	51.600	51.879	52.160
39	52.442	52.725	53.009	53.294	53.580	53.867	54.156	54.446	54.737	55.030
40	55.324	55.61	55.91	56.21	56.51	56.81	57.11	57.41	57.72	58.03
41	58.34	58.65	58.96	59.27	59.58	59.90	60.22	60.54	60.86	61.18
42	61.50	61.82	62.14	62.47	62.80	63.13	63.46	63.79	64.12	64.46
43	64.80	65.14	65.48	65.82	66.16	66.51	66.86	67.21	67.56	67.91
44	68.26	68.61	68.97	69.33	69.69	70.05	70.41	70.77	71.14	71.51
45	71.88	72.25	72.62	72.99	73.36	73.74	74.12	74.50	74.88	75.26
46	75.65	76.04	76.43	76.82	77.21	77.60	78.00	78.40	78.80	79.20
47	79.60	80.00	80.41	80.82	81.23	81.64	82.05	82.46	82.87	83.29
48	83.71	84.13	84.56	84.99	85.42	85.85	86.28	86.71	87.14	87.58
49	88.02	88.46	88.90	89.34	89.79	90.24	90.69	91.14	91.59	92.05

t, ℃	0	1	2	3	4	5	6	7	8	9
50	92.51	97.20	102.09	107.20	112.51	118.04	123.80	129.82	136.08	142.60
60	149.38	156.43	163.77	171.38	179.31	187.54	196.09	204.96	214.17	223.73
70	233.7	243.9	254.6	265.7	277.2	289.1	301.4	314.1	327.3	341.0
80	355.1	369.7	384.9	400.6	416.8	433.6	450.9	468.7	487.1	506.1
90	525.76	527.76	529.77	531.78	533.80	535.82	537.86	539.90	541.95	544.00
91	546.05	548.11	550.18	552.26	554.35	556.44	558.53	560.64	562.75	564.87
92	566.99	569.12	571.26	573.40	575.55	577.71	579.87	582.04	584.22	586.41
93	588.60	590.80	593.00	595.21	597.43	599.66	601.89	604.13	606.38	608.64
94	610.90	613.17	615.44	617.72	620.01	622.31	624.61	626.92	629.24	631.57
95	633.90	636.24	638.59	640.94	643.30	645.67	648.05	650.43	652.82	655.22
96	657.62	660.03	662.45	664.88	667.31	669.75	672.20	674.66	677.12	679.69
97	682.07	684.55	687.04	689.54	692.05	694.57	697.10	699.63	702.17	704.71
98	707.27	709.83	712.40	714.98	717.56	720.15	722.75	725.36	727.98	730.61
99	733.24	735.88	738.53	741.18	743.85	746.52	749.20	751.89	754.58	757.29
100	760.00	762.72	765.45	768.19	770.93	773.68	776.44	779.22	782.00	784.78
101	787.57	790.37	793.18	796.00	798.82	801.66	804.50	807.35	810.21	813.08

1.3 각종 물질의 임계 상수

물질명	임계 온도, T_c (K)	임계 압력, P_c (atm)	임계 체적 V_c (cm^3/gmol)
Acetylene	308.3	60.6	113.
Benzene	562.1	48.3	259.
1,3-Butadiene	425.0	42.7	221.
Chlorobenzene	632.4	44.6	308.
Cyclohexane	553.4	40.2	308.
Dichlorodifluoromethan (Freon-12)	385.0	40.7	217.
Diethyl ether	467.7	35.9	280.
Ethanol	516.2	63.0	167.
Ethylene oxide	469.	71.0	140.
Methanol	512.6	79.9	118.
Methyl chloride	416.2	65.9	139.
Methyl ethyl ketone	535.6	41.0	267.
Toluene	591.7	40.6	316.
Trichlorofluoromethane (Freon-11)	471.2	43.5	248.
Trichlorotrifluorethane (Freon-113)	487.2	33.7	304.
Elementary gases			
Argon	150.8	48.1	74.9
Bromine	584.	102.	127.
Chlorine	417.	76.	124.
Helium 4	5.2	2.24	57.3
Hydrogen	33.2	12.8	65.0
Krypton	209.4	54.3	91.2
Neon	44.4	27.2	41.7
Nitrogen	126.2	33.5	89.5
Oxygen	154.6	49.8	73.4

물질명	임계 온도, T_c (K)	임계 압력, P_c (atm)	임계 체적 V_c (cm^3/gmol)
Xenon	289.7	57.6	118.
Miscellaneous inorganic compounds			
Ammonia	405.6	111.3	72.5
Carbon dioxide	304.2	72.8	94.0
Carbon disulfide	552.	78.	160.
Carbon monoxide	132.9	34.5	93.1
Carbon tetrachloride	556.4	45.0	276.
Chloroform	536.4	54.0	239.
Hydrazine	653.	145.	–
Hydrogen chloride	324.6	82.	81.
Hydrogen cyanide	456.8	53.2	139.
Hydrogen sulfied	373.2	88.2	98.5
Nitric oxide (NO)	180.	64.	58.
Nitrous oxide (N_2O)	309.6	71.5	97.4
Sulfur	1314.	116.	–
Sulfur dioxide	430.8	77.8	122.
Sulfur trioxide	491.0	81.	130.
Water	647.1	217.6	56.

References : A. P. Kudchadker, G. H. Alani, and B. J. Zwolinski, *Chem.* Rev., 68 : 659 (1968) ; J. F. Mathews, *Chem.* Rev., 72 : 71 (1972) ; R. C. Reed and T. K. Sherwood, "The Properties of Gases and Liquids," 2nd ed., McGraw-Hill, New York, 1966 ; C. A. Passut and R. P. Danner, *Ind. Eng.* Chem. Process Des. Develop., 12 : 365 (1974)

1.4 가연성 물질의 물리적 성질 및 연소 특성(공기 중)

물 질	분자량	비중 (15°/15℃)	빙점 (℃)	증발열 (cal/g)	연소열 (kcal/g)	이론 혼합비 (vol.%)	연소한계 (vol.%)		발화 온도 (℃)	인화 온도 (℃)	연소속도		단열화 염온도 (℃)	발화에너지 (10^{-5} joule)		소염거리(cm)		비 고
							하한계	상한계			최대치 (cm/s)	농도 (φ)		φ=1	최소치	φ=1	최소치	
Acetaldehyde	44.1	0.783*	−56.6	137		7.72	4.0	36	185	−38				37		0.22		
Acetone	58.1	0.792*	56.6	125		4.97	2.6	13	561	−18	50	1.31	1849	115		0.38		
Acetylene	26.0	0.621*	−83.8		11.50	7.72	2.5	100	305		155	1.33		3		0.07		
Acrolein	56.1	0.841*	52.7			5.64	2.8	31	277		62	1.00		17		0.15		
Acrylonitrile	53.1	0.797*	78.3			5.28	3.0	17	481	0**	47	1.05	2188	36	16	0.22	0.15	
Allene	40.1		−34.5		11.50	4.97					81	1.21	2188					propadiene
Ammonia	17.0	0.817	−33.3	327		21.8	15	28	651					77				
Aniline	93.1	1.022*	184	103		2.63	1.3		593	70								
Benzene	78.1	0.885	80.1	93.8	9.68	2.71	1.3	7.9	592	−11	45	1.08	2032	55	22	0.28	0.18	
n−buty1−	134	0.865	183		9.98	1.53	0.8	5.8	438	71**	36	1.08	2052			0.22		
sec−buty1−	134	0.865	173			1.53	0.8	6.9	446	52			−			−		
tert−buty1−	134	0.871	169			1.53	0.7	5.7	477	60**	37	1.05	2046					
1, 2−diethy1−	134	0.884	183			1.53			404	57								
1, 3−diethy1−	134	0.868	181		−	1.53			455	55								
1, 4−diethy1−	134	0.866	184			1.53			451	56								
1, 2−dimethyl−	106	0.885	144	82.7	9.83	1.95	1.1	6.4	501	17	34	1.08	2063					o−xylene
1, 3−dimethyl−	106	0.869	139	81.5	9.82	1.95	1.1	6.4	563	25								*m*−xylene
1, 4−dimethyl−	106	0.866	138	81.0	9.82	1.95	1.1	6.6	564	25								*p*−xylene
ethy1−	106	0.872	136	81.0	9.86	1.95	1.0	6.7	460	15								
iso−buthy1−	134	0.858	178			1.53	0.8	6.0	456									
iso−propy1−	120	0.866	152	74.3	9.92	1.71	0.9	6.5	467	44								cumene
1−methy1−2−ethy1−	120	0.885	165	77.1	9.91	1.71			447									
1−methy1−3−ethy1−	120	0.869	161	76.6	9.90	1.71			485									
1−methy1−4−diethy1−	120	0.866	162	76.0	9.89	1.71			483									

물 질	분자량	비중 (15°/15℃)	빙점 (℃)	증발열 (cal/g)	연소열 (kcal/g)	이론 혼합비 (vol.%)	연소한계 (vol.%)		발화 온도 (℃)	인화 온도 (℃)	연소속도		단열화 염온도 (℃)	발화에너지 (10^{-5} joule)		소염거리(cm)		비 고
							하한계	상한계			최대치 (cm/s)	농도 (φ)		φ=1	최소치	φ=1	최소치	
1-methyl-3, 5-diethyl-	148	0.867	200			1.38			460									
nitro-	123	1.199^{**}	211	78.8		3.24	1.8		482	88								
propyl-	120	0.867	159	76.0	9.92	1.71			456	30								
1, 2, 3-trimethyl-	120	0.899	176	79.3	9.88	1.71			479									hemimellitene
1, 2, 4-trimethyl-	120	0.880	169	77.7	9.87	1.71			521		86	1.09	2049					pseudocumene
1, 3, 5-trimethyl-	120	0.870	164	77.7	9.87	1.71			559									mesitylene
vinyl-	104	0.911	145		9.76	2.05	1.1	6.1	490	32								styrene
Benzyl alcohol	108	1.050^{*}	205			2.40			427	100								
Biphenyl	154	1.180^{*}	254			1.41	0.6	5.8	577	112								
2-methyl-	168	1.010^{*}	260			1.29			502									
1, 2-Butadiene	54.1	$0.658^{\dagger}$	10.8		10.85	3.66					64	1.17	2146					methylallene
1, 3-Butadiene	54.1	$0.627^{\dagger}$	-4.41		10.63	3.66	2.0	12.0	417		60	1.19	2102	23	12	0.17	0.13	divinyl, vinylethylene
2, 3-dimethyl-	82.1	0.731	68.8			2.40					48	1.19	2043					
2-methyl-	68.1	0.686	33.9		10.54	2.90			440	-54	51	1.18	2071					isoprene
n-Butane	58.1	$0.584^{\dagger}$	-0.50	92.1	10.90	3.12	1.8	8.4	430		41	1.13	1982	76	26	0.30	0.18	
2-cyclopropyl-	98.2					1.95					44	1.29				-		
2, 2-dimethyl-	86.2	0.654	50.0	72.7	10.71	2.16	1.2	7.0	440	-48	39	1.13	1979	164	25	0.45	0.18	
2, 3-dimethyl-	86.2	0.666	57.7	75.4	10.73	2.16	1.2	7.0	421	-29	40	1.13	1979					
2-dimethyl-	72.1	0.625	27.8	81.0	10.79	2.55	1.4	7.6	426		40	1.14	1979	96	21	0.35	0.18	isopentane
2, 2, 3-trimethyl-	100	0.695	80.8	68.8	10.67	1.87	1.0	6.7	454		39	1.16	1968	100		0.35		
Butanone	72.1	0.805^{*}	79.4	106		3.66	1.9	10.0		-6.1	39	1.00		53	28	0.25	0.20	methyl ethy ketone
1-Butene	56.1	$0.601^{\dagger}$	-6.26	93.2	10.81	3.37	1.6	10.0	443		48	1.16	2046					
2-cyclopropyl-	96.2					2.05					47	1.15	2069					
2, 3-dimethyl-	84.2	0.683	57.9		10.63	2.27			369		43	1.31	1932					
2-ethyl-	84.2	0.694	64.4		10.65	2.27			323		43	1.17	2010					
2-methyl-	70.1	0.656	31.1		10.68	2.71					43	1.15	2024					

물 질	분자량	비중 (15°/15℃)	빙점 (℃)	증발열 (cal/g)	연소열 (kcal/g)	이론 혼합비 (vol. %)	연소한계 (vol.%)		발화 온도 (℃)	인화 온도 (℃)	연소속도		단열화 염온도 (℃)	발화에너지 (10^{-5} joule)		소염거리(cm)		비 고
							하한계	상한계			최대치 (cm/s)	농도 (φ)		φ=1	최소치	φ=1	최소치	
3-methy1-	70.1	0.633	20.0		10.71	2.71			374		46	1.15	2032					α -isoamylene
2,3,3-trimethy1-	98.2	0.710	77.7		10.59	1.95			383									
trans-2-Butene	56.1	0.610†	0.88	96.5	10.76	3.37	1.8	9.7	324									
2,3-dimethy 1-2-butene	84.2	0.713	73.3		10.62	2.27			406		41	1.15	2013					
2-methy1-2-butene	70.1	0.668	38.5		10.66	2.71												
3-Buten-1-yne	52.1	0.687*	5.00			4.02					83	1.09	2238	8.2		0.10		
n-Buty1 chloride	92.6	0.884*	77.7			3.24	1.8	10.1	460	-9.5				124		0.38		vinyl acetylene
1-Butyne	54.1	0.650†	8.07		10.87	3.66					64	1.20	2140					
3, 3-dimethy1-	82.1					2.40					52	1.21	2065					ethvl acetylene
2-Butyne	54.1	0.697	26.9		10.79	3.66					57	1.20	2127					
α -Camphor	152	0.990*	204			1.53			466									
Carbon disulfide	76.1	1.263*	46.1	83.8		6.52	1.3	50	120	-30	54	1.02		1.5		0.05		
Carbon monoxide	28.0		-160	50.5		2.95	12.5	74	609		43	1.70						
Cyanogen	52.0	0.866*	-20.5	103		9.47	6	32	850									
Cyclobutane	56.1	0.703*	12.7			3.37					62	1.15	2035					
ethy1-	84.2					2.27	1.2	7.7	212		49	1.15	2018					
isopropy1-	98.2					1.95					43	1.35	1893					
methy1-	70.1	0.693*	36.1			2.71					49	1.18						
methylene-	68.1					2.90					56	1.23						
Cyclohexane	84.2	0.783	80.7	85.4	10.46	-2.27	1.3	7.8	270	-20	42	1.17	1979	138	22	0.40	0.18	
ethy1-	112	0.792	131	73.8	10.44	1.71	0.9	6.6	263	35								
methy1-	98.2	0.774	101	77.1	10.43	1.95	1.1	6.7	265	-3.9	41	1.25	1913		27		0.18	
Cyclohexene	82.1	0.810*	82.7			2.40					44			86		0.33		
Cyclopentadiene	66.1	0.805*	42.7			3.12					43	1.00		67		0.28		
Cyclopentane	70.1	0.751	49.2	92.6	10.54	2.71			385		41	1.17	1990	83		0.33		
methy1-	84.2	0.754	71.8	82.1	10.50	2.27	0.9	8.3	323		39	1.22	1954					
n-propy1-	112	0.781	131		10.49	1.71			285									

물 질	분자량	비중 (15°/15 ℃)	빙점 (℃)	증발열 (cal/g)	연소열 (kcal/g)	이론 혼합비 (vol. %)	연소한계 (vol.%)		발화 온도 (℃)	인화 온도 (℃)	연소속도		단열화 염온도 (℃)	발화에너지 (10^{-5} joule)		소염거리(cm)		비 고
							하한계	상한계			최대치 (cm/s)	농도 (φ)		φ=1	최소치	φ=1	최소치	
Cyclopentene	68.1	0.772*	44.4			2.90					44	1.21						
Cyclopropane	42.1	0.720	−34.4			4.44	2.4	10.4	498		52	1.13	2054	24	23	0.18	0.18	
cis−1, 2−dimethyl−	70.1					2.71					51	1.16	2043					
trans−1, 2−dimethyl−	70.1					2.71					51	1.18	2038					
ethyl−	70.1					2.71					52	1.25	2018					
methyl−	56.1	0.691				3.37					54	1.16	2043					
1,1,2−trimethyl−	84.2					2.27					48	1.15	2035					
trans−Decalin	138	0.874	187			1.42			271		34	1.09	1949					decahydro naphthalene
n−Decane	142	0.734	174	66.0	10.64	1.33	0.8	5.4	231	46	40	1.05	2013			0.20		
1−Decene	140	0.745	170		10.59	1.38	0.5	5.4	244		41	1.12	2024			0.19		
Diethyl ether	74.1	0.714*	34.4	83.8		3.37	1.9	48	185	−45	44	1.15	1979	49	28	0.25	0.20	
Dihydropyran	84.1					3.12								56		0.28		
Diisopropyl ether	102	0.726*	67.7			2.27								114		0.38		
Dimethoxymethane	76.1	0.356*	43.9			4.97								42		0.23		
Dimethyl ether	46.1		−23.8			6.52	3.4	27	330		50	1.19	1954	45		0.23		
Dimethyl sulfide	62.1	0.346*	37.7			4.44								76		0.30		
Di−tert−butyl peroxide	146					1.79								65		0.28		
Divinyl ether	70.1	0.774*	38.9			4.02	1.7	27	360	<−30								
Ethane	30.1		−88.6	116	11.33	5.64	3.0	12.4	472		44	1.12	1971	42	24	0.23	0.18	
1, 1−diphenyl−	182	1.006*	272			1.18			487									
Ethene	28.1		−103	115	11.25	6.52	2.7	36	490		75	1.15	2102	9.6		0.12		
Ethyl acetate	88.1	0.901*	77.2			4.02	2.5	9	486	−4.4	36	1.00		142	48	0.43	0.25	
Ethyl alcohol	46.1	0.789*	78.3	204		6.52	3.3	19	392	12				240		0.53		
Ethyl amine	45.1	0.706*	16.6	146		5.28	3.5	14	384									
Ethylene oxide	44.1	1.965*	10.5	138		7.72	3.0	100	429		100	1.25	2138	10	6.2	0.13	0.10	
Ethylene imine	43.1	0.832*	55.5			6.05	3.6	46	322		43	1.00		48		0.25		
Furan	68.1	0.936*	32.2	95.4														

물 질	분자량	비중 (15°/15℃)	빙점 (℃)	증발열 (cal/g)	연소열 (kcal/g)	이론 혼합비 (vol. %)	연소한계 (vol.%)		발화 온도 (℃)	인화 온도 (℃)	연소속도		단열화 염온도 (℃)	발화에너지 (10^{-5} joule)		소염거리(cm)		비 고
							하한계	상한계			최대치 (cm/s)	농도 (φ)		φ=1	최소치	φ=1	최소치	
tetrahydro−	72.1		65.0			3.66	2.0	11.8	321	−14				54		0.28		
thio−	84.1	1.064*	83.8			3.37								60		0.28		thiophene
n−Heptane	100	0.688	98.4	75.4	10.72	1.87	1.2	6.7	247	−4.0	42	1.22	1940	115	24	0.38	0.18	
3, 3−dimethyl−	128	0.730	137	65.4		1.47			330									
1−Heptene	98.2	0.702	93.6		10.65	1.95			263									
1−Heptyne	96.2	0.738	100		10.69	2.05												
Hexadecane	226	0.777	286	54.4	10.57	0.85			230		41	1.08	2013					
n−Hexane	86.2	0.664	68.7	79.9	10.67	2.16	1.2	7.4	260	−26	42	1.17	1965	95	23	0.35	0.18	
2, 3−dimethy1−	114	0.717	115	69.9	10.67	1.65			437	7**								
1−Hexene	84.2	0.678	63.4		10.69	2.27	1.2	8.9	271		46	1.18	2013					
1−Hexyne	82.1	0.721	71.6		10.73	2.40					53	1.24	2060					
3−Hexyne	82.1	0.726*				2.40					50		2032					
Hydrogen	2.00		−252	107	28.62	29.5	4.0	75	571		291	1.70		2.0	1.8	0.06	0.06	
Hydrogen sulfide	34.1		−61.6	131		12.2	4.0	44	290					7.7		0.10		
Isopropyl alcohol	60.1	0.785*	82.2	158		4.44	2.0	12	455	12	34	1.00		65		0.28		
Isopropyl amine	59.1	0.690*	33.9			3.83			402	−36	29	1.14	1965	200		0.48		
Isopropyl chloride	78.5	0.859*	35.5			4.22	2.8	10.7	593	−32				155		0.43		
Isopropyl mercaptan	76.2	0.836*	67.7			3.37								87		0.33		
dl−Limonene	136	0.842*	1.60	69.3		1.47			262									
Methane	16.0		−161	121	11.93	9.47	5.0	15.0	632		37	1.06	1963	33	20	0.25	0.20	
diphenyl−	168	1.001*	261			1.29			516	130	33	1.07	2104					
Methyl alcohol	32.0	0.793*	64.4	262		12.2	6.7	36	470	11	52	1.01		21	14	0.18	0.15	
Methyl formate	60.1	0.975*	31.6	112		9.47	5.9	20	456	−19								
Naphthalene, 1−ethy1−	156	1.012	259			1.38			481									
1−methy1−	142	1.025	244			1.53			547									
n−Nonane	128	0.722	150	68.8	10.66	1.47	0.8	2.9	234	31								

물 질	분자량	비중 (15° / 15℃)	빙점 (℃)	증발열 (cal/g)	연소열 (kcal/g)	이론 혼합비 (vol. %)	연소한계 (vol.%)		발화 온도 (℃)	인화 온도 (℃)	연소속도		단열화 염온도 (℃)	발화에너지 (10^{-5} joule)		소염거리(cm)		비 고
							하한계	상한계			최대치 (cm/s)	농도 (φ)		φ = 1	최소치	φ = 1	최소치	
2-methyl-	142	0.732	100			1.33			214									
n-Octane	114	0.707	125	71.6	10.68	1.65	1.0		240	12								
2,3-dimethyl-	142	0.742	164			1.33			230									
4-ethyl-	142	0.744	167			1.33			236									
2-methyl-	128	0.718	143	68.2		1.47			226									
3-methyl-	128	0.725	144	68.2		1.47			227									
4-methyl-	128	0.724	142	68.2		1.47			232									
1-Octene	112	0.719	121		10.63	1.71	0.8	6.5	256	21**								
1,2-Pentadiene	68.1	0.698	45.0		10.79	2.90					57	1.19	2107					ethyl allene
cis-1,3-Pentadiene	68.1	0.696	43.9		10.55	2.90					51	1.20	2063					
trans-1,3-Pentadiene	68.1	0.681	42.2		10.55	2.90					50	1.19	2077					piperylene
2-methyl-	82.1	0.724	76.1			2.40					43	1.15	2071					
1,4-Pentadiene	68.1	0.666	26.1		10.65	2.00					51	1.15	2099					
2,3-Pentadiene	68.1	0.700	48.3		10.76	2.00					56	1.19	2104					
n-Pentane	72.1	0.631	36.0	85.4	10.82	2.55	1.5	7.8	284	-48	42	1.15	1977	82	22	0.33	0.18	
2,2-dimethyl-	100	0.678	79.2	69.3	10.67	1.87					38	1.19	1971					
2,3-dimethyl-	100	0.699	89.7	72.1	10.69	1.87	1.1	6.7	337	<-7	40	1.19	1946					
2,4-dimethyl-	100	0.677	80.5	70.4	10.68	1.87				-13	39	1.17	1963					
2,4-dimethyl-3-ethyl-	128	0.742	136	66.0		1.47			390									
3,3-dimethyl-	100	0.698	86.0	70.4	10.68	1.87												
2-methyl-	86.2	0.658	60.2	77.1	10.74	2.16	1.2	7.0	307	<-7	40	1.15	1977					
3-methyl-	86.2	0.669	63.2	77.7	10.75	2.16			304		40	1.16	1971					
2,2,3,3-tetramethyl-	128	0.761	140	65.5		1.47	0.8	4.9	451									
2,3,3,4-tetramethyl-	128	0.759	141	64.9		1.47			436									
2,2,3-trimethyl-	114	0.720	110	67.1	10.66	1.65			435									
2,2,4-trimethyl-	114	0.696	99.2	64.9	10.65	1.65	1.1	6.0	447	-13	38	1.17	1960	29	28	0.20	0.18	isoctane

물 질	분자량	비중 (15°/15 ℃)	빙점 (℃)	증발열 (cal/g)	연소열 (kcal/g)	이론 혼합비 (vol. %)	연소한계 (vol.%)		발화 온도 (℃)	인화 온도 (℃)	연소속도		단열화 염온도 (℃)	발화에너지 (10^{-5} joule)		소염거리(cm)		비 고
							하한계	상한계			최대치 (cm/s)	농도 (φ)		φ=1	최소치	φ=1	최소치	
2,3,3-trimethyl-	114	0.730	115	68.2	10.67	1.65			430									
1-Pentene	70.1	0.646	29.9		10.73	2.71	1.5	8.7	298	-18**	46	1.14	2040					
2-methyl-	84.2	0.687	60.5		10.64	2.27			305		44	1.24	1963					
4-methyl-	84.2	0.669	53.8		10.67	2.27			304		44	1.17	2021					
2,3,4-trimethyl-	112	0.733	107			1.71			257									
2,4,4-trimethyl-	112	0.719	101			1.71			420					175		0.46		disobutylene
cis-2-Pentene	70.1	0.661	36.9		10.71	2.71	1.3	9.3			48	1.24	1968	82	18	0.33	0.15	
2,4,4-trimethyl-	112	0.726	105			1.71			308									
3,4,4-trimethyl-	112	0.743	112			1.71			330									
trans-2-Pentene	70.1	0.653	36.1		10.70	2.71												
1-Pentyne	68.1	0.695	40.0		10.78	2.90					58	1.22	2096					
4-methyl-	82.1					2.40					49	1.20	2071					
2-Pentyne	68.1	0.716	56.1		10.73	2.90					56	1.15	2104					
4-methyl-	82.1					2.40					50	1.25	2038					
α-Pinene	136	0.858*	154			1.47			263									
Propane	44.1	0.508†	-42.1	101	11.06	4.02	2.1	9.5	504		43	1.14	1977	30		0.18	0.17	
2-cyclopropyl-	84.2					2.27					47	1.18						
1-deutero-	45.1					4.02					37	1.10						
2,2-dimethyl-	72.1	0.597	9.50	75.4		2.55	1.4	7.5	456		36		1982	157		0.43		neopentane
2-methyl-	58.1	0.563†	-11.3	87.7	10.87	3.12	1.8	8.4	476		38	1.10	1985					isobutane
Propene	42.1	0.522†	-47.7	104	10.92	4.44	2.0	11.0	557		48	1.14	2065	28		0.20		
2-cyclopropyl-	82.1					2.40					49	1.19						
2-methyl-	56.1	0.600†	-6.90	93.8	10.73	3.37	1.8	8.8	465		41	1.14						
Propion aldehyde	58.1	0.807*	48.9			4.97					54	1.31	1868	49		0.25		

물 질	분자량	비중 (15°/15℃)	빙점 (℃)	증발열 (cal/g)	연소열 (kcal/g)	이론 혼합비 (vol.%)	연소한계 (vol.%)		발화 온도 (℃)	인화 온도 (℃)	연소속도		단열화 염온도 (℃)	발화에너지 (10^{-5} joule)		소염거리(cm)		비 고
							하한계	상한계			최대치 (cm/s)	농도 (φ)		φ=1	최소치	φ=1	최소치	
n-Propy1 alcohol	60.1	0.804*	97.2	163		4.44	2.1	13.5	433	15								
n-Propy1 chloride	78.5	0.890*	47.2			4.22	2.6	11.1						108		0.38		1,2-epoxypropane
Propylene oxide	58.1	0.831*	35.0			4.97	2.1	21.5		-37	77	1.28	2043	19	14	0.18	0.15	
1-Propyne	40.1		-23.2		11.01	4.97	1.7				76	1.19	2199			0.15	0.12	
Spiropentane	68.1					2.90					66	1.20						
1-Tetradecene	196	0.775	251		10.55	0.99			239									
Tetrapropyran	86.1	0.354*	81.6			2.90					45	0.90		121	22	0.38	0.18	
Tetraline	132	0.971*	207			1.58	0.8	5.0	423	71	36	1.01	2046					THF
Toluene	92.1	0.872	110	86.5	9.76	2.27	1.2	7.1	567	4.4	38	1.05	2071					methylbenzene
Triethylamine	101	0.723*	89.4			2.10	1.2	8.0		-6.7				115		0.38		
Vinyl acetate	86.1	0.932*	72.2			4.44	2.6	13.4	427	-7.8				120		0.38		
Gasoline(73 octane)							1.4	7.6	298									
Gasoline(100 octane)							1.4	7.4	456	-38	38	1.06						
JP-1	150	0.81			10.26	1.3			248		37	1.07						
JP-4	126	0.78			10.37	1.5			261		38							
JP-5	170	0.83			10.26	1.1			242									

(주) 이 표는 NACA rept. 1,300(1957) "Basic consideration in the Conbustion of Hydrocarbon Fuels with Air" 중에서 Table XXX II(p.p 257~259)을 기본으로 하고 연소범위와 인화온도는 NFPA, National Fire Codes, Vol. I (1963~64)의 수치를 사용하여 재구성하였다. 일본화학회의 화학편람의 수치도 인용하였다.

(비중) 15°/ 15 ℃의 액체비중, *표시가 있는 것은 20°/ 4 ℃의 값이고, †표시는 포화 증기압에서의 값이다.

(융점) 1기압에서의 값

(연소열) 가스 상태의 생성물을 만드는 경우의 값

(발화온도) ASTM 유적법의 변형에 의한 값

(인화온도) 밀폐식 시험법에 의한 값, **표시가 있는 것은 개방식에 의한 값

(연소속도) NACA원관법에 의한 최대연속속도, φ = 연료농도 (vol%) / 이론혼합비 (vol%)

(단열화염온도) 최대연소속도를 얻을 수 있는 혼합비에서의 계산값

(발화에너지) 봉상 전극 불꽃에 의한 발화에너지

(소염거리) 평행 평판에 의한 소염거리

참고문헌

- 소방청, 「분말소화설비의 화재안전기술기준 (NFTC 108)」, 2023.
- 소방청, 「분말소화설비의 화재안전성능기준 (NFPC 108)」, 2023.
- 소방청, 「이산화탄소소화설비의 화재안전기술기준 (NFTC 108)」, 2023.
- 소방청, 「이산화탄소소화설비의 화재안전성능기준 (NFPC 108)」, 2023.
- 소방청, 「할로겐화합물 및 불활성기체 소화설비의 화재안전기술기준 (NFTC 107A)」, 2023.
- 소방청, 「할로겐화합물 및 불활성기체 소화설비의 화재안전성능기준 (NFPC 107A)」, 2023.
- 소방청, 「포소화설비의 화재안전기술기준 (NFTC 105)」, 2023.
- 소방청, 「포소화설비의 화재안전성능기준 (NFPC 105)」, 2023.
- 소방청, 「할론소화설비의 화재안전기술기준 (NFTC 107)」, 2023.
- 소방청, 「할론소화설비의 화재안전성능기준 (NFPC 107)」, 2023.
- 宮田輝彦, 「消火藥劑のはなし」, 安全工學協會, 1982.
- 김구환, 「할론1301 대체물질(NAF S-III 중심으로)」, 소방안전, 통권 73호, 1993.
- 김성일, 「소방유체역학 및 약제화학」, 일진사, 1995.
- 김재덕, 「할론대체물질개발현황」, 한국소방학회지, 7권 1호, 1993.
- 김홍 외, 「防火工學」, 동화기술, 1993.
- 김홍, 신창섭, 인세진, 추병길, 「防爆工學」, 동화기술, 1997.
- 남상욱, 「소방시설의 설계 및 시공」, 성안당, 2008.
- 東京消防機械研究會, 「消防機械器具便覽」, 내무부 – 한국소방산업기술원, 1994.
- 防災システム研究會, 「消防設備の實務」, オーム社, 1977.
- 神戶海難防止研究會, 「危險物防災救急要覽」, 成山堂, 1990.
- 오진곤, 「물이란 무엇인가」, 전파과학사, 1995.
- 玉虫文一 외 7인, 「理化學辭典」, 岩波書店, 1985.
- 日本火災學會編, 「火災便覽」, 共立出版株式會社, 1984.
- 장철현, 「유해가스처리공학」, 동화기술, 1992.
- 崔晦炯, 「불과 消火藥劑」, 도서출판 은성문화, 1992.
- 한국소방산업기술원, 「소화기의 형식승인 및 제품검사 시험세칙」, 2023.
- 한국소방산업기술원, 「소화기의 형식승인 및 제품검사의 기술기준」, 2023.
- 한국소방산업기술원, 「소화약제의 형식승인 및 제품검사 시험세칙」, 2023.
- 한국소방산업기술원, 「소화약제의 형식승인 및 제품검사의 기술기준」, 2023.
- 한국소방안전협회, 「消防施設點檢實務」, 신흥인쇄, 1985.

- 한국소방안전협회, 「소방안전」, vol. 106, 1999.
- 한국화재보험협회, 「화재안전점검실무」, 1990.
- 홍영호 외, 「소방관계법규」, 화수목, 2015
- 化學工業日報社, 「13599の化學商品」, 1999.
- 화학교재연구회, 「일반화학」, 드림플러스, 2012.
- Arthur Cote P.E., Bugbee, Percy. Principles of Fire Protection, NFPA, 1988.
- Arthur E. Cote, P.E. 외. Fire Protection Handbook. NFPA, Quincy, MA, 1991.
- Eugene Meyer. Chemistry of Hazardous Material, Prentice Hall Inc., 1977.
- NAF S-Ⅲ(The Safe Alternative to Halon 1301), 「삼정화인주식회사 자료집」. 1995.
- National Fire Protection Association, Standard for the Installation of Sprinkler System. NFPA 13, 1985.
- National Fire Protection Association, Standard on Explosion Prevention Systems. Boston. NFPA 69. 1973(6).
- National Fire Protection Association. Standard for Dry Chemical Extinguishing Systems. NFPA 17, 1985.
- National Fire Protection Association. Standard for Low Expansion Foam and Combined Agent Systems. NFPA 11, 1983.
- National Fire Protection Association. Standard for Portable Fire Extinguishers. NFPA 10, 1984.
- National Fire Protection Association. Standard on Carbon Dioxide Extinguishing Systems. NFPA 12, 1985.
- National Fire Protection Association. Standard on Halon 1211 Fire Extinguishing Systems. NFPA 12B, 1980.
- National Fire Protection Association. Standard on Halon 1301 Fire Extinguishing Systems. NFPA 12A, 1980.
- National Fire Protection Association, Standard on Wetting Agents, NFPA 18, 1979.
- Smith, J.M. Van Ness, H.C. Introduction to Chemical Engineering Thermodynamics, McGraw-Hill, 1984.
- Thomas H. Ladwig. *Industrial Fire Prevention and Protection*. Van Nostrand Reinhold, 1991.
- Thomas H. Ladwig. Industrial Fire Prevention and Protection. Van Nostrand Reinhold, 1991.

찾아보기

저자 소개

인세진 전)우송대학교 소방안전학부 교수

오인석 충남도립대학교 소방안전관리학과 교수

최돈묵 가천대학교 설비·소방공학과 교수

이창우 숭실사이버대학교 소방방재학과 교수

김형기 한국소방안전원 경영지원 과장

(제3판)소화약제화학 정가 22,000원

저자 : 인세진 · 오인석 · 최돈묵 · 이창우 · 김형기

발행인 : 임정대
발행처 : 도서출판 **화수목**

발행 : 2015년 9월 7일 초 판
2019년 3월 5일 제2판
2024년 2월 5일 제3판

등록 : 제2014-000166호

주소 : 서울시 마포구 신촌로 2길 5-15
전화 : 02-338-9119
팩스 : 02-335-2201

ISBN : 979-11-89933-38-8 (93530)